普通高等院校土建类专业"十四五"创新规划教材

环境岩土工程学概论

主　编　缪林昌
副主编　章定文　杜延军

U0224223

中国建材工业出版社

图书在版编目（CIP）数据

环境岩土工程学概论/缪林昌主编 . --北京：中国建材工业出版社，2021.9

普通高等院校土建类专业"十四五"创新规划教材

ISBN 978-7-5160-3276-3

Ⅰ.①环… Ⅱ.①缪… Ⅲ.①环境工程－岩土工程－高等学校－教材 Ⅳ.①TU4

中国版本图书馆 CIP 数据核字（2021）第 169088 号

内容提要

环境岩土工程学是岩土工程学与环境工程学、生命科学等相关学科紧密交叉融合而发展起来的一个分支。本书详细介绍了环境岩土工程学的主要研究内容、方法、新技术和发展趋势，容纳、集成了国内外学者的最新研究成果，反映了环境岩土工程学领域的最新发展和技术水平。

本书主要内容包括城市固体废弃物的工程性质及其污染形式、污染物在土中的污染运移模型、填埋场场地勘察与评价、现代卫生填埋场的设计与计算、放射性有害废料的处置、人类工程活动引起的环境岩土工程问题、自然界中的环境岩土工程问题、固体废弃物利用研究、土壤污染修复技术、污染场地修复和阻隔技术、微生物技术改良土壤等，并配有与每章内容对应的思政主题。

本书可作为土木工程、地质工程、环境工程、交通地下工程、水利工程等专业研究生或高年级本科生教材，也可作为相关领域的科研技术人员、工程管理人员和相关专业高校师生的参考书。

环境岩土工程学概论

Huanjing Yantu Gongchengxue Gailun

主　编　缪林昌

副主编　章定文　杜延军

出版发行：中国建材工业出版社

地　　址：北京市海淀区三里河路 1 号

邮　　编：100044

经　　销：全国各地新华书店

印　　刷：北京鑫正大印刷有限公司

开　　本：787mm×1092mm　　1/16

印　　张：18.5

字　　数：430 千字

版　　次：2021 年 9 月第 1 版

印　　次：2021 年 9 月第 1 次

定　　价：69.80 元

前　言

随着经济的快速发展，人类工程活动使自然资源受到损失，美丽家园环境受损，从而造成负面影响——环境污染和生态破坏。人类赖以生存的地球生态环境正受到日益严重的危害，保护环境的任务日趋严峻。习近平总书记提出的"绿水青山就是金山银山"的理念，是指导未来经济与社会发展的主导思想，也为环境岩土工程学的发展提供了新的契机和动力。环境岩土工程学是岩土工程学与环境工程学、生命科学等学科紧密结合、交叉融合而发展起来的一个学术分支，它应用岩土工程学的方法、技术，同时融合环境工程、生命科学等方法与技术，为恢复生态、治理环境、保护环境服务。环境岩土工程学涉及两大类问题：一是人类与自然环境共同作用引起的问题，其动因以自然力为主，如地震、洪水、山体滑坡、泥石流、土壤退化、沙漠化、沙尘暴、海啸等自然灾害；二是人类自身发展过程中的生活、生产和工程活动与环境之间的相互作用问题，其动因是人类自身，如城市建设、工业、商业和生活垃圾，废水、废液、废渣、化肥、化学物质等有毒有害物质对环境和生态的危害，工程建设活动产生的挤土、振动、噪声等对周围居住环境的影响，基坑开挖时降水、边坡位移，地下隧道掘进对地面建筑物的影响，过量抽取地下水引起的地面沉降等。

2005年作者主编了《环境岩土工程学概论》一书，经历了16个春秋，考虑到学科的发展、技术的进步，有必要进行修订和补充。我们在修订的过程中，注重全书系统性的同时吸收了同行们在教学过程中发现的问题与不足，技术成果的更新，以及环境岩土遇到的新问题，对全书进行了完善。全书共分为12章：第1章绪论，第2章城市固体废弃物的工程性质及其污染形式，第3章污染物在土中的污染运移模型，第4章填埋场场地勘察与评价，第5章现代卫生填埋场的设计与计算，第6章放射性有害废料的处置，第7章人类工程活动引起的环境岩土工程问题，第8章自然界中的环境岩土工程问题，第9章固体废弃物利用研究，第10章土壤污染修复技术，第11章污染场地修复和阻隔技术，第12章微生物技术改良土壤。根据每章教学内容不同，分别配有对应的思政主题，便于教师思政教学和培养学生具有家国情怀的人生价值观。

本书由缪林昌主编，并编写了1~10章（除第9章第5节），杜延军编写了第11章及第9章的第5节，章定文编写了第12章。本书由河海大学殷宗泽教授主审，提出了不少中肯意见，在此表示衷心的感谢。同时，感谢东南大学研究生院、交通学院、岩土工程学科的领导和同事在本书修订工作中给予的支持和关心。本书引用了许多国内外同行的研究成果，对他们的辛勤劳动表示感谢。

由于作者水平有限，书中难免有疏漏和不当之处，敬请同行批评指正。

缪林昌

2021 年 4 月于东南大学九龙湖

目　录

1

绪 论

1.1 环境岩土工程学的发展

1.1.1 概述

环境岩土工程属于新兴的交叉学科，是岩土工程的一个重要分支。它将岩土工程的理论、方法和技术应用并服务于环境保护和治理的实践中。其研究内容主要涉及三方面：一是分析滑坡、洪水、管涌、土壤退化、火山、地震等灾害对岩土工程的具体影响；二是固体垃圾填埋、核废料处置、名胜古迹保护等；三是评价并治理因岩土工程引发的地面下沉、振动干扰、土壤与地下水污染等问题。它既是一门应用型的工程学，又是一门社会学。它是把技术和经济、政治、文化相结合的跨学科的新型学科。岩土工程研究者力图利用岩土工程的原理和方法来研究和解决类似的环境问题。

随着工业化和城市化/城镇化的快速发展，各类固体废弃物产量迅速增加，地下水土污染不断加剧，人类赖以生存的环境日益恶化。地球是人类生存的一个栖息环境，随着人类的进步和社会的发展，人们不断地采用各种各样的方法和手段改造自然，使生存的环境变得更美好。但是，由于人类对自然认识水平的限制，在改造自然的过程中，不可避免地存在着很大的盲目性和破坏性。自 20 世纪 60 年代开始，人们逐渐感到有一种自我毁灭的潜在危机，悄悄地威胁着人类的命运。随着人类对自然认识水平的提高，人们对工程活动的评价标准也在不断提高，在当今社会，如果工程活动评价标准还停留在局部利益的基础上，可能适得其反。人们从中非但得不到任何好处，反而损害了自身的利益。例如，盲目地砍伐森林、破坏草地，造成水土流失，气候失调、土地毒化等，给人类自身带来更多的灾难。据瑞典国际开发署和联合国机构调查，由于环境恶化，在原有的居住环境中无法生存而不得不迁徙的"环境难民"全球达 2500 万人之多。因此，现代社会对人类工程活动的评价标准已经冲破了国界线，要求增加环境意识，共同思考人类赖以生存的地球环境状况，并携手保护环境。

当今世界的环境可归纳为十大问题：（1）大气污染；（2）温室效应加剧；（3）地球臭氧层被破坏；（4）土地退化、沙漠化和沙尘暴；（5）水资源短缺；（6）海洋环境污染恶化；（7）"绿色屏障"锐减；（8）生物种类不断减少；（9）垃圾成灾；（10）人口增长过快等。由于环境条件的变化，迫使人类意识到自我毁灭的危险，对人类活动的评价标准也随之不断扩展，所以新的学科也就不断地出现，老的学科不断地组合。环境岩土工程学就是在这样的前提下发展起来的。

随着社会的发展，人们都感觉到原来的学科范围已不能满足社会的要求，不同学科间的交叉融合创新，已成为一种趋势。岩土工程学科同样面临新的机遇和挑战，交叉融合给岩土工程学科的发展增添新的动力。岩土工程师面对的不单单是解决工程本身的技术问题，必须考虑到工程对环境的影响问题，所以它必然要吸收其他学科，如化学、土壤学、生物学、土质学、卫生工程、环境工程、水文地质、采矿工程及农业工程等学科中的许多内容来充实自己，使之成为一门综合性和适应性更强的学科，环境岩土工程已成为一个新的活跃分支和科研亮点。

目前，国外对环境岩土工程的研究主要集中于垃圾土、污染土的性质、理论与控制等方面，而国内则在此基础上有较大的扩展，就目前涉及的问题来分，可以归纳为两大类：第一类是人类与自然环境之间的共同作用问题。这类问题的动因主要是由自然灾变引起的，如地震灾害、土壤退化、洪水灾害、温室效应等。这些问题通常被称为大环境问题。第二类是人类的生活、生产和工程活动与环境之间的共同作用问题。它的动因主要是人类自身。例如，城市垃圾、工业生产中的废水、废液、废渣等有毒有害废弃物对生态环境的危害；工程建设活动如打桩、强夯、基坑开挖和盾构施工等对周围环境的影响；过量抽取地下水引起的地面沉降；等等。有关这方面的问题，统称为小环境问题。

其实，环境问题已从 20 世纪 50—60 年代的公害事件显现，发展到两类环境问题严重或等价的新的发展阶段，这就是传统的"环境污染与生态破坏问题"和新的"环境岩土工程问题"。作为环境工程中一个重要组成部分的环境岩土工程学，随着 20 世纪80—90 年代以来大规模岩土工程建设的发展，它对参与解决环境问题的必要性和迫切性也日益显露出来，这导致环境岩土工程的发展和两类环境问题概念的出现，使之成为环境岩土工程的中心内涵。

环境岩土工程学是一门综合性交叉学科，涉及岩土力学与岩土工程、卫生工程、环境工程、土壤学、土质学、水文地质、地球物理、地球化学、工程地质、采矿工程及农业工程学等学科，而就环境本身而言，它是自然客体与人类客体相互联系的系统，有自然环境和社会环境两部分。环境问题则是人类活动引发环境产生的不利于人类生存的变化。环境和人类活动具有复杂性、多样性。而人类社会是不断发展的，所以环境问题也必然具有多样性、综合性和发展性的特点。

从环境岩土工程学的研究内涵来看，在对特殊土（黄土、盐渍土、红黏土、膨胀土、冻土）的研究基础上，需进一步开展垃圾土、污染土、海洋土及工业废料、废渣工程利用的研究；此外，受施工扰动土体的工程性质问题仍应成为研究的重点。废弃物处置设计中，要对垃圾土的取样方法、试验标准与方法、物理力学参数、甚至本构关系进行研究，而我们在这方面的研究是极为初步的。对垃圾土、污染土和各种废料处置等问题，国内外学者也已意识到对污染运移机理的重要性，这方面相对垃圾填埋技术的发展而言，应该说投入的人力和研究成果的应用等还不能满足实际的需要。

1.1.2 国内外发展现状

1. 国外

20 世纪 60—70 年代，经济发达国家像美国、德国、英国、日本等先后开展了固体废弃物及其污染情况的调查、治理等工作。在这个基础上制定了固体废弃物污染控制、治理的法律和法规，特别是制定了许多技术标准。自 20 世纪 70 年代以后，一些发展中国家或地区如墨西哥、马来西亚、新加坡、印度尼西亚和我国香港也相继立法，这些国家到 20 世纪 90 年代后基本形成了比较完善的固体废弃物污染预防和治理的法规体系，其中也包括技术标准。

上述这些国家和地区对固体废弃物管理立法的目的就是保护人的健康、植物界和动物界，以及环境介质水、土壤和空气。如日本的《废弃物处理及清扫法》，其立法的目的就是对"废弃物的恰当处理和为生活环境的保洁做出规定，以达到保护生活环境和改善公共卫生的目的"。1980 年美国制定《固体废弃物处置法》的目的：一是通过采取各种方法，增进人体健康、促进环境保护；二是控制和防止产生固体废弃物污染，促进对固体废弃物的再利用。另外，美国还制定了《资源保护和回收法》，其目的是通过法律开展有关改善美国固体废弃物管理、资源回收、资源保护系统的建设和应用，从固体废弃物中回收有价值的原料和能源物质。德国为了保护环境，针对固体废弃物制定了许多法律法规和标准，最早在 1972 年 6 月颁发了《废物安全填埋法》，该法规定在每一个大区域城市中必须建立足够数量的固体废弃物中心填埋场。德国的《废弃物消除和管理法》规定，通过消除和减少废弃物产生量的原则和制度，回收利用固体废弃物中有价值的资源和能源。另外，德国于 1991 年制定的《废物技术导则（TA ABFALL）》和于 1993 年制定的《居民废物技术导则（TASi）》两个文件，都针对填埋场的安全性提出更高要求做出了充分规定。

除了上述介绍的各发达国家加强对固体废弃物管理制定各种各样的法律法规外，这些国家对固体废弃物的安全填埋技术有了更广泛的发展，特别是它们围绕"填埋场的安全性"投入高新技术来达到可靠保证。为了保证位于地面的固体废弃物安全填埋场的安全而发展了"多屏障密封技术体系"，故在 20 世纪 90 年代德国在填埋场基础和表面密封技术方面又出现了许多新技术和新材料。对填埋场的排水、排气和表面复垦技术也有了新发展，到目前为止，技术上还存在的问题仍是渗滤液的处理技术有一定难度，以及不理想的处理效果。

近年来德国和其他发达国家为了确保环境领域安全，免受固体废弃物的任何污染，不给子孙后代留下隐患，发展了固体废弃物的地下安全填埋技术，特别是对工业危险性废弃物和放射性废弃物一定要进行地下填埋，使它们远离生物圈，与生物圈脱离任何联系，使环境安全无后顾之忧。地下填埋就是利用以往煤、矿石和岩盐矿床开采留下的地下空间，把固体废弃物经过一定预处理后堆填到地下。另一种方法是将垃圾焚烧灰、高炉灰、粉煤灰、尾矿和矸石类材料在地表通过专门设备加工成膏状的充填材料。把它们输送到地下，充入采煤工作面的采空区内，这既消纳了废弃物，又可防止地表沉降，是具有采矿和环境保护双重效益的最理想的技术措施。在将来也可能采矿的目的不仅只是为了获得资源，更重要的是为了环保，就是要在地下为了堆填废弃物得到足够的空间来开采矿产。

2. 国内

在 20 世纪 80 年代之前，我国对固体废弃物的管理基本处于无序状态，到处乱堆乱放，对环境污染十分严重。自 20 世纪 80 年代末和 90 年代初以来，我国政府和有关部门才着手对固体废弃物的安全处理、处置技术进行研究，在"八五"期间已立项"有害废物安全填埋处理、处置技术研究"国家科技攻关课题,至 1995 年才取得了一些研究成果。在此之后我国对固体废弃物的研究机构和学者逐渐多了起来。在一些大城市,如北京、上海、杭州、沈阳和吉林先后建设一批垃圾卫生填埋场或工业废弃物填埋场,但这些填埋场都达不到足够的安全程度,对环境存在着不同程度的潜在危害,有的已经造成对地下水的污染。如果按国外技术标准评价,北京六里屯的垃圾填埋场也只能算作一个准安全填埋场,笔者认为至今我国仍没有一座标准较高的固体废弃物安全填埋场,所以在我国当前对固体废弃物安全处理、处置技术的研究,工程的建设等任务十分艰巨,是一个需要在很长时间内解决的大问题。

在 1995 年 10 月 30 日通过、1996 年 4 月 1 日施行的《中华人民共和国固体废物污染环境防治法》,使我国也有了自己的为了防治固体废弃物污染环境、保障人体健康、促进社会与经济发展的对固体废弃物加强管理的法律依据。因受技术、资金、管理水平等因素制约,对固体废弃物的处理、处置仍处在低水平阶段,大多数填埋场或其他处理措施都没有达到环境保护所要求的安全、无害化的处理和处置水平,每年都发生固体废弃物污染环境的事故,仅 1990 年就发生了 103 起,造成严重损失。据不完全统计,每年固体废弃物造成的经济损失都近 100 亿元,每年当作废弃物处理的可回收利用的废弃物资源价值已超过 250 亿元,这又造成了极大的浪费。面临当前固体废弃物污染环境的严峻局面,国家和地方正在采取一系列管理措施,建立健全法律、法规、规章制度和技术标准。

目前,工业固体废弃物处理是我国固体废弃物处理行业的重要组成部分。工业固体废弃物分为一般工业固体废弃物和工业危险废弃物。由于工业固体废弃物受工业生产过程等因素的影响,所含成分变化频繁,给处理和利用造成困难;加之工业固体废弃物处理需要特殊设备及专业技术人员,工业固体废弃物处理成本较高。根据生态环境部发布的《2020 年全国大、中城市固体废弃物污染环境防治年报》,2019 年,196 个大、中城市一般工业固体废弃物产生量达 13.8 亿 t,综合利用量达 8.5 亿 t,处置量达 3.1 亿 t,储存量达 3.6 亿 t,倾倒丢弃量达 4.2 万 t。

我国固体废弃物污染环境防治存在的主要问题表现在以下几方面:

(1) 在《中华人民共和国固体废物污染环境防治法》出台之后,缺乏使该法切实得到实施的一系列配套的法规、标准,故仍亟须加强、加速防治固体废弃物污染环境的执法工作。

(2) 乡镇企业和个体企业的生产工艺落后,环保意识不强,以牺牲环境来获取利润的现象还比较严重,所以废弃物的产生量大。这些企业不投入治理污染的资金,缺乏先进的污染治理与防治技术。因此,必须坚决落实"谁污染、谁治理"的原则,并加大执法和督察的力度。

(3) 固体废弃物排污费的征收面小、标准低,收缴上来的排污费也没有利用在治理污染上。据统计,征收上来的固体废弃物排污费仅占全国排污总征收额的 1%,这与污染损失造成的巨大代价极不相符。在这种情况下,处置固体废弃物的工程设施的巨额资金无处筹集,也无人投入,而使造成污染的企业也无治理压力。

(4) 我国固体废弃物的种类多,产生量大,来源广,涉及的部门多,管理上不协调、有漏洞。例如同是固体废弃物,城市生活垃圾归城市建设部门管理,而工业废弃物则归环保局管理。因此环保部门统一监督管理的职能没有发挥,管理机构混乱、水平低，管理人员不足且素质不高。

（5）固体废弃物的安全处置应根据我国固体废弃物的特点采取科学的处置措施，既要保证环境领域的安全，又要节约大量资金投入。

1.2 环境岩土工程学的基本概念

环境岩土工程学的视野是十分宽广的，所要处理的问题又是综合性的。因此，了解和研究这门新的学科，必须具备以下基本观念：

观念 1：地球本质上是一个封闭的循环系统。

地球是由大气圈、水圈、生物圈、岩石圈四部分组成的整体，在变化的条件下，任何一部分都在不断地改变。这四部分是相互制约、相互调整的，相互之间共同作用。任何一部分的改变量和发生的频率都会影响其他部分。每一部分称为"环境单元"。例如，由于火山爆发、火山气体释放，影响大气圈，从而引起区域性的雨量猛增，造成局部地区洪水泛滥或者干旱。变化了的环境又有可能改变生物圈。水土流失造成滑坡，泥沙被洪水搬运，在下游沉积形成岩石。在系统内部各部分相互作用的变化不是偶然的，因此，我们仔细观察一个环境单元的变化如何影响到另一部分是十分重要的。

地球（环境）不是静止的而是不断运动的。每一个环境单元又是开放的。它不存在一个明确的物质边界或能量边界。自然界物质循环是无休止的并有一定的时间的，表 1-1 列出了某些物质在自然循环中滞留的时间，可以看出各种物质在不同的环境单元内滞留的时间少则几天，多则几亿年。表 1-2 列出了岩石圈内地质循环的速率，这些资料都为我们提供了证据。

表 1-1 某些物质在自然循环中滞留的时间

地球物质	滞留时间
大气循环圈	
水蒸气	10 天（低气层下）
二氧化碳	5～10 天
烟雾颗粒	数月至数年
同温层	
对流层	一周到几周
水圈	
大西洋表面	10 年
大西洋深水	600 年
太平洋表面	25 年
太平洋深水	1300 年
陆上地下水	150 年（760m 以上）
生物圈	
水	2000000 年
氧	2000 年
二氧化碳	300 年

地球物质	滞留时间
海水组成要素	
水	44000 年
盐类	22000000 年
钙离子	1200000 年
硫酸盐离子	11000000 年
钠离子	260000000 年
氯离子	无限

注：资料来源于 The Earth and Human Affairs by the National Academy Copy right 1972 by the National Academy of Sceience. U. S. A.。

表 1-2　岩石圈内地质循环的速度

地表侵蚀	
美国平均流失率	6.1cm/1000 年
科罗拉多河流域	16.5cm/1000 年
密西西比河流域	5.1cm/1000 年
北大西洋沿岸	4.8cm/1000 年
太平洋沿岸（加利福尼亚）	9.1cm/1000 年
沉积	
科罗拉多河	28.1亿 t/年
密西西比河	43.1亿 t/年
北大西洋沿岸	4.8亿 t/年
太平洋沿岸（加利福尼亚）	7.6亿 t/年
地质构造	
海底延伸	
北大西洋	2.5cm/年
东太平洋	7~10cm/年
断层产生	
圣·恩特来斯（加利福尼亚）	1.3cm/年
山脉上升	
加利福尼亚山脉	1.0cm/年

注：资料来源于 The Earth and Human Affairs by the National Academy Copy right 1972 by the National Academy of Sceience. U. S. A.。

观念 2：地球是人类合适的栖息地，但它能提供的资源是有限的。

关于这个问题至少应从两方面理解：一是地球上的资源并非很丰富；二是人口不断增长造成资源的相对缺乏。造成资源危机的原因：一是人的寿命延长、无计划生育等造成人口爆炸；二是不切实际地盲目增加生产，造成资源浪费；三是地球的矿产接近极限；四是环境不可逆的破坏造成的风险越来越高；五是资源开采的多，有用的少。

观念 3：物质演变过程是贯通整个地质年代起作用的，而且它正在改变我们的未来，然而演变进程的量和频率又受到自然和人为诱发变化的支配。

这个概念的意思是要明白现在的演变进程正在塑造和改变我们的未来。简言之，了解目前的状态关键在于过去。

这一概念的另一意思是要让人们了解现在正在做的事情，不能光图眼前的利益，要有持续可发展的战略眼光，要为我们的子孙后代负责。我们的活动稍不注意，可能为后代带来灾难。

人类的活动有时对全球范围的影响可能很小，但对局部的影响大不一样。例如，大量无计划地破坏植被，土地一年的侵蚀量可能数十倍于森林或农作物覆盖的土地。如果我们都有保护环境的概念，合理计划用地，绿化将具有重大意义。

观念4：自然在不断地演化，而且经常危害着人类，但是这些灾害是可以认识和可以避免的。对这种威胁生存的灾害，人类必须研究得出规律和防范措施，设法使灾害降低到最低限度。

大自然的演变如果在接近地球表面起作用，称为"外成演变"；如果在地壳以下内部起作用，称为"内成演变"。危害人类的外成灾害包括：水流、风、冰等动因引起的风化、物质消融、侵蚀和沉积；火山活动和地壳运动等属于内成演变。对人类具有强烈作用的主要是外成演变；然而某些内成演变（如地震等）同样能造成很大的威胁。

许多持续的灾变造成人类生命和财产的巨大损失，如海洋入侵、洪水泛滥、滑坡、泥石流、地震、火山活动等。这些灾变发生的规模和频率依赖于气候、地质条件和植被等因素。例如水流对侵蚀或沉积演变的影响依赖于降水量的强度、暴雨的频率、雨水进入岩石或土中的数量和速度，水蒸发和迁移到大气圈中的速率等。彼得（L. C. Pcltier）通过计算，将水流造成的侵蚀在全球范围内分成三个区（图1-1）：①降雨量小的中纬度沙漠；②雨量少的北极和北极圈附近；③有丰富植被覆盖的热带。图1-2～图1-4相应标出了水流侵蚀强度、风化强度和物质消融强度的区域。这些图虽然不够精确，但根据降雨量和气温的因素可以大致推断出发生灾变的范围。

观念5：土地和水资源一定要有计划地合理利用，无论从经济上的得益还是实际变化造成的损失，两者之间应力求达到平衡。

要得到一个最佳的平衡条件通常是非常困难的，它必须依赖于两方面的比较：一是要充分考虑部分与部分之间的经济利害关系，要互利；二是要科学地利用资源。据美国一研究机构分析，目前全世界每15人中就有1人生活在用水紧张或水荒环境中，到2025年，就会有三分之一的人可能遭遇淡水危机。所以，合理利用资源是当今世界面临的非常严峻的问题。

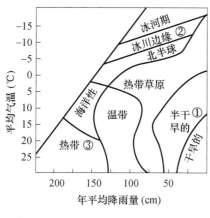

图1-1 水流侵蚀地域分区

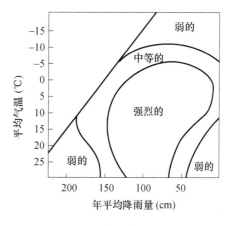

图1-2 水流侵蚀强度

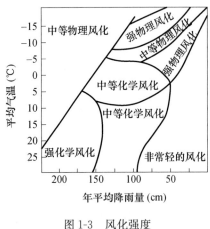

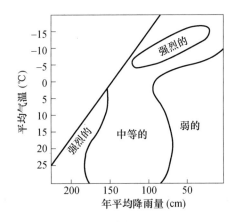

图 1-3　风化强度　　　　　　　　图 1-4　物质消融强度

观念 6：人类人口无计划地增长也是个环境问题。人类的活动应对环境保护负有责任，但人口无计划地增长对环境的影响是十分明显的。人口大量增长，人类的居住空间大量膨胀，人们对自然界的索取也就越来越多。

当前，世界人口已达 77 亿人，人口仍在增长，增速放缓。2018 年是一个重要转折点，65 岁以上人数首次超过 5 岁以下儿童人数。由于总的人口基数大，按照目前的趋势，到 21 世纪末，世界人口可能会停止增长，保持在 109 亿人的规模（图 1-5）。由于人口增长过快，耕地面积缩小，森林遭到大量砍伐，能源大量消耗，工业污染，水土流失，动植物物种遭到威胁。图 1-6 展示了前期世界人口增长与物种消亡之间的趋势。两者之间具有惊人的一致性。特别是近期，由于施肥不当和滥用杀虫剂，许多动植物的生存空间遭到破坏。据德国《图片报》报道，全世界每天有 160 种动物和植物物种遭灭绝。在德国的 273 种飞禽中已有 72 种濒临灭绝。在人类历史发展过程中，一些不负责任的掠夺和战争常会对环境造成严重破坏。例如，叙利亚北部从前十分繁荣，出口橄榄油和酒类到罗马，自从波斯人和阿拉伯人入侵以后，大片农业土地被毁坏，森林消失，直到今天，土壤侵蚀达 2m，变成了荒凉的沙漠，普遍缺乏植被、水和土壤。

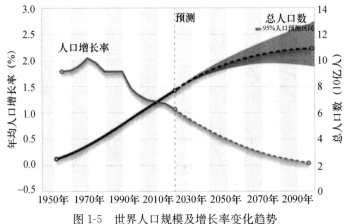

图 1-5　世界人口规模及增长率变化趋势

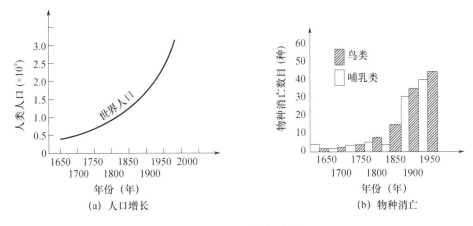

图 1-6 人口增长与物种消亡

1.3 环境岩土工程学研究的内容和分类

环境岩土工程学是研究应用岩土工程的概念进行环境保护的一门学科。这是一门跨学科的边缘科学，涉及面很广，包括气象、水文、地质、农业、化学、医学、工程学等。因此，当一个巨大工程如三峡工程、南水北调工程等，在决策之前必须综合各方面的专家进行研究。这类工程实质上是一个环境工程。

环境岩土工程研究的内容大致可以分成三大类：

第一类指环境工程。它主要是指用岩土工程的方法来抵御由于天灾引起的环境问题，如抗沙漠化、洪水、滑坡、泥石流、地震、海啸等。这些问题通常泛指为大环境问题。

第二类指环境卫生工程。这一类主要是指用岩土工程方法来抵御由各种化学污染引起的环境问题，如城市各种废弃物的处理、污泥的处理等。

第三类指由人类工程活动引起的一些环境问题。例如，在密集的建筑群中打桩时，由于挤土、振动、噪声等对周围居住环境的影响；深基坑开挖时，降水、边坡位移；地下隧道掘进时对地面建筑物的影响等。

其中，第二类环境卫生工程是环境岩土工程的一个重要方面，其研究内容包括污染的机理、最终处置的方法及设计、环境监测等。后两类亦可泛称为小环境岩土工程。

表 1-3 具体列出环境岩土工程学研究的内容及分类，从表中可以看出，大环境和小环境之间相互是有联系的。例如，大环境中的水土流失、洪水灾害等问题，也可能是由于人类不负责任的生产或工程活动，破坏了生态环境造成的；人类的水利建设也可能引发地震等。这就是观念 1 所阐明的道理（各环境单元之间共同作用造成的）。

从表 1-3 中还可以看出，环境岩土工程问题比单纯的技术问题复杂得多。许多标准涉及方方面面。例如有毒有害物质的污染问题，医疗卫生部门提出对人的健康危害标准；生物学家应有对动植物危害标准；材料分析专家应考虑对建筑物保护的标准等。例如，美国目前对废弃物的填埋场处理有一整套严密的法律限制。对于淋滤液的泄漏，气味的散发，运行过程中鸟类和动物的繁殖等都有明确的法律规定。许多不符合标准的填埋场和填埋物都得修理、关闭，甚至重新挖出处理。

表 1-3 环境岩土工程学研究的内容及分类

环境岩土工程学研究的内容			
大环境问题	内成的	地震灾害	
		火山灾害	
	外成的	洪水灾害	
		水土流失	
		沙漠化	
		盐碱化	
		区域性滑坡	
小环境问题	生产活动引起的	采矿造成空区坍塌	
		尾矿淋滤污染	
		工业有毒有害废弃物污染	
		过量抽取地下水引起地面沉降	
		……	
	工程活动引起的	在密集建筑群中打桩造成挤土、振动、噪声对居住环境的影响	
		地下工程引起的地层移动	
		……	

1.4 环境岩土工程学的研究现状

国外对环境岩土工程的研究主要集中于小环境岩土问题的研究，主要包括垃圾土、污染土的性质、污染运移理论、固体垃圾处置和控制等。实际上环境岩土并非局限于污染土问题，也包括人类的各种生活、生产和工程活动与环境之间的共同作用问题。此外还包括大环境岩土工程问题，如地震灾害、土壤退化、洪水灾害、温室效应等。目前国内学者这几方面的研究都已涉及，并形成共识，将环境岩土工程问题分为小环境岩土工程问题和大环境岩土工程问题，小环境岩土工程问题包括污染土、固体垃圾性质与处置，工程建设活动引起的环境问题等；小环境岩土工程问题包括自然灾变引起的一系列环境问题。

1.4.1 大环境岩土工程中的主要问题

多年来，人们在用岩土工程方法来抵御自然灾变对人类所造成的危害方面已经积累了丰富的经验。

1. 地震灾害

地震是一种危害性很大的自然灾害，由于地震的作用不仅使地表产生一系列地质现象，如地表隆起、山崩滑坡等，而且还引起各类工程结构物的破坏，如房屋开裂和倒塌、桥孔掉梁、墩台倾斜和歪倒等。

因其灾害的严重性，地震已成为许多科学工作者的研究对象。研究重点主要包括作为防震设计依据的地震烈度的研究、工程地质条件对地震烈度的影响、不同地震烈度下建筑场地的选择及地震对各类工程建筑物的影响等，从而能够为不同的地震烈度区的建筑物规划及建筑物的防震设计提供依据。

2. 土壤退化

目前，土壤退化存在的主要问题有荒漠化和盐渍化。荒漠化严重破坏交通、水利等生产基础设施，制约经济腾飞。交通线路因荒漠化危害而发生阻塞、中断、停运、误点等事故时有发生，荒漠化使许多道路的造价和养护费用增加，通行能力减弱。荒漠化还常常对水利设施造成严重破坏，如泥沙侵入水库、埋压灌渠等。此外，荒漠化还对输电线路、通信线路和输油（气）管线等产生严重威胁，有时甚至危及人身安全，造成重大事故。

盐渍土是指地表以下 1m 以内、易溶盐含量大于 0.5％的土。土中含盐量超过这个标准时，土的物理力学性质发生较大变化，其含盐量越高，对土的性质影响越大。盐渍土中所含盐类主要是氯盐、硫酸盐和碳酸盐。盐渍土会侵蚀道路、桥梁、房屋等建筑物的地基，引起基础开裂或破坏。

3. 洪水灾害

由于特殊的自然条件和现实因素，我国是世界受洪水威胁较严重的国家。在 21 世纪的前 30～40 年间，我国防洪事务面临空前严峻的挑战。在经济相对发达的珠江流域，除北江大堤及三角洲五大堤围外，沿江各市县的设防标准很低，一般为 5～10 年一遇标准，不少城镇未设防。在长江等大江大河的主要支流地区，防洪标准普遍低于干流 5～10 年甚至更长时间。

4. 温室效应

温室效应使海平面和沿海地区地下水位不断上升，土体中有效应力降低，从而导致液化及震陷现象加剧、地基承载力降低等一系列岩土工程问题。河川水位上升，又使堤防标准降低，浸透破坏加剧。大气降雨的增加、台风的加大，使风暴、洪涝灾害加重，引发山崩、泥石流等环境问题。

5. 水土流失

水土流失作为一种高频低能的地貌灾害事件，在世界各地均存在，而我国水土流失现象尤为严重。一方面，在工程建设中，应尽量避免引发水土流失；另一方面，要采取工程措施，对水土流失进行防治。

京广线乐昌峡段的改线隧道工程，几年间就向河床弃土 1 亿 m³，导致大量泥沙冲刷流失；连云港市连云区由于开山筑路取土，发生了几处山体滑坡事件，滑坡总长度 1200m，体积达 35105m³，造成公路、沟涧堵塞，损失巨大。

工程技术措施主要是指以各种工程技术对径流、泥沙进行拦蓄、截流、疏导，减轻径流冲刷等。例如，对陡坡的开挖工程，采用沟埂保护工程，起截流作用、逐级蓄水拦沙的沟埂梯地、谷坊工程、坡地梯田工程等。工程技术措施较适用于小范围、小面积的水土流失防治，同时也可以配合生物工程技术措施在大面积水土流失防治中发挥作用。

1.4.2 小环境岩土工程中的主要问题

1. 过量抽取地下水引起的地面沉降

许多地区不合理开采地下水引起的地面沉降，造成大面积建筑物开裂，地面塌陷，地下管线设施损坏，城市排水系统失效，从而造成巨大损失。地面沉降主要与无计划抽取地下水有关。地下水的开采地区、开采层次、开采时间过于集中。集中过量地抽取地下水，使地下水的开采量大于补给量，导致地下水位不断下降，漏斗范围也相应地不断扩大。开采设计上的错误或由于工业、厂矿布局不合理，水源地过分集中，也常导致地下水位的过大和持续下降。据观测，上海市由于地下水位下降引起的最大沉降量已达 2.63m；天津市最大累计沉降量达 2.69m，降幅大于 2m 的区域面积达 10km²。

除了人为开采，许多因素也引起地下水位降低，并可能诱发一系列环境问题。例如，对河流进行人工改道；上游修建水库，筑坝截流或上游地区新建或扩建水源地，截流了下游地下水的补给量；矿床疏干、排水疏干、改良土壤等都能使地下水位下降。另外，如降水工程、施工排水等工程活动也能造成局部地下水位下降。

通常采用压缩用水量和回灌地下水等措施来克服地下水位的下降问题，但随着时间的推移，人工回灌地下水的作用将逐渐减弱，到目前为止，还没有找到一个满意的解决办法。

2. 各类工程活动引起的若干环境岩土工程问题

进入 21 世纪以后，城市化人口激增和城市基础设施相对落后的矛盾日益加剧，城市道路交通、房屋等基础设施需要不断更新和改善，我国大城市的工程建设进入大发展时期。在城市特别是在大、中城市，楼群密集、人口众多，各类建筑、市政工程及地下结构的施工，如深基坑开挖、打桩、施工降水、强夯、注浆、各种施工方法的土性改良、回填及隧道与地下洞室的掘进，都会对周围土体稳定性造成重大影响。例如，由施工引起的地面和地层运动、大量抽取地下水引起地表沉降，将影响到地面周围建筑物和道路等设施的安全，致使附近建筑物倾斜、开裂，甚至破坏，或者引起基础下陷，不能正常使用，更为严重的是，由此引起给水管、污水管、煤气管及通信、电力电缆等地下管线的断裂和损坏，造成给排水系统中断、煤气泄漏及通信线路中断等，给工程建设、人民生活及国家财产带来巨大损失，并产生不良的社会影响。事故的主要原因之一是对受施工扰动引起周围土体性质的改变和在施工中结构与土体介质的变形、失稳、破坏的发展过程认识不足，或者虽对此有所认识，但没有更好的理论和方法去解决。由于施工扰动的方式是千变万化、错综复杂的，而施工扰动影响到周围土体工程性质的变化程度也不相同。如土的应力状态和应力路径的改变，密实度和孔隙比的变化，土体抗剪强度的降低和提高及土体变形特性的改变，等等。以往人们很少系统地研究上述受施工扰动影响土的工程性质变化及周围环境特性的改变。长期以来，地下矿产资源和地下水的开采导致形成采空区和采空松动区，引起地面沉降、地面结构物开裂等问题，且随着时间的推移不断发展。对这类问题采用传统的土力学理论和方法，以天然状态的原状土为研究对象，进行有关物理力学特性的研究，并将其结果直接用于上述受施工扰动影响的土体强度、变形和稳定性问题，显然不符合由施工过程所引起的周围土体的应力状态改变、结构的变化、土体的变形、失稳和破坏的发展过程，从而造成许多岩土工程的失稳和破坏，给工程建设和周围环境带来很大危害。因而在确保工程自身安全的同时，如何顾及周围土体介质和构筑物的稳定，已经引起人们的重视，这些问题属于环境岩土工程的范畴。

3. 采矿对环境的影响

矿山的开采、挖掘是直接在岩土圈中进行的，因此它必然导致矿山区域内各种类型的岩土环境负效应问题。这种负效应的程度和类型不但取决于岩土环境自身参数，而且取决于矿山开采的形式、规模及不同的开采方法等。从我国目前矿山的实际情况分析看，岩土环境负效应有如下几种类型：

（1）地面沉降和地表耕地沼泽化

从目前的研究结果来看，地下资源开采引起地面沉降主要有两类：一是地下水的开采引起地面沉降；二是开采煤炭引起的地面沉降与沉陷。由于煤层分布面积大，甚至多层次开采，往往形成较大的采空区，造成地面沉降，地表形成低洼地。如果地表潜水位较浅，在沉降低洼处，地下水位接近或高出地表，于是在地表形成沼泽区或积水池。

（2）地面塌陷、河流断流和建筑物地基破坏

由于矿山开采的深度较小，开采放顶后冒落带直接发展到地面，使地面塌落。如遇到地面建筑物，就会破坏建筑物的地基基础，使建筑物墙梁产生拉剪破坏甚至陷入地下。遇到地表河流时，全部河水涌入井下，从而在地表形成断流。

（3）尾矿库及尘土污染

所有矿山的开采都伴随着尾矿排放问题。这种矿山特有的固体废料往往被就地堆放，不仅占用大量的可耕地，而且经常出现尘土飞扬的情况。这些扬尘污染大气，更重要的是，这些扬尘含有一定量的有害元素，如铅等。当它们随风飘到矿区附近的土地上时，可造成矿区土地大面积的重金属污染。例如，地处河西走廊中段巴丹吉林沙漠边缘的金川公司老尾矿库占地 300 万 m^2，选址周围为居民区，由于经常尘土弥漫，严重地影响了当地居民生活。

（4）露天矿坑的滑坡问题

由于露天矿坑的开采、挖掘，排土场的堆积常常形成数十米甚至几百米高的人工边坡，这些边坡往往存在着极大的不稳定性，应采用削坡减载、坡脚支撑、降压疏干、边坡控制爆破等防治措施对边坡稳定问题进行防治。

（5）场地污染问题

由于城镇化的快速发展，原来老城区的工厂车间外迁，但这些工厂车间所在场地的污染问题尤其是一些化工类场地的重金属污染问题突出，甚至影响周边环境。

1.4.3 国内外城市固体废弃物填埋场的研究现状

城市固体废弃物一般包括生产垃圾、商业垃圾和生活垃圾。随着经济发展和都市规模的扩大，城市固体废弃物的产量逐年增加。以我国为例，1995 年全国工业固体废弃物产生 6.5 亿 t（不含乡镇企业），它的历年累计堆存量为 66.41 亿 t，占地 55085hm²，比 1994 年有上升趋势。另外，随着我国城市人口的增加和居住生活水平的提高，城市垃圾的产生量以每年 8%～10% 的速度递增，全国城市垃圾产生量已达 1.0 亿 t/d，人均日产量超过 1kg。因此，面对数量这么庞大的固体废弃物，为了减少对环境的危害和利用有限的土地资源，必须建立现代化卫生填埋场，使城市固体废弃物达到无害化的最终归宿。卫生填埋是最终处置固体废弃物的一种方法，其实质是将固体废弃物铺成有一定厚度的薄层，加以压实，并覆盖土壤。一个规划、设计、运行和维护均很合理的现代卫生填埋工程，必须具备合适的水文、地质和环境条件，并要进行专门的规划、设计，严格施工和加强管理。它能严格防止对周围环境、大气和地下水源的再污染。

目前，卫生填埋方法在国外各发达国家应用非常广泛，例如英国在 1978 年、1979 年占废弃物处置量的 89%，日本是以谋求废弃物能源化为目标的国家，但填埋处置量在 1979 年仍占 52%。在美国，美国环保局（EPA）和很多州详细制定了关于填埋场选

址、设计、施工、运行、水汽监测、环境美化、封闭性监测及 30 年内维护的有关法规，有关文献进行了部分介绍。现代化填埋场在设计概念、原则、标准和方法上所采用的防渗、排水材料都与传统填埋场有本质区别。目前，工业发达国家在设计填埋场时，多采用多重屏障的概念，利用天然和人工屏障，尽量使所处置的废弃物与生态环境相隔离。这些国家不但注意淋洗液的末端处理，更强调首端控制，力求减少淋洗液量，提高废弃物的稳定性和填埋场的长期安全性，尽量降低填埋场操作和封闭后的费用。

自 20 世纪 60 年代以来，特别是近年来，我国固体废弃物填埋技术有了很大进展，固体废弃物的处置方法从简单的倾倒、分散的堆放向集中处置、卫生填埋方向发展。部分城市建成了卫生和安全的填埋场，如杭州天子岭垃圾填埋场、北京阿苏卫垃圾填埋场、深圳危险废弃物填埋场、上海老港填埋场和江镇堆场、佛山五峰山卫生填埋场等。其中阿苏卫填埋场是 1995 年北京市利用世界银行贷款在昌平县（现昌平区）建成的国内首座符合国际标准的卫生填埋场，它占地 60hm²，深 4.8m，上面是 5m 深的防渗黏土层，并有 88 根管道排除垃圾中产生的沼气，还设有气、水污染检测设备。

近十多年，国内大部分已建的填埋场在理论和设计方面有了很大提升，但原先比较老的填埋场附近场地和地下水污染问题凸显。在高性能防渗和排水材料的开发方面与国外有较大差距，设计人员对填埋场设计缺乏足够的专门知识和经验，所设计的填埋场不仅耗资大，且直接影响其长期运营安全。因此，这方面的工作有待进一步提升。

1. 填埋场衬垫系统

（1）衬垫系统的发展

固体废弃物填埋时，由于降水过滤和固体废弃物压榨产生的液体叫填埋场淋洗液。为防止未收集的淋洗液对场地周围地下水产生污染，衬垫系统隔离层是必不可少的组成部分。它是一种水力隔离措施，是发挥填埋场封闭系统正常功能的关键部位。衬垫系统在设计时必须具备以下几个条件：低渗透性、与所填废弃物的长期相容性、高吸附力和低的传输系数。

衬垫系统的发展经历了几个阶段，表 1-4 给出了美国衬垫系统的发展过程。

表 1-4　美国衬垫系统的发展过程

衬垫系统类型	使用时间	淋洗液收集和排除系统	首层隔离材料 (P-FML)	渗漏液监测和排除系统	次层隔离材料 (S-FML)
单层压实黏土衬垫	1982 年以前	砾石和多孔管	黏土	无	无
单层土工膜衬垫	1982 年	砾石和多孔管	土工膜	无	无
双层土工膜衬垫	1983 年	砾石和多孔管	土工膜	砾石和多孔管	土工膜
单层土工膜、单层复合衬垫	1984 年	砾石和多孔管	土工膜	砾石和多孔管	土工膜和黏土
单层土工膜、单层带土工网的复合衬垫	1985 年	砾石和多孔管	土工膜	土工网	土工膜和黏土
带土工网的双层复合衬垫	1987 年	砾石和多孔管	土工膜和黏土	土工织物和土工网	土工膜和黏土

衬垫系统类型	使用时间	淋洗液收集和排除系统	首层隔离材料（P-FML）	渗漏液监测和排除系统	次层隔离材料（S-FML）
带土工网和土工复合材料的双层复合衬垫	1987 年以后	土工网和土工复合材料	土工膜和黏土	土工织物（或土工膜）和土工网	土工膜和黏土

由表 1-4 可知，衬垫系统根据其发展可分为以下几类（图 1-7）：

①单层压实黏土衬垫（CCL）。

②单层土工膜衬垫。

③双层土工膜衬垫。

④单层复合衬垫。

⑤双层复合衬垫。

所谓复合衬垫，是指土工合成材料复合衬垫。土工膜、土工网和土工织物是用于复合衬垫的三种主要的土工合成材料。土工膜用作不透水隔离以防止废弃物污染土壤和地下水；土工网用作侧向排水层来排除淋洗液；土工织物的作用是反滤和隔离，放在土工网和土之间或土工网与土工膜之间。

⑥用土工合成材料黏土衬垫（GCL）来代替黏土层的复合衬垫。这是最近几年广泛应用于美国固体废弃物填埋场的衬垫系统。GCL 是在工厂制造的一种土工合成材料。它有两种类型：一种是土工织物间夹上干燥的膨润土层；另一种是一层干燥的膨润土层贴上一层土工膜。GCL 的应用可以减小衬垫系统总的厚度，从而增加废弃物填埋量。

图 1-7 为衬垫系统分类示意图。

世界上其他国家所用的衬垫系统也不尽相同，与美国的区别在于：美国所用的衬垫系统尽量同天然土层隔离开，欧洲国家则尽量利用天然土层作为天然的衬垫系统。各国固体废弃物填埋场封闭系统的发展都趋向于复合型。

（2）土质衬垫与土工合成材料复合衬垫的比较

①渗透性。复合衬垫可以克服单层土工膜衬垫偶尔存在的破洞、接缝等缺陷，也可克服渗流在土质衬垫整个面上发生，从而减少渗漏量。②与废弃物淋洗液的相容性。土质衬垫易受强酸、强碱和有机化学制剂的作用，从而影响渗透性；而复合衬垫黏土上面的土工膜可延缓淋洗液与黏土的直接接触，从而减少或避免淋洗液与黏土的相容性问题。③淋洗液排除。复合衬垫中的排水层促使淋洗液从排水层流向收集管，从而减少作用在衬垫上的淋洗液，而黏土衬垫没有这个功能。④上覆压力的影响。压实黏土衬垫上部由上覆黏土、土体或固体废弃物引起的有效应力增加时，衬垫中相对大的孔隙逐渐变得紧密，从而降低渗透性，而复合衬垫中的土工膜没有这个优点。⑤耐久性。土质衬垫可以维持几千年，但复合衬垫中的土工合成材料的耐久性还没办法实际验证。⑥易破性。当废弃物有坚硬异物时，土质衬垫不易被刺破，而复合衬垫中的土工膜易被异物刺破。

由上述比较可以看出，土质衬垫与土工合成材料复合衬垫各有优缺点，但总体看来，填埋场衬垫发展的趋势仍然是广泛应用土工合成材料的复合衬垫，因为复合衬垫在短期和长期稳定性方面均优于土质衬垫，但在相当长的一段时期内，土质衬垫仍不可替代。

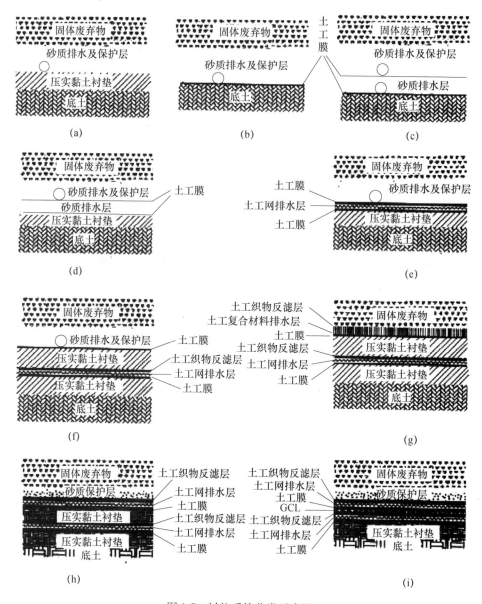

图 1-7 衬垫系统分类示意图

（a）单层压实黏土衬垫；（b）单层土工膜衬垫；（c）双层土工膜衬垫；（d）单层土工膜、单层复合衬垫；（e）单层土工膜、单层带土工网的复合衬垫；（f）带土工网的双层复合衬垫；（g）带土工网和土工复合材料的双层复合衬垫；（h）典型的双层复合衬垫系统；（i）带 GCL 的双层复合衬垫系统

2. 填埋场设计中存在的问题

（1）衬垫干裂问题

对固体废弃物填埋场，用于填筑防渗衬垫的黏土，通常均在比最优含水量（W_{op}）稍湿的情况下堆填和压实，这样可以在施工时使压实黏土的透水性最低。然而，在比较干旱的地区或黏土易受季节性干旱影响的地区，如果衬垫终将干燥脱水，则其效果可能适得其反。因为在湿于 W_{op} 时压实的黏土失水干燥时会产生更大的裂缝，从而在衬垫内

形成透水通道，衬垫不能发挥正常的防渗功能。

产生以上问题的根本原因在于：一方面，当压实黏土的填筑含水量增加时其收缩势也同时增加，导致黏土衬垫的渗透性增大，另一方面，压实黏土的填筑含水量比 W_{op} 稍湿时，根据前面所述的土的结构理论，又可以获得较小的渗透系数。因此，为了解决高收缩势和低渗透性这对矛盾，必须找到一种合适的压实途径，使土既具有较低的渗透性，又具有较小的收缩势。

（2）衬垫厚度问题

填埋场工程中，压实黏土衬垫的作用是阻止淋洗液渗透，防止地下水污染；在美国，法律往往从环保的角度考虑，认为衬垫越厚越好，然而对衬垫厚度的适宜值一直也没有定论，有的规定为 $60\sim360cm$，有的认为 $60\sim150cm$ 较适宜。究其原因，主要在于分析土质衬垫的时候，施工条件有不确定性和各地经验存在差异。从经济的角度考虑，因为填埋场面积很大，黏土衬垫若太厚，既增加了工程量和工程费用，也使填埋容量减小。因此，填埋场厚度问题应该得到重视。已有的研究表明，用考虑水力特性在空间的各向异性而建立的随机模型进行分析时，压实黏土衬垫的最小厚度为 $60\sim90cm$。但是，在相当大的填埋场废弃物质量作用下，衬垫的厚度不同可能影响衬垫应力的分布，地基条件的差异也会导致不同的影响。一旦衬垫因为强度不够而破坏，便不能发挥正常的防渗性能，也影响填埋场封闭系统的长期稳定性。

另外，在黏土中加砂后，对减小收缩势也许是个很好的方法，但土中加砂后的混合土料的抗拉强度必然降低，对衬垫的厚度有影响。因此，有必要分析衬垫的厚度，以验证黏土中加砂的可行性。

（3）填埋场的稳定性计算分析

当衬垫处于边坡位置时，如处置不当，很可能发生各种形式的稳定破坏，由于衬垫系统的复杂性，应研究适合填埋场边坡稳定特点的稳定性计算分析方法。

此外，填埋场中的废料、沉降问题不可预测，而填埋场的保护系统如覆盖系统、污染控制屏障、排水系统的设计，会受到填埋场沉降的影响。若沉降过大，会引起覆盖系统和排水系统开裂，影响填埋场正常使用。因此，对此必须深入研究。

1.4.4 放射性有害物质的处置

有害物质通常是指有毒、有害的化学物质和含有放射性物质对人体产生危害或对环境造成污染的物质。有毒、有害的化学物质通过控制源头的排放或进行适当的解毒处理，处理达到排放标准后，可以进行有效的控制，相对来说处置比较容易。对放射性物质污染的处置难度较大，因为技术要求高。这里主要介绍放射性有害物质的处置现状。对人类来说，放射性物质既是一种前景广阔的有用物质，又是一种潜在的有害物质，因而引起人们的普遍关注，已成为核科学和环境科学研究的重要对象。

放射性物质及其辐射性在地球形成之初就已存在于地球上，只是看不见、摸不着，人们对它们的认识更多地停留在感性阶段。关于环境放射性研究，人们主要以美国和苏联在大气层中进行核武器试验所造成的环境污染为中心，对核试验放射性污染水平和环境天然辐射本底进行了大量的调查，建立了一系列环境放射性监测方法，促进了环境放射性分析和检测技术的发展。核工业和核能利用的迅速发展，排入环境的放射性污染物也有所增加，促使人们加强对环境放射性污染的监控。

实践表明，环境放射性污染的控制如果停留在污染监测和放射性废弃物的治理上是远远不够的，更重要的是要探索放射性污染的产生及其在环境中的物理、化学和生物学行为，摸清放射性污染物在环境中的运动过程及其规律，才能有效地控制和消除放射性流出物排放对环境的污染，减轻和防止环境放射性对生态特别是对人类的危害。20世纪70年代以来，高放射性物质最终处置的安全性成为影响核电事业进一步发展的关键，迫使科学家们从放射性物质及环境物质的物理、化学特征出发，进一步探索放射性核素在环境中的行为，特别是放射性核素与环境物质之间的相互作用及其迁移规律和最终归宿。

1.4.5 环境岩土工程的发展展望

1. 环境土质学与土力学

在原有特殊土（黄土、盐渍土、红黏土、膨胀土、冻土）的研究基础上，需进一步开展垃圾土、污染土、海洋土及工业废料、废渣工程利用的研究。此外，受施工扰动土体的工程性质问题仍应成为研究的重点。废弃物处置设计中，要对垃圾土的取样方法、试验标准与方法、物理力学参数甚至本构关系进行研究，而我们在这方面的研究是极为初步的。对工矿区而言，污染土的特性研究是很重要的。由于污染源多种多样，岩土的物理力学性质又各不相同，目前对污染土的研究还很不够，而工程中已有因岩土受污染而导致工程事故的例子。如贵州某厂赤泥尾矿，由于浸出液的pH大于12，坝基土因强碱废水入侵强度降低而最终导致决口。21世纪是"海洋世纪"，海洋工程、港口建设将出现新的局面，而我们对海洋土的认识才刚刚起步，伴随工程建设的需要，应加强这方面的研究。工业废料、废渣的工程利用是保护环境的一大举措，实践中，粉煤灰已经得到广泛应用，钢渣也在地基处理中有一定应用，赤泥也可被用作筑路材料和水泥。应在研究工业废渣工程特性的基础上，扩大废渣应用范围并开发新的废渣资源。地铁、隧道等已在我国多个大中城市兴建，受施工扰动土体的工程性质问题则是小环境岩土工程问题中至关重要的一个环节。只有基于对土性的真正把握，才能实现工程控制进而保护周边环境。

对这方面的研究，笔者想强调土体细观力学行为研究的重要性。这应该是土力学发展的一个方向，对环境土质学与土力学来说，尤其如此。只有深刻了解土体的微观结构、物质组成、物理力学性质的形成与变化规律，才能从宏观上真正把握土体的工程性质。需要在细微观与宏观表现之间架设桥梁做更多更深入的努力。

2. 研究理论和方法

在传统土力学研究理论和方法的基础上，环境岩土工程需要有所创新并有所借鉴。方晓阳教授曾指出："土力学并没有原理和理论分析各种环境条件下的各类土壤。常常发生许多早期破坏和渐进破坏，这些破坏大多数不能用现有的原理和方法解释清楚。例如，Terzaghi统一理论仅仅考虑了荷载，其他因素——如化学的、物理化学的和微生物的因素——这一理论则没有包括，也不能做出评定。大多数岩土工程项目设计都视荷载条件而定，忽略了控制所有土木工程结构总体稳定性的一个重要因素——环境因素。地面土壤是随当地环境条件波动的因变量。地面污染向现有土力学原理提出挑战。目前，岩土工程课题正处在十字路口，一条路仍固执按照Terzaghi提出的经典理论；另一条路则为了分析在变化的环境下的土壤性能，向这些原理和方法提出挑战，因为它已经不能有力地说明现代社会中存在的所有土壤-水-环境现象和土壤-结构相互作用。"方晓阳教授还提出了粒子能量场理论，为环境岩土工程突破传统土力学方法进行研究开辟了一条新的道路。

在环境岩土工程研究中，应注意新技术手段的采用。例如，采用扫描电镜对岩土介质工程性质、地基加固机理等进行研究；采用 CT 技术研究冻土、黄土等的岩土材料内部结构及在各种荷载作用下结构的变化过程；采用土工离心模型试验技术对实际工程进行模拟；用探地雷达技术对地下掩埋垃圾场进行调查，确定年代久远垃圾场的位置及评价有害物质对地下水造成的污染程度，查明滑坡成因，圈定滑坡范围，探测和维护古建筑物结构；采用遥感（Remote Sensing，RS）、地理信息系统（Geogaphic Information System，GIS）、全球定位系统（Global Positioning System，GPS）合称"3S"技术，作为新兴的地球空间信息科学的核心，其在环境岩土工程中有着广泛的应用，如对环境变化进行监测等。

近年来，环境岩土工程领域学科交叉与渗透日益广泛，逐步从一些新的理论（模糊数学、优化理论、灰色理论、神经网络理论、分形几何理论、耗散结构理论、混合物理论、可靠度理论、随机过程理论等）和方法（信息论、专家系统、人工智能方法等）中寻求更大的帮助和出路是一个较新的动向。

同时，环境岩土工程研究应结合我国的具体国情，目前，一方面，我国正处于大规模工程建设时期，有许多工程问题需要解决；另一方面，基于可持续发展要求，我们面临严峻的环境保护与治理工作。环境岩土工程研究重点应放在卫生填埋场的设计问题、大规模工程建设的区域环境岩土工程问题评估、城市施工影响环境岩土工程问题、岩土工程手段在环境治理中的应用等领域。此外，还应吸收其他学科（如化学、土壤学、生物学、材料学）中的许多内容来充实自己，使之成为一门综合性和适用性更强的学科分支。

课程思政：筑牢环保意识理念　造福人类

习近平总书记倡导的"绿水青山就是金山银山"的指导思想，指导我国未来经济建设发展规划与实践。"环境岩土工程学概论"课程因其内容与人类社会的生存环境和人民幸福指数息息相关，具备思政教育建设的潜力，依靠其课程优势可以较快、较好地促进课程思政改革，对提高学生思政素养、提高环保意识意义重大。

"环境岩土工程学概论"课程内容综合，涉及人类工程建设活动、自然环境系统，以及两者的相互作用、影响、发展和演变。经济发展中的工业化、城镇化建设的实现完全依赖于大自然赋予的资源。但随着人类活动的加剧，人类最终面临着资源短缺、环境污染（包括大气、土地、地表水、地下水等污染）、地质灾害频发等环境恶化的困扰，人类与自然环境的关系即人-环境关系日益紧张。"环境岩土工程学概论"课程的教学主线就是人类活动-环境关系，处理好人类活动-环境关系，需要大众参与，尤其是青年学生。要提高学生的环境保护、绿色发展的理念，筑牢环保意识，造福人类。

2

城市固体废弃物的工程性质及其污染形式

    固体废弃物是指在社会的生产、流通、消费等一系列活动中产生的一般不再具有原使用价值而被丢弃的以固态和泥状赋存的物质。从一个生产环节看，它们是废弃物，而从另一个生产环节看，它们往往又可以作为其他产品的原料。所以，固体废弃物又有"放错地点的原料"之称。

    固体废弃物问题是伴随人类文明的发展而发展的，它在一定条件下会发生化学的、物理的或生物的转化，对周围环境造成一定影响。如果采取的处理方法不妥当，其中的有害物质就会通过环境介质——大气、土壤、地表水或地下水进入生态系统，破坏生态环境，甚至通过食物链等途径危害人体健康。

    固体废弃物的产生有其必然性。这一方面是由于人们在索取和利用自然资源从事生产和生活活动时，限于实际需要和技术条件，总要将其中一部分作为废弃物丢弃；另一方面由于各种产品本身有其使用寿命，超过了一定期限，就会成为废弃物。

2.1 固体废弃物的来源和分类

2.1.1 固体废弃物的来源

    固体废弃物来自人类活动的许多环节，主要包括生产过程和生活过程的一些环节。表 2-1 列出从各类发生源产生的主要固体废弃物。

表 2-1　从各类发生源产生的主要固体废弃物

发生源	产生的主要固体废弃物
矿业	废石、尾矿、金属、废木、砖瓦和水泥、砂石等
冶金、金属结构、交通、机械等工业	金属、砂石、模型、陶瓷、涂料、管道、绝热和绝缘材料、黏结剂、污垢、废木、塑料、橡胶、纸、各种建筑材料、烟尘等
建筑材料工业	金属、水泥、黏土、陶瓷、石膏、石棉、砂、石、纸、纤维等
食品加工业	肉、谷物、蔬菜、硬壳果、水果、烟草等
橡胶、皮革、塑料等工业	橡胶、塑料、皮革、布、线、纤维、染料、金属等
石油化工工业	化学药剂、金属、塑料、橡胶、陶瓷、沥青、石棉、涂料等

发生源	产生的主要固体废弃物
电器、仪器仪表等工业	金属、玻璃、木、橡胶、塑料、化学药剂、研磨料、陶瓷、绝缘材料等
纺织服装工业	布头、纤维、金属、橡胶、塑料等
造纸、木材、印刷等工业	刨花、锯末、碎木、化学药剂、金属填料、塑料等
居民生活	食物、垃圾、纸、木、布、庭院植物修剪物、金属、玻璃、塑料、陶瓷、燃料灰渣、脏土、碎砖瓦、废器具、粪便、杂品等
商业、机关	包括以上"居民生活"产生的主要固体废弃物，以及管道、碎砌体、沥青、其他建筑材料，含有易爆、易燃腐蚀性、放射性废弃物及废汽车、废电器、废器具等
市政维护、管理部门	脏土、碎砖瓦、树叶、死禽畜、金属、锅炉灰渣、污泥等
农业	秸秆、蔬菜、水果、果树枝条、糠秕、人和禽畜粪便、农药等
核工业和放射性医疗单位	金属、含放射性废渣、粉尘、污泥、器具和建筑材料等

注：引自《中国大百科全书·环境科学卷》。

2.1.2　固体废弃物的分类

固体废弃物分类方法很多，按组成可分为有机固体废弃物和无机固体废弃物；按形态可分为块状固体废弃物、粒状固体废弃物、粉状固体废弃物的和泥状（污泥）固体废弃物；按来源可分为工业固体废弃物、矿业固体废弃物、城市固体废弃物、农业固体废弃物和放射性固体废弃物；按其危害状况可分为有害固体废弃物和一般固体废弃物。通常按来源对固体废弃物进行分类。

2.1.2.1　工业固体废弃物

工业固体废弃物是指工业生产过程和工业加工过程产生的废渣、粉尘、碎屑、污泥等，主要有下列几种：

1. 冶金固体废弃物

冶金固体废弃物主要是指各种金属冶炼过程排出的残渣。如高炉渣、钢渣、铁合金渣、铜渣、锌渣、铅渣、镍渣、铬渣、镉渣、汞渣、赤泥等。

2. 燃料灰渣

燃料灰渣是指煤炭开采、加工、利用过程排出的煤矸石、粉煤灰、烟道灰、页岩灰等。

3. 化学工业固体废弃物

化学工业固体废弃物是指化学工业生产过程产生的种类繁多的工艺渣。如硫铁矿烧渣、煤造气炉渣、油造气炭黑、黄磷炉渣、磷泥、磷石膏、烧碱盐泥、纯碱盐泥、化学矿山尾矿渣、蒸馏釜残渣、废母液、废催化剂等。

4. 石油工业固体废弃物

石油工业固体废弃物是指炼油和油品精制过程排出的固体废弃物。如碱渣、酸渣及炼厂污水处理过程排出的浮渣、含油污泥等。

5. 粮食、食品工业固体废弃物

粮食、食品工业固体废弃物指粮食、食品加工过程排出的谷屑、下脚料、渣滓。

6. 其他

此外，尚有机械和木材加工工业生产的碎屑、边角料，以及刨花、纺织、印染工业产生的泥渣、边料等。

2.1.2.2 矿业固体废弃物

矿业固体废弃物主要包括废石和尾矿。废石是指各种金属、非金属矿山开采过程中从主矿上剥离下来的各种围岩，尾矿是在选矿过程中提取精矿以后剩下的尾渣。

2.1.2.3 城市固体废弃物

城市固体废弃物是指居民生活、商业活动、市政建设与维护、机关办公等过程产生的固体废弃物，一般分为以下几类：

1. 生活垃圾

城市是产生生活垃圾最为集中的地方，主要包括炊厨废弃物、废纸、织物、家具、玻璃陶瓷碎片、废电器制品、废塑料制品、煤灰渣、废交通工具等。

2. 城建渣土

城建渣土包括废砖瓦、碎石、渣土、混凝土碎块（板）等。

3. 商业固体废弃物

商业固体废弃物包括废纸、各种废旧的包装材料，以及丢弃的主、副食品等。

4. 粪便

工业先进国家城市居民产生的粪便，大多通过下水道输入污水处理场处理。我国情况不同，城市下水处理设施少，粪便需要收集、清运，是城市固体废弃物的重要组成部分。

2.1.2.4 农业固体废弃物

农业固体废弃物是指农业生产、畜禽饲养、农副产品加工及农村居民生活活动排出的废弃物，如植物秸秆，以及人和禽畜粪便等。

2.1.2.5 放射性固体废弃物

放射性固体废弃物包括核燃料生产、加工，同位素应用，核电站、核研究机构、医疗单位、放射性废弃物处理设施产生的废弃物。如尾矿、污染的废旧设备、仪器、防护用品、废树脂、水处理污泥及蒸发残渣等。

2.1.2.6 有害固体废弃物

有害固体废弃物在国际上被称为危险固体废弃物（hazardous solid waste）。这类废弃物泛指放射性废弃物以外，具有毒性、易燃性、反应性、腐蚀性、爆炸性、传染性，因而可能对人类的生活环境产生危害的废弃物。基于环境保护的需要，许多国家将这部分废弃物单独列出加以管理。1983 年，联合国环境规划署已经将有害废弃物污染控制问题列为全球重大的环境问题之一。这类固体废弃物的数量占一般固体废弃物量的 1.5%～2.0%，其中大约一半为化学工业固体废弃物。据不完全统计，1985 年我国有害固体废弃物产生量为 1670 万 t，其中化学工业为 820 万 t。

日本将固体废弃物分成两类：产业固体废弃物和一般固体废弃物。前者是指来自生产过程的固体废弃物，其中包括有害固体废弃物；后者是指来自生活过程的固体废弃物。

我国目前趋向将固体废弃物分为四类：城市生活垃圾、一般工业固体废弃物、有害固体废弃物、其他。其中，一般工业固体废弃物系指不具有毒性和有害性的工业固体废弃物。至于放射性固体废弃物，则自成体系，进行专门管理。

2.2 城市固体废弃物的工程性质

城市固体废弃物（MSW）是指工矿企业、商店和城市居民丢弃的工业垃圾、商业垃圾和生活垃圾。处理固体废弃物的主要方法有回收、焚烧和填埋，其中填埋是使用最广泛的方法。那些采取严格封闭措施，将废弃物与周围环境严密隔离的填埋场也被称作现代卫生填埋场，图 2-1 是典型的卫生填埋场简图。

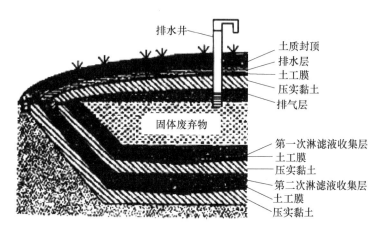

图 2-1　典型的卫生填埋场简图

填埋场的设计和审批均需进行广泛的土工分析以验证填埋场各控制系统能否满足长期运行的要求，在进行土工分析时，正确选择所填埋废弃物的工程性质非常重要。但由于废弃物的组成成分极其复杂，且随时间、地点而变，因此，对其工程性质的正确确定却十分困难。表 2-2 列出了这些工程性质在填埋场工程设计项目中被使用的情况，显然废弃物的容量是其中使用率最高的参数。

表 2-2　城市固体废弃物工程性质的使用

工程分析项目	重度	含水量	孔隙率	渗透性	持水率	抗剪强度	压缩性
衬垫设计	√						
淋滤液估算及回流计划	√	√	√	√	√		
淋滤液控制系统设计	√						
地基沉降	√						
填埋场沉降	√		√				√
地基稳定	√					√	
边坡稳定	√					√	
填埋容量	√		√				√

2.2.1 重度

城市固体废弃物的重度变化幅度很大，由于废弃物的原始成分本来就比较复杂，又受处置方式和环境条件的影响。其重度不仅与它的组成成分和含水量有关，而且随填埋场时间和所处深度而变。因此在确定重度时必须首先弄清楚某些条件，例如：①废弃物的组成，包括每天覆土和含水情况；②对废弃物进行压实的方法和程度；③所测试样的深度；④废弃物的填埋时间等。

城市固体废弃物的重度可在实地用大尺寸试样盒或试坑测定，或用勺钻取样在实验室测定，也可用 γ 射线在原位测井中测出，还可以测出废弃物各组成成分的重度，然后按其所占百分比求出整个废弃物的重度。表 2-3 给出城市固体废弃物平均重度，其大小为 3.1~13.2kN/m³，其变化范围之所以这么大是由于倒入的垃圾成分不同，每天覆土量不同，以及含水量和压实程度不同等。

表 2-3　城市固体废弃物的平均重度

资料来源	废弃物填埋条件		重度（kN/m³）
Sowers（1968）	卫生填埋场，压实程度不同		4.7~9.4
NAVFAC（1983）	卫生填埋场	1. 未粉碎　轻微压实	3.1
		中度压实	6.2
		压实紧密	9.4
		2. 粉碎	8.6
NSWMA（1985）	城市垃圾	刚填埋时	6.7~7.6
		发生分解并发生沉降以后	8.98~10.9
Landva and Clark（1986）	垃圾和覆盖之比为 10∶1 至 2∶1		8.9~13.2
EMCON（1989）	垃圾和覆盖土之比为 6∶1		7.2

由于后续废弃物的加载作用，先倾倒废弃物的重度会因体积压缩而增大，其附加压缩也随时间增长而加大。图 2-2 表示填埋场废弃物重度随填埋深度变化的规律，图中虚线为在美国洛杉矶附近一填埋场根据开挖取样试验和用 γ 射线在钻孔中测定的，其变化范围从表层的 3.3kN/m³ 到 60m 深处的 12.8kN/m³。实线则是根据有关资料归纳的结果。废弃物重度的上、下极限值为 3.0kN/m³、14.4kN/m³。对缺少当地资料的填埋场，在进行工程分析时，图 2-2 可供确定废弃物重度时参考。现今大多数填埋场均对废弃物进行适度压实，其压实比通常为 2∶1 至 3∶1，经过压实后的城市固体废弃物，建议其平均重度取 9.4~11.8kN/m³。

在填埋场设计中，废弃物含水量可以有两种不同的定义：一是废弃物中水的质量与废弃物干重之比，用于土工分析；二是废弃物中水的体积与废弃物总体积之比，常用于水文和环境工程分析。本书均以前者为准。

城市固体废弃物的含水量与下列因素有关：废弃物的原始成分，当地气候条件，填埋场运用方式（如是否每天往填埋垃圾上覆土），淋滤液收集和排放系统的有效程度，

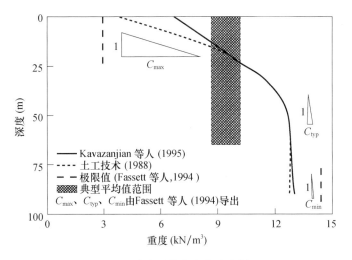

图 2-2　城市固体废弃物重度剖面

填埋场内生物分解过程中产生的水分数量，以及从填埋场气体中脱出的水分数量等。Sowers 研究发现城市固体废弃物原始含水量一般为 $10\% \sim 35\%$。图 2-3 为加拿大全境老填埋场试样的有机物含量与含水量之间的关系。

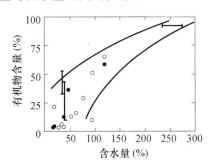

图 2-3　加拿大全境老填埋场试样的
有机物含量与含水量之间的关系

　　一般来说，含水量将随有机含量增加而增加。另外，城市固体废弃物的含水量也受气候变化的影响，还因填埋地点的不同而不同。

2.2.2　孔隙率

　　孔隙率定义为废弃物孔隙体积与总体积之比。根据城市固体废弃物的成分和压实程度，其孔隙率为 $40\% \sim 52\%$，比一般压实黏土衬垫的孔隙率（40% 左右）高。表 2-4 给出城市固体废弃物某些工程性质的原始资料，注意其中含水量是以体积分数表示的。

表 2-4　固体废弃物工程性质指标

资料来源	重度（kN/m^3）	含水量（体积分数，%）	孔隙率（%）	孔隙比
Rovers 等人（1973）	9.2	16	—	—
Fungaroli 等人	9.9	5	—	—

资料来源	重度（kN/m³）	含水量（体积分数,%）	孔隙率（%）	孔隙比
Wigh（1979）	11.4	17	—	—
Walsh 等人（1979）	14.1	17	—	—
Walsh 等人（1981）	13.9	17	—	—
Schroder 等人（1984）	—	—	52	1.08
Oweis 等人（1990）	6.3～14.1	10～20	40～50	0.67～1.0

2.2.3 透水性

正确给定城市固体废弃物的水力参数在设计填埋场淋滤液收集系统和制定淋滤液回流计划时十分重要。城市固体废弃物的渗透系数可以通过现场抽水试验、大尺寸试坑渗漏试验和实验室大直径试样的渗透试验求出。图 2-4 给出加拿大四个填埋场试坑中测定的废弃物重度与渗透系数的关系，图中渗透系数是指渗流稳定以后，某些碎片将要填塞孔隙之前，水位下降中间阶段的值，其大小（$1\times10^{-3}\sim4\times10^{-2}$ cm/s）与洁净的砂砾相当。钱学德博士曾使用美国密歇根州一个运行中的填埋场三年现场实测资料，推算出主要淋滤液收集系统中降水量和淋滤液产出体积之间随时间的变化关系，废弃物的渗透系数可由渗流移动时间、水力梯度及废弃物层厚求出，其值为 $9.2\times10^{-4}\sim1.1\times10^{-3}$ cm/s。

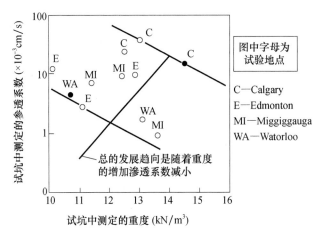

图 2-4 废弃物重度与渗透系数的关系

表 2-5 为城市固体废弃物渗透系数的试验资料，从中可看出，填埋场城市固体废弃物的平均渗透系数的数量级约为 10^{-3} cm/s。

表 2-5 城市固体废弃物渗透系数的试验资料

资料来源	重度（kN/m³）	渗透系数（cm/s）	测定方法
Fungaroli 等人（1979）	1.1～4.1	$1\times10^{-3}\sim2\times10^{-2}$	粉状垃圾，渗透仪测定
Schroder 等人（1984）	—	2×10^{-4}	由各种资料综合
Oweis 等人（1986）	6.4（估计）	10^{-3}量级	由现场试验资料估算
Landva 等人（1990）	10.0～14.4	$1\times10^{-3}\sim4\times10^{-2}$	试坑

资料来源	重度（kN/m³）	渗透系数（cm/s）	测定方法
Oweis 等人（1990）	6.4	$1×10^{-3}$	抽水试验
Oweis 等人（1990）	9.4～14.1（估计）	$1.5×10^{-4}$	变水头现场试验
Oweis 等人（1990）	6.3～9.4（估计）	$1.1×10^{-3}$	试坑
钱学德（1994）	—	$9.2×10^{-4}$～$1.1×10^{-3}$	由现场试验资料估算

2.2.4 持水率和调蒌湿度

持水率是指经过长期重力排水后，土或废弃物体积中所保持的水分含量（体积分数）。调蒌湿度则是通过植物蒸发后废弃物体积中水分的最低含量。填埋场持水率反映出土体或废弃物保持水分的能力，其大小与土体或废弃物的性质有关。

废弃物的持水率对填埋场淋滤液的形成十分重要，超过持水率的水分将作为淋滤液排出，同时它也是设计淋滤液回流程序的主要参数。城市固体废弃物持水率随外加压力的大小和废弃物分解程度而变。其值为 22.4%～55%（体积分数），若含有较多的有机物如纸张、纺织品等则持水率较高，对来源于居民区和商业区的未经压实的废弃物，其持水率为 50%～60%，而一般压实黏土衬垫的持水率为 33.6%。

城市固体废弃物的调蒌湿度为 8.4%～17%（体积分数），比压实黏土（约 29%）小很多。

顺便指出，持水率与饱和含水量是不一样的，如废弃物较疏松，其持水率要比饱和含水量低，若较紧密，则两者比较接近。

2.2.5 抗剪强度

城市固体废弃物的抗剪强度也随法向应力的增加而增大，然而，由于城市固体废弃物含有大量有机物和纤维素，其剪切效应与泥炭更为接近。城市固体废弃物的强度可通过三个途径确定：①直接进行室内或现场试验。②根据稳定破坏面或荷载试验结果反算。③间接的原位试验。

室内试验包括重塑试样的直剪试验，由薄壁取样器或冲击式取样器取样做三轴试验，以及无侧限抗压和抗拉试验等。现场试验主要在大直剪仪中进行。美国 Maine 州中心填埋场在现场制作了 $16ft^2$（$1ft=0.3048m$）的混凝土剪切盒，完成六组直剪试验，其法向力是通过堆放大的混凝土块加上的。图 2-5 是现场大直剪试验的结果，由于废弃物具有粒状和纤维状特征，试验结果和颗粒状土有些类似，其凝聚力 $c=0～23kPa$，内摩擦角 $\varphi=24°～41°$。

由破坏面或荷载试验结果反算强度参数的方法在很多文献中提到过。通常要使 c、φ 同时满足两个平衡方程，然后利用安全系数 $F_s=1$ 求出两个未知数。由于有些填埋场的边坡并未破坏，其 $F_s>1$，所以求出的强度偏于保守。

表 2-5、表 2-6 给出可用于城市固体废弃物强度验算的有关资料，这些资料大部分是根据工程实况反算和现场大直剪试验求得的。室内试验由于需对废弃物重塑，试样尺寸又太小，其结果不太可靠。表 2-6 给出的摩擦角是假定 $c=5kPa$ 的条件下用简化

Bishop 法反算求出的。表 4-7 中的四个填埋场的边坡已建成 15 年，并未产生过大的变形或有其他不稳定迹象，其安全系数估计可能大于 1.3，因此即使使用 F_s＝1.2 的结果也是偏于安全的。

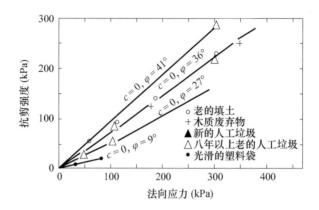

图 2-5　城市固体废弃物的抗剪强度包线

表 2-6　可用于城市固体废弃物强度验算的资料

资料来源	试验方法	结果	备注
Pagotto 等人（1987）	由荷载板试验反算	c＝29kPa φ＝22°	无废弃物类型及试验过程资料
Landva 等人（1990）	室内直剪试验	c＝19～22kPa φ＝24～39°	法向应力达到 480kPa，其中破碎垃圾强度较低，未采用
Richardson 等人（1991）	现场大直剪试验	c＝10kPa φ＝18～43°	法向应力为 14～38kPa，废弃物和覆盖的重度约为 15kN/m³

表 2-7　已建填埋场边坡反算结果（c＝5kPa）

填埋场名称	平均边坡		最陡边坡		废弃物摩擦角 φ（°）		
	高（m）	坡比	高（m）	坡比	F_s＝1.0	F_s＝1.1	F_s＝1.2
Lopez, Canyon, A	120	1：2.5	35	1：1.7	25	27	29
OⅡ, CA	75	1：2	20	1：1.6	28	30	34
Babylon, NY	30	1：1.9	10	1：1.25	30	34	38
Private land-fill, OH	40	1：2	10	1：1.2	30	34	37

　　图 2-6 综合表 2-6、表 2-7 的结果，并结合观察到的已使用填埋场在废弃物中挖沟其直立壁面可达 6m 以上的事实，说明废弃物抗剪强度具有双线性性质，其摩尔-库仑强度包线可由两部分组成，当法向应力 σ＜30kPa 时，c＝24kPa、φ＝0°。对较高的应力（σ＞30kPa），则接近于 c＝0kPa、φ＝33°。

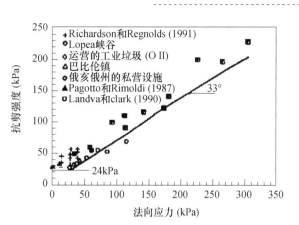

图 2-6 城市固体废弃物的抗剪强度包线

2.2.6 压缩性

城市固体废弃物的沉降在填埋完成后 1～2 月内最大，以后在很长时间内又有较大的次压缩，总压缩量随时间和填埋深度而变。在自重作用下，城市固体废弃物沉降的典型值为其层厚的 15%～30%，大多发生在填埋后的第一年或第二年。图 2-7 给出选自 22 个填埋场的有代表性的沉降曲线。

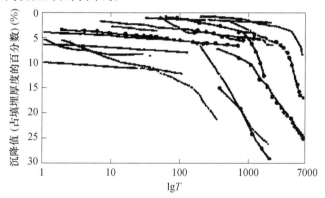

图 2-7 22 个填埋场的沉降-时间（对数）曲线

T—时间，单位为 d。

从 20 世纪 40 年代开始，人们就对城市固体废弃物的压缩性进行研究，早期主要是为了选择合适的填埋场地，现今研究的目的则转为提高填埋效益。影响城市固体废弃物压缩的因素有废弃物的原始重度、压实程度、覆盖层的自重压力，以及含水量、填埋深度、组成成分甚至 pH、温度等，因为这些会影响废弃物的物理化学和生物化学性质。

目前，习惯上均假定传统的土体压缩理论也可应用于固体废弃物，反映城市固体废弃物压缩性的参数与一般土体相同，填埋场的总沉降量仍由初始沉降、固结沉降和次固结沉降组成。由于加载而产生的沉降，很大部分是在开始 1～2 月内发生的。以后在没有超孔隙应力或超孔隙应力很小的情况下，在长时间内发生次压缩。由于固结过程结束很快，通常将初始沉降和固结沉降合称"主沉降"（主压缩）。但城市固体废弃物的次压缩和一般泥炭不同，它里面包括有机成分分解的重要因素。

在计算城市固体废弃物由竖直应力引起的主沉降时，常用的压缩性参数是主压缩指

数 C_c 及修正主压缩指数 C_c'，它们分别由下式定义：

$$C_c = \Delta e / \lg (\sigma_1/\sigma_0) \tag{2-1}$$

$$C_c' = (\Delta H/H_0) \lg (\sigma_1/\sigma_0) = C_c/(1+e_0) \tag{2-2}$$

式中　　e_0——废弃物初始孔隙比；

　　　　H_0——废弃物初始层厚；

　　　　σ_0——初始竖直有效应力；

　　　　σ_1——最终竖直有效应力；

　　Δe、ΔH——受力后孔隙比和层厚的变化。

次压缩指数 C_α 及修正次压缩指数 C_α' 被用来计算主沉降结束以后的二次沉降，此时废弃物上作用的荷载不变，C_α 及 C_α' 用下式定义：

$$C_\alpha = \Delta e / \lg (t_2/t_1) \tag{2-3}$$

$$C_\alpha' = (\Delta H/H_0) \lg (t_2/t_1) = C_\alpha/(1+e_0) \tag{2-4}$$

式中　　t_1——次沉降开始时间；

　　　　t_2——结束时间；

　　其余符号同前。

C_α 及 C_α' 与废弃物的化学及生物成分有关，产生次压缩的最主要原因应是有机物分解引起的体积减小，但这一点至今尚未得到足够重视。

为测定由荷载增加而引起的城市固体废弃物压缩量，可使用现场静荷载试验、现场旁压试验、室内压缩试验等手段，并广泛进行实地观测以量测在常荷载作用下废弃物的沉降速率，包括通过不同时间航空拍摄照片的比较，测量填埋场表面的水准点，在填埋场内不同深度埋设沉降观测标及用套筒测斜仪等。

Keene 曾在一个填埋场不同高度埋设了 9 个沉降观测点以研究五年内填埋物的沉降情况，观测资料表明，主压缩发生得很快，基本上在填埋结束后 1～1.5 月内就已完成。图 2-8 则是主压缩指数 C_c 与废弃物初始孔隙比 e_0 的关系曲线，较高的 C_c 值发生在废弃物为大量食物垃圾、木材、毛发及罐头盒等的情况，较低的 C_c 值则主要是因为有回弹性能较差的垃圾。对大多数现代填埋场，修正主压缩指数 C_c' 的典型值为 $0.17～0.36$。

Landva 等求得次压缩指数 C_α 为 $0.002～0.03$，其大小取决于废弃物的组成成分。Keene 根据沉降点观测资料求出的 C_α 为 $0.014～0.034$。图 2-9 是 C_α 与 e_0 的关系曲线。在暖湿环境下，如水位变化能使新鲜空气进入填埋场，有机成分易腐烂分解，C_α 值就较高，否则就较低，但尚缺少严格确定这方面关系的研究资料。

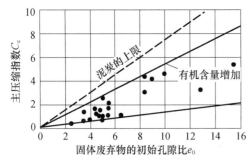

图 2-8　废弃物的压缩特性

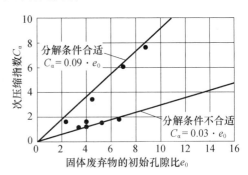

图 2-9　废弃物的次压缩特性

对工程分析而言，使用最广泛的压缩参数是修正次压缩指数 C_α'，大多数现代卫生填埋场的 C_α' 典型值为 0.03～0.1，比一般黏土的 C_α' 值（0.005～0.02）要大得多。C_α' 值不仅与 e_0、H_0 有关，还与应力水平及正确选择起始时间 t_1 有关，填埋场填埋时间是很长的，在进行沉降速率分析时应充分考虑这一点。另外，C_α' 值通常并非常量，从图 2-9 可看出大多数沉降曲线在开始的短时间内坡度比较平缓，C_α' 值较低，当时间较长时，曲线坡度就陡得多了。

2.3　固体废弃物的污染形式

2.3.1　固体废弃物污染途径

固体废弃物特别是有害固体废弃物，若处置不当，可能通过不同途径危害人体健康。

通常，工矿业固体废弃物所含化学成分能形成化学物质型污染；人畜粪便和生活垃圾是各种病原微生物的滋生地和繁殖场，能形成病原体型污染。化学物质型污染途径示于图 2-10；病原体型污染途径示于图 2-11。

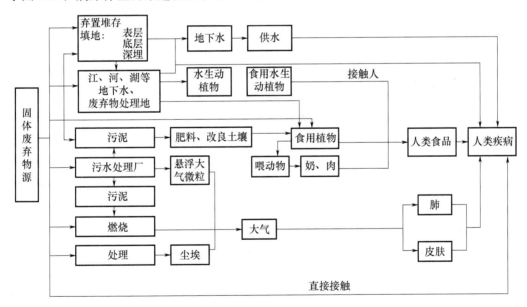

图 2-10　化学物质型固体废弃物致病的途径

2.3.2　固体废弃物污染形式

固体废弃物对环境的污染危害主要表现在以下几个方面。

1. 侵占土地

固体废弃物不像废气、废水那样到处迁移和扩散，必然占有大量的土地。城市固体废弃物侵占土地的现象日趋严重。固体废弃物不加利用，堆积量越大，占地越多。我国现在堆积的工业固体废弃物有 100 亿 t，生活垃圾有 5 亿 t，估计每年有 1000 万 t 固体废弃物无法处理而堆积在城郊或道路两旁，几万公顷 [1公顷（hm²）＝10000m²] 的土地被它们侵吞。

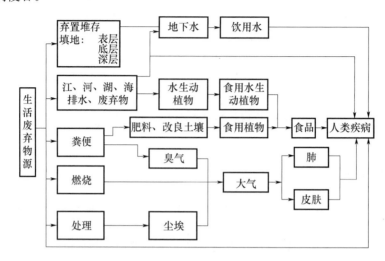

图 2-11　病原体型固体废弃物传播疾病的途径

2. 污染土壤

废弃物堆放，其中有害组分容易污染土壤。土壤是许多细菌、真菌等微生物聚集的场所。这些微生物与其周围环境构成一个生态系统，在大自然的物质循环中，担负着碳循环和氮循环的一部分重要任务。工业固体废弃物特别是有害固体废弃物，经过风化、雨雪淋溶、地表径流的侵蚀，产生高温有毒液体渗入土壤，能杀害土壤中的微生物，破坏土壤的腐解能力，导致草木不生。

20世纪60年代，英国威尔士北部康卫盆地，某铅锌尾矿场由于雨水冲刷，毁坏了大片肥沃草原，土壤中铅含量超过极限（0.05%）一百多倍，严重地污染了植物和牲畜，造成该草原废弃，不能再放牧。

20世纪70年代，美国密苏里州为了控制道路粉尘，曾把混有 2-TCDD、3-TCDD、7-TCDD、8-TCDD 的淤泥废渣当作沥青铺洒路面，造成多处污染，土壤中 TCDD 浓度高达 300×10^{-9}，污染深度达 60cm，致使牲畜大批死亡，人们倍受各种疾病折磨。在市民的强烈要求下，美国环境保护局同意全体市民搬迁，并花了 3300 万美元买下该城镇的全部地产，还赔偿了市民的一切损失。

20世纪80年代，我国内蒙古的某尾矿堆污染了大片土地，造成一个乡的居民被迫搬迁。淮河流域 1994 年和 2004 年先是由于干旱，大量积存的垃圾没有处理，后来突然下特大暴雨，淮河两岸地区垃圾及污水全部排入淮河里，致使 1994 年夏季在淮河形成 70km 的污水带，2004 年夏季在淮河形成 30km 的污水带，给淮河流域的人民生活和生产带来极大的损失（中国日报 2004 年 7 月 25 日报道）。

据报道，我国受工业废渣污染的农田已超过 25 万亩（1亩＝666.67m²）。

3. 污染水体

固体废弃物随天然降水和地表径流进入河流湖泊，或随风落入水体能使地面水污染；随沥渗水进入土壤则使地下水污染；直接排入河流、湖泊或海洋，又会造成更大的水体污染。

　　垃圾在堆放的过程中，由于自身的分解和水体的作用，会产生大量的含有很多污染物的淋滤液，由于渗透作用，淋滤液进入地下水系，从而污染水源，对地下水的污染程度与堆放场的底板岩性、地下水位有关。底板为黏性透水性差或底板与地下水之间的距离较大时，对淋滤液的过滤作用比较明显，从而对地下水的影响也较小，污染较轻。底板的透水性较强或地下水埋藏较浅时，淋滤液到达地下水的距离较短，过滤作用不明显，对地下水的污染较严重。

　　美国的罗芙运河（love canal）事件是典型的固体废弃物污染地下水事件。1930—1953 年，美国胡克化学工业公司，在纽约州尼亚加拉瀑布附近的罗芙运河废河谷填埋了 2800 多吨桶装有害废弃物，1953 年填平覆土，在上面兴建了学校和住宅。1978 年，由于大雨和融化的雪水造成废弃物外溢。随后，人们陆续发现该地区井水变臭，婴儿畸形，居民身患怪异疾病，大气中有害物质浓度超标 500 多倍，测出有毒物质 82 种，致癌物质 11 种，其中包括剧毒的二噁英。1978 年，美国总统颁布了一项紧急法令，封闭住宅，关闭学校，710 多户居民迁出避难，并拨款 2700 万元补救治理。

　　我国一家铁合金厂的铬渣堆场，由于缺乏防渗措施，6 价铬污染了 20 多平方千米地下水，致使 7 个自然村的 1800 多眼水井无法提供饮用水。工厂先后花费 7000 万元用于赔款和补救治理。我国某锡矿山的含砷废渣长期堆放，随雨水渗透，污染水井，曾一次造成 308 人中毒，导致 6 人死亡。

　　我国沿河流、湖泊建立的一部分企业，每年向附近水域排入大量灰渣，有的排污口外形成的灰滩已延伸到航道中心。灰渣在航道中大量淤积，有的湖泊由于排入大量灰渣造成水面面积缩小。

　　目前，海洋正面临着固体废弃物潜在污染。1990 年 12 月，在伦敦召开的消除核工业废料国际会议上公布的数学表明，自 20 世纪 60 年代以来，美、英两国在大西洋和太平洋北部的 50 多个"墓地"大约投弃过 46×10^{15} Bq 放射性废料。虽然这些废料是用容器盛装投弃的，但其渗沥性在短期内是很难确定的。

　　生活垃圾未经无害化处理任意堆放，也已经造成许多城市地下水污染。哈尔滨市韩家洼子垃圾填埋场，地下水浊度、色度和锰、铁、酚、汞含量及总细菌数、大肠杆菌数等都超过标准许多倍，锰含量超过 3 倍，汞含量超过 29 倍，细菌总数超过 4.3 倍，大肠菌超过 41 倍。贵阳市两个垃圾堆场使其邻近的饮用水源大肠杆菌值在国家标准 70 倍以上，为此，该市政府拨款 20 万元治理，并关闭了这两个堆放场。

　　4. 污染大气

　　一些有机固体废弃物在适宜的温度和湿度下被微生物分解，能释放出有害气体；以细粒状存在的废渣和垃圾，在大风吹动下会随风飘逸，扩散到很远的地方；固体废弃物在运输和处理过程中也能产生有害气体和粉尘。

　　采用焚烧法处理固体废弃物，已成为有些国家大气污染的主要污染源之一。据报道，美国固体废弃物焚烧炉约有 2/3 由于缺乏空气净化装置而污染大气，有的露天焚烧炉排出的粉尘在接近地面处的浓度达到 $0.56g/m^3$。

　　我国的部分企业采用焚烧法处理塑料排出的 Cl_2、HCl 和大量粉尘，也造成严重的大气污染。至于一些工业和民用锅炉，由于收尘效率不高造成的大气污染更是屡见不鲜。

5. 影响环境卫生

我国生活垃圾、粪便的清运能力不高，无害化处理率低，很大一部分垃圾堆存在城市的一些死角，严重影响环境卫生，对人们的健康构成潜在的威胁。

课程思政：宣传环保　爱国爱家

"绿色、共享、生态、环保"等既是思政元素，也是本课程教学中贯彻的主导思想和目的，把环保意识扎根到每个国民心中，需要从年轻人抓起，形成一种良好的环保习惯。课程结合专业知识宣传推介绿色环保理念，并有效传承，使绿色循环经济的发展模式变成实际。开展生态文明理念教育，提高每个人的环境危机意识，深刻体会人与自然和谐相处、人与自然命运共同体关系。

应针对城市固体废弃物处置情况进行调查访谈、工程案例分析，针对环境保护、资源再生利用、垃圾分类等热点问题进行演讲讨论，使学生意识到环保是与国家的持续稳定、健康发展息息相关的。同时激发学生的环保能动性，积极宣传推广环保思想，爱国爱家。

3

污染物在土中的污染运移模型

土层或岩层是一种三相多孔介质，土壤及地下水污染来源以城市、农业、工业为主要来源。城市污染源主要包括污水管渗漏、污水排泄、污泥积存，城市路面径流、固体废料、废渣、生活垃圾堆放、草地施肥等；农业污染源主要有化学肥料和农家肥的使用、农业区植物储存堆积，以及作物的蒸发和灌溉冲洗带来的土壤溶解物质等；工业污染源种类繁多，如各种工业废水、废渣、废料等。除了三大污染源以外，还有酸雨、化粪池、污水渗池等。所有污染物质在土层孔隙水中溶解，再弥散到地下水层，从而污染地下水。

地质环境系统中饱和-非饱和水流问题是土壤、水文地质和环境保护的重要问题之一。饱和-非饱和水流运动是自然界水循环中的重要一环。降水入渗、土壤蒸发、地下水蒸发入渗、作物生长、污水灌溉、垃圾淋滤、污水土地处理系统等都与之有关。地下水污染、土壤盐碱化的发生或改良，实质上是在污染物或盐分在饱和-非饱和水流作用下运移的结果。因此，准确地描述及预测饱和-非饱和水流运动规律是相当必要的。

污染溶质在土中的运移是通过地下水进行的，溶质在多孔介质中的运动是一种复杂的物理化学过程，运移过程中溶质在介质中的分布特征受流体性质、溶质性质和多孔介质本身的性质所制约和影响，各式各样的污染物质不断地污染地质环境，这就迫使我们对多孔介质（尤其是非饱和土层中）的溶质运移规律进行深入研究。因此，研究土壤水势能理论和土壤水运动规律及有关运动参数测定技术是地下水污染运移规律研究的基础，建立相关的地下水和污染运动方程（运移模型）是研究的必然途径，从而为应用数学及物理方法进行求解奠定基础。利用这些模型定量分析污染影响的区域范围和可能发展趋势，以便及时采取必要的措施防止污染的扩大。

3.1 饱和-非饱和土层水流运移模型

3.1.1 非饱和水流基本方程的导出

根据非饱和渗流达西定律（理查兹公式）

$$q = -K(\theta) \cdot \nabla\varphi \tag{3-1}$$

及连续性方程

$$\frac{\partial\theta}{\partial t} = -\nabla \cdot q \tag{3-2}$$

从而得到饱气带非饱和渗流的微分方程：

$$\frac{\partial\theta}{\partial t} = \nabla \cdot [K(\theta) \cdot \nabla\varphi] \tag{3-3}$$

或写成

$$\frac{\partial \theta}{\partial t}=\frac{\partial}{\partial x}\left[K\ (\theta)\ \frac{\partial \varphi}{\partial x}\right]+\frac{\partial}{\partial y}\left[K\ (\theta)\ \frac{\partial \varphi}{\partial y}\right]+\frac{\partial}{\partial z}\left[K\ (\theta)\ \frac{\partial \varphi}{\partial z}\right] \tag{3-4}$$

式中 　　　　q——单位时间通过单位截面面积的水流量，或称之为通量；

　　　　x、y、z——空间坐标；

　　　　　　　θ——饱气带体积含水量；

　$K\ (\theta)$ 或 K——非饱和土壤导水率；

　　　　　　　φ——饱气带水总土水势（$\varphi=\varphi_m+\varphi_g$，其中 φ_g 为重力势；φ_m 为基质势）。

在实际模拟计算中，往往不是以总土水势的形式建立数学模型，更为普遍和具有实用价值的是以基质势 φ_m 和含水量 θ 为因变量的形式建立数学模型。因此基本方程具有相应的改变形式。

3.1.1.1　以基质势 φ_m 为因变量的基本方程

定义 $C\ (\varphi_m)=\dfrac{\partial \theta}{\partial \varphi_m}$ 为非饱和土层比水容量（容水量），则有

$$C\ (\varphi_m)\ \frac{\partial \varphi_m}{\partial t}=\frac{\partial}{\partial x}\left[K\ (\varphi_m)\ \frac{\partial \varphi_m}{\partial x}\right]+\frac{\partial}{\partial y}\left[K\ (\varphi_m)\ \frac{\partial \varphi_m}{\partial y}\right]$$
$$+\frac{\partial}{\partial z}\left[K\ (\varphi_m)\ \frac{\partial \varphi_m}{\partial z}\right]\pm\frac{\partial K\ (\varphi_m)}{\partial z} \tag{3-5}$$

或记为

$$C\ (\varphi_m)\ \frac{\partial \varphi_m}{\partial t}=\nabla \cdot \left[K\ (\varphi_m)\ \nabla \varphi_m\right]\pm\frac{\partial K\ (\varphi_m)}{\partial z} \tag{3-6}$$

若研究一维垂直方向流动，方程可简化为

$$C\ (\varphi_m)\ \frac{\partial \varphi_m}{\partial t}=\frac{\partial}{\partial z}\left[K\ (\varphi_m)\ \frac{\partial \varphi_m}{\partial z}\right]\pm\frac{\partial K\ (\varphi_m)}{\partial z} \tag{3-7}$$

3.1.1.2　以含水量 θ 为因变量的基本方程

定义非饱和土壤水的扩散率 $D\ (\theta)$ 为非饱和土壤导水率 $K\ (\theta)$ 和比水容量 $C\ (\theta)$ 的比值，即

$$D\ (\theta)=\frac{K\ (\theta)}{C\ (\theta)}=K\ (\theta)\ /\frac{\mathrm{d}\theta}{\mathrm{d}\varphi_m}=K\ (\theta)\ \cdot\frac{\mathrm{d}\varphi_m}{\mathrm{d}\theta} \tag{3-8}$$

虽然，非饱和土的扩散率 D 同样是土层含水量 θ 或基质势 φ_m 的函数，其函数关系通常通过试验测定。常用的经验公式有

$$D=D_0\ (\theta/\theta_s)^m \tag{3-9}$$
$$D=D_0\,\mathrm{e}^{-\beta(\theta_0-\theta)} \tag{3-10}$$
$$D=D_0\theta^m \tag{3-11}$$

式中 　　　θ_s——饱和含水量；

　　　　θ_0——某一特征含水量；

D_0、m、β——经验常数，取决于土壤质地和结构。

引入扩散率后，利用复合求导则有

$$K\ (\theta)\ \frac{\partial \varphi_m}{\partial (\ )}=K\ (\theta)\ \frac{\mathrm{d}\varphi_m}{\mathrm{d}\theta}\cdot\frac{\partial \theta}{\partial (\ )}=D\ (\theta)\ \frac{\partial \theta}{\partial (\ )} \tag{3-12}$$

式中，（ ）内可为 x、y 或 z 变量。

至此非饱和渗流达西定律可以表示为以下形式：

$$q_x = -D(\theta)\frac{\partial\theta}{\partial x}$$

$$q_y = -D(\theta)\frac{\partial\theta}{\partial y} \tag{3-13}$$

$$q_z = -D(\theta)\frac{\partial\theta}{\partial z} \pm K(\theta)$$

同理，基本方程可改写为

$$\frac{\partial\theta}{\partial t} = \frac{\partial}{\partial x}\left[D(\theta)\frac{\partial\theta}{\partial x}\right] + \frac{\partial}{\partial y}\left[D(\theta)\frac{\partial\theta}{\partial y}\right] + \frac{\partial}{\partial z}\left[D(\theta)\frac{\partial\theta}{\partial z}\right] \pm \frac{\partial K(\theta)}{\partial z} \tag{3-14}$$

方程可表示为

$$\frac{\partial\theta}{\partial t} = \nabla\cdot\left[D(\theta)\nabla\theta\right] \pm \frac{\partial K(\theta)}{\partial z} \tag{3-15}$$

或

$$\frac{\partial\theta}{\partial t} = \nabla\cdot\left[D(\theta)\nabla\theta\right] \pm \frac{\mathrm{d}K(\theta)}{\mathrm{d}\theta}\cdot\frac{\partial\theta}{\partial z} \tag{3-16}$$

对垂直一维流动，方程简化为

$$\frac{\partial\theta}{\partial t} = \frac{\partial}{\partial z}\left(D(\theta)\frac{\partial\theta}{\partial z}\right) \pm \frac{\partial K(\theta)}{\partial z} \tag{3-17}$$

对具体应用尚存在许多不同类型的基本方程。例如，以位置坐标 x 或 z 为因变量的基本方程。

3.1.2　饱和-非饱和水流运移模型的建立

根据饱和-非饱和水流运动方程和定解条件，结合具体的计算目的和条件，建立以基质势-测压水头为因变量的联合数学模型和以土体含水量-测压水头为因变量的联合数学模型，分别见模型 3-1、模型 3-2。

模型 3-1　饱和-非饱和土层水流运移模型——以基质势-测压水头为因变量模型：

$$\begin{cases}
C(\varphi_m)\dfrac{\partial\varphi_m}{\partial t} = \dfrac{\partial}{\partial z}\left(K(\varphi_m)\dfrac{\partial\varphi_m}{\partial z}\right) - \dfrac{\partial K(\varphi_m)}{\partial z} \\[2mm]
\varphi_m = \varphi_0(z) \qquad t=0 \qquad z\geqslant 0 \\[2mm]
-K(\varphi_m)\dfrac{\partial\varphi_m}{\partial z} + K(\varphi_m) = \begin{cases} R(t) & \text{有灌水时} \\ 0 & \text{再分布时} \end{cases} \qquad z=0 \\[3mm]
\varphi_m = 0 \qquad t>0 \qquad z=z_{DEF} - h(x_3,t) \\[2mm]
-K(\varphi_m)\dfrac{\partial\varphi_m}{\partial z} + K(\varphi_m) = \omega'(t) \qquad t\geqslant 0 \qquad z=z_{DEF} - h(x_3,t)
\end{cases}$$

$$\begin{cases}
\mu\dfrac{\partial h}{\partial t} = \dfrac{\partial}{\partial x}\left(K_s h\dfrac{\partial h}{\partial x}\right) + \omega'(t) \\[2mm]
h = h_0(x) \qquad t=0 \qquad x\geqslant 0 \\[2mm]
h = h_0(0) \qquad 0\leqslant t\leqslant 110\mathrm{d} \qquad x=0 \\[2mm]
h\dfrac{\partial h}{\partial x} = 0 \qquad t>110\mathrm{d} \qquad x=0 \\[2mm]
h = h(L) \qquad t\geqslant 0 \qquad x=L
\end{cases}$$

模型 3-2　非饱和-非饱和土层水流运移模型——以土体含水量-测压水头为因变量

模型：

$$\begin{cases} \dfrac{\partial \theta}{\partial t}=\dfrac{\partial}{\partial z}\left[D\left(\theta\right)\dfrac{\partial \theta}{\partial z}\right]-\dfrac{\partial K\left(\theta\right)}{\partial z} \\[2mm] \theta=\theta_0\left(z\right) \quad t=0 \quad z\geqslant 0 \\[2mm] -D\left(\theta\right)\dfrac{\partial \theta}{\partial z}+K\left(\theta\right)=\begin{cases}R\left(t\right) & \text{有灌水时} \\ 0 & \text{再分布时}\end{cases} \quad z=0 \\[2mm] \theta=\theta_s \quad t\geqslant 0 \quad z=z_{DEF}-h\left(x_3,t\right) \\[2mm] -D\left(\theta\right)\dfrac{\partial \theta}{\partial z}+K\left(\theta\right)=\omega'\left(t\right) \quad t\geqslant 0 \quad z=z_{DEF}-h\left(x_3,t\right) \end{cases}$$

$$\begin{cases} \mu\dfrac{\partial h}{\partial t}=\dfrac{\partial}{\partial x}\left(K_s h\dfrac{\partial h}{\partial x}\right)+\omega'\left(t\right) \\[2mm] h=h_0\left(x\right) \quad t=0 \quad x\geqslant 0 \\[2mm] h=h_0\left(0\right) \quad 0\leqslant t\leqslant 110d \quad x=0 \\[2mm] h\dfrac{\partial h}{\partial x}=0 \quad t>110d \quad x=0 \\[2mm] h=h\left(L\right) \quad t\geqslant 0 \quad x=L \end{cases}$$

模型 3-1、模型 3-2 各式中参数的含义如下：

$C\left(\varphi_m\right)=\dfrac{\partial \theta}{\partial \varphi_m}$：土壤比水容量（$L^{-1}$）。

$K\left(\varphi_m\right)$、$K\left(\theta\right)$：非饱和土壤导水率（L/T）。

$D\left(\theta\right)$：扩散度（L^2/T）。

θ：土体含水量（L^3/L^3）。

φ_m：基质势（L）。

μ：饱和含水层水位波动带给水度。

K_s：饱和含水层渗透系数（L/T）。

$R\left(t\right)$：表层灌水强度（L/T）。

z_{DEP}：含水层测压水头零位基准面埋深（L）。

h：含水层测压水位（L）。

$\omega\left(t\right)$、$\omega'\left(t\right)$：饱和含水层垂向补向强度（L/T）。

$h\left(x_3,t\right)$：饱和含水层点源补给处的水头（L）。

L：饱和含水层长度（L）。

$\varphi_0\left(z\right)$、θ_0、$\left(z\right)$、$h\left(0\right)$、$h_0\left(x\right)$、$h\left(L\right)$：皆为已知函数。

3.2 吸附作用

吸附是土壤中固、液相之间物理化学作用的外在表现。它参与了溶质在土壤中的运移过程，对溶质运移有着重要影响，表现在对溶质运移的阻滞作用，使浓度分布出现拖尾现象。

无论是物理吸附，还是物理化学吸附及化学吸附，它们的共同特点是在污染物质与固相介质一定的情况下，污染物质的吸附和解吸主要是与污染物在土层中的液相浓度和污染物质被吸附在固相介质上的固相浓度有关。液相浓度和固相浓度的数学表达称为吸附模式，其相应的图示表达称为吸附等温线。

吸附模式可能是线性的，也可能是非线性的，其相应的吸附等温线为直线或曲线。在不同的吸附过程中，又表现为动态吸附、平衡吸附等形式。

3.2.1 可逆非平衡过程的动态吸附

（1）线性吸附模式或称亨利（Henry）吸附模式

$$\frac{\partial S}{\partial t} = k_1 C - k_2 S \tag{3-18}$$

式中　S——单位介质体积上被吸附的污染物质的质量或称固相浓度；

　　　t——时间；

　　　k_1——吸附系数（速度）；

　　　k_2——解吸速度；

　　　C——污染物质液相浓度。

（2）幂函数吸附模式或称费洛因德利希（Freundlich）吸附模式

$$\frac{\partial S}{\partial t} = k_1 C^m - k_2 S \tag{3-19}$$

式中　m——为常量因子。

（3）渐近线或称朗缪尔（Langmuir）吸附模式

$$\frac{\partial S}{\partial t} = k_1 \ (S_e - S) \ \cdot C - k_2 S \tag{3-20}$$

式中　S_e——极限平衡时的固相浓度。

（4）一级反应模式——Langmuir 吸附模式

$$\frac{\mathrm{d}\Phi}{\mathrm{d}t} = k_1 \left[(1-\Phi) \ \left(1-\frac{\Phi}{2}\right) e^{-b\Phi} \right] + k_2 \left[\left(1-\frac{\Phi}{2}\right) e^{b(2-\Phi)} - \frac{\Phi^2}{2} e^{b\Phi} \right] \tag{3-21}$$

式中　b——经验常数。

$$\Phi = \frac{S}{S_e} \tag{3-22}$$

（5）指数型吸附模式

$$\frac{\partial S}{\partial t} = a e^{aS} \tag{3-23}$$

（6）抛物线型吸附模式

$$S = a_1 \sqrt{Ct} - a_2 \ (Ct) \ + a_3 \ (Ct)^{\frac{3}{2}} \tag{3-24}$$

（7）武汉水利电力学院的吸附模式

$$\begin{cases} \dfrac{\partial S}{\partial t} = \dfrac{a}{\sqrt{t}} \ (S_e - S) \\ S \Big|_{t=0} = S_j^0 \end{cases} \tag{3-25}$$

解方程得

$$S = S_e - \ (S_e - S_j^0) \ e^{-2a\sqrt{t}} \tag{3-26}$$

式中　S_e——平衡吸附量；

S_j^0——初始吸附量；

a——经验常数，与介质、离子成分有关。

该模式比较符合土壤吸附的基本特性，吸附量的增加率随着时间的增长而减小，而随着吸附饱和差的增大而增大；吸附量在短时间内增加较快，一定时间以后变化很小，而渐趋于饱和，达到平衡吸附量。

3.2.2 当污染物的液相浓度为定值时的吸附模式

（1）亨利（Henry）吸附模式

$$S=\frac{k_1}{k_2}C\ (1-\mathrm{e}^{k_2 t}) \tag{3-27}$$

（2）费洛因德利希（Freundlich）吸附模式

$$S=\frac{k_1}{k_2}C^m\ (1-\mathrm{e}^{k_2 t}) \tag{3-28}$$

（3）朗缪尔（Langmuir）吸附模式

$$S=\frac{\frac{k_1}{k_2}\cdot S_m\cdot C}{1+\frac{k_1}{k_2}}\ [1-\mathrm{e}^{-(k_1 C+k_2)t}] \tag{3-29}$$

3.2.3 当吸附达到平衡时的吸附模式

（1）亨利模式

$$S=k_d\cdot C \tag{3-30}$$

式中 k_d——分配系数。

（2）费洛因德利希模式

$$S=k_1 C^m \tag{3-31}$$

（3）朗缪尔模式

$$\frac{C}{S}=\frac{C}{S_m}+\frac{k}{S_m} \tag{3-32}$$

式中 S_m——最大吸附量。

（4）Temkin 模式

$$S=a+k\lg c \tag{3-33}$$

（5）Lindstron 模式

$$S=kC\mathrm{e}^{-2bS} \tag{3-34}$$

（6）武汉水利电力学院的经验模式

$$\begin{cases} \dfrac{\partial S}{\partial C}=\dfrac{b}{\sqrt{c}}\ (S_m-S) \\ S\Big|_{c=0}=0 \end{cases} \tag{3-35}$$

解得

$$S=S_m\ (1-\mathrm{e}^{-2b\sqrt{c}}) \tag{3-36}$$

式（3-35）、式（3-36）表明，吸附量随浓度的变化率与吸附饱和差（S_m-S）成正比，而与浓度的平方根成反比。吸附量随着浓度的增大而增加；增加的趋势在低浓度时较快，随着浓度的增大而减缓，到一定浓度以后，吸附量实际上不再增加而趋于最大值（S_m）。式中 b 为与土壤和溶液性质有关的常数。因此该公式能够比较全面而正确地反映土壤吸附的基本规律，且不受浓度大小范围的限制。

3.3 饱和-非饱和土层溶质迁移模型

3.3.1 溶质运移的基本方程

3.3.1.1 多孔介质中流动力弥散

流体动力弥散是一种宏观现象，但其根源在于多孔介质的复杂微观结构与流体的非均一的微观运动。流体动力弥散是两种物质运移过程同时作用的结果，即溶质在多孔介质中的机械弥散与分子扩散。土层中溶质的分子扩散通量符合 Fick 第一定律，即

$$J_s = -D_s \frac{\partial C}{\partial z} \tag{3-37}$$

式中 D_s——分子扩散系数；

J_s——溶质分子扩散通量；

z——位置变量。

在非饱和条件下，随着土壤水分含量的降低，液相所占的面积越来越小，实际扩散的路径越来越长，因此其分子扩散系数趋向减小。一般将溶质在土壤中的分子扩散系数仅表示为含水量的函数，而与溶液的浓度无关，常用的经验公式为

$$D_s(\theta) = D_0 \theta^a \tag{3-38}$$

或

$$D_s(\theta) = D_0 \alpha e^{b\theta} \tag{3-39}$$

由机械弥散作用引起的溶质通量 J_h 可以写成类似的表达式：

$$J_h = -D_h(v) \frac{\partial C}{\partial z} \tag{3-40}$$

所以水动力弥散引起的溶质通量 J_d 是分子扩散 J_s 和机械弥散 J_h 的综合

$$J_d = J_s + J_h = -[D_h(v) + D_s(\theta)] \frac{\partial C}{\partial z} = -D_{sh}(v, \theta) \frac{\partial C}{\partial z} \tag{3-41}$$

在非饱和土层中，水流速度很小，分子扩散起到了关键性的作用。Smiles、Philip 和 Elrick 等在土壤吸湿时的水动力弥散研究中认为，非饱和土层纵向弥散系数对孔隙水流速不敏感；清华大学谢森传等在砂壤土水平入渗试验中也发现，$D_{sh}(v, \theta)$ 受含水量的影响较大，而土壤水运动的速度影响较小，基本上可以忽略。因此在室内试验的非饱和低流速条件下，$D_{sh}(v, \theta)$ 用 $D_{sh}(\theta)$ 来表达具有一定的代表性，所以选用

$$D_{sh}(v, \theta) \approx D_{sh}(\theta) = D_0 \theta^z \tag{3-42}$$

作为非饱和水动力弥散系数，选用

$$D_{sh}(v, n) = D_0 + D_h(v) \tag{3-43}$$

式中 n——孔隙度。

作为饱和水动力弥散系数。

3.3.1.2 溶质的源、汇

在垃圾淋滤地区和污水灌溉地区，模拟饱和含水层的污染问题时，则需要以源、汇的形式反映在模拟方程之中，本书用方程 $W(t)$ 表达。

3.3.1.3 吸附解吸作用和阳离子交换作用

在实际转化迁移过程中，完全的平衡吸附是不可能的，只是相对某一浓度趋向于一种动态平衡。随着离子的迁移转化，离子浓度随时间不断发生变化，动态平衡随时被打破，并达到新的平衡。考虑这样一种吸附-解吸过程，把上述两个模式结合起来作为动态平衡吸附模式。

$$S = S_e - (S_e - S_i) \, e^{-2a\sqrt{t-t_i}} \tag{3-44}$$

$$S_e = S_m (1 - e^{-2b\sqrt{C}}) \tag{3-45}$$

$$S = S_m (1 - e^{-2a\sqrt{t}}) - [S_m (1 - e^{-2b\sqrt{C}}] - S_i] \, e^{-2a\sqrt{t-t_i}} \tag{3-46}$$

所以：

$$\begin{aligned}
\frac{\partial S}{\partial t} &= \frac{a}{\sqrt{t-t_i}} (S_e - S) \\
&= \frac{a}{\sqrt{t-t_i}} [S_e - S_e + (S_e - S_i) \, e^{-2a\sqrt{t-t_i}}] \\
&= \frac{a}{\sqrt{t-t_i}} (S_e - S_i) \, e^{-2a\sqrt{t-t_i}} \\
&= \frac{a}{\sqrt{t-t_i}} [S_m (1 - e^{-2b\sqrt{C}}) - S_i] \, e^{-2a\sqrt{t-t_i}}
\end{aligned} \tag{3-47}$$

即

$$\begin{cases}
\dfrac{\partial S}{\partial t} = \dfrac{a}{\sqrt{t-t_i}} [S_m (1 - e^{-2b\sqrt{C}}) - S_i] \, e^{-2a\sqrt{t-t_i}} \\[2mm]
S \Big|_{t=t_i} = S_i \\[2mm]
S \Big|_{C=0} = 0
\end{cases} \tag{3-48}$$

也可以表示为

$$\begin{cases}
\dfrac{\partial S}{\partial t} = \dfrac{\partial S}{\partial C} \cdot \dfrac{\partial C}{\partial t} = \dfrac{abS_m}{\sqrt{(t-t_i) \cdot C}} e^{-2(a\sqrt{t-t_i}+b\sqrt{C})} \cdot \dfrac{\partial C}{\partial t} \\[3mm]
S \Big|_{t=t_i} = S_i \\[2mm]
S \Big|_{C=0} = 0
\end{cases} \tag{3-49}$$

3.3.1.4 化学反应过程

含有不同化学成分的流体之间及流体与固体骨架之间均可能发生化学反应，从而使某种溶质的浓度发生变化。例如氮转化，在迁移过程中，不断地发生化学反应生成 NO_2^- 及 NO_3^-。根据硝化作用、吸附作用和固液相化学转化作用的理论和试验，得到化学转化模式：

$$\theta \frac{\partial C_1}{\partial t} = -K_1 (C_1\theta + 10 \cdot \rho \cdot S_1) \tag{3-50}$$

$$\theta \frac{\partial C_2}{\partial t} = K_1 \left(C_1 \theta + 10 \cdot \rho \cdot S_1 \right) \cdot 46/18 - K_2 \theta C_2 \tag{3-51}$$

$$\frac{\partial C_3}{\partial t} = K_2 C_2 \cdot 62/46 \tag{3-52}$$

式中　C_1、C_2、C_3——NH_4^+、NO_2^-、NO_3^- 在液相中的浓度（mg/L）；

$\quad\quad\quad S_1$——NH_4^+ 在固相的吸附量（mg/100g）；

$\quad\quad\quad \rho$——土体干密度（g/cm³）。

3.3.1.5　溶质运移基本方程

溶质运移的对流和水动力弥散作用决定了溶质的运移通量（J）为对流通量（J_c）和水动力弥散通量（J_d）之和，得到一维垂向溶质运移能量为

$$J = J_d + J_c = -D_{sh} \left(v \cdot \theta \right) \frac{\partial C}{\partial z} + qC \tag{3-53}$$

根据质量守恒原理，得到连续性方程为

$$\frac{\partial \left(\theta C \right)}{\partial t} = -\frac{\partial J}{\partial z} \tag{3-54}$$

联合式（3-53）、式（3-54），得到一维垂向溶质运移基本方程为

$$\frac{\partial \left(\theta C \right)}{\partial t} = \frac{\partial}{\partial z} \left[D_{sh} \left(v \cdot \theta \right) \frac{\partial C}{\partial z} \right] - \frac{\partial \left(qC \right)}{\partial z} \tag{3-55}$$

又因为

$$\frac{\partial \theta}{\partial t} = -\frac{\partial q}{\partial z} \tag{3-56}$$

基本方程左端：

$$\frac{\partial \left(\theta C \right)}{\partial t} = \theta \frac{\partial C}{\partial t} + C \frac{\partial \theta}{\partial t} = \theta \frac{\partial C}{\partial t} - C \frac{\partial q}{\partial z} \tag{3-57}$$

基本方程右端第二项：

$$\frac{\partial \left(qC \right)}{\partial z} = q \frac{\partial C}{\partial z} + C \frac{\partial q}{\partial z} \tag{3-58}$$

将式（3-57）、式（3-58）代入基本方程式（3-55），再移项整理得

$$\theta \frac{\partial C}{\partial t} = \frac{\partial}{\partial z} \left[D_{sh} \left(v \cdot \theta \right) \frac{\partial C}{\partial z} \right] - q \frac{\partial C}{\partial z}$$

考虑土壤固相的溶质储存变化量（吸附-解吸等），以及源汇项和化学反应项，饱和-非饱和土层溶质运移基本方程通常写为如下形式：

一维垂向非饱和层：

$$\theta \frac{\partial C}{\partial t} + 10 \cdot \rho \frac{\partial S}{\partial t} = \frac{\partial}{\partial z} \left[D_{sh} \left(v \cdot \theta \right) \frac{\partial C}{\partial z} \right] - q \frac{\partial C}{\partial z} + W'\left(t \right) + \varphi\left(c \right) \tag{3-59}$$

一维横向饱和层：

$$n \frac{\partial C}{\partial t} + 10 \cdot \rho \frac{\partial S}{\partial t} = \frac{\partial}{\partial x} \left[D_{sh} \left(v \right) \frac{\partial C}{\partial x} \right] - q \frac{\partial C}{\partial x} + W\left(t \right) + \varphi\left(c \right) \tag{3-60}$$

式中　$W'\left(t \right)$、$W\left(t \right)$——源汇项；

$\quad\quad\quad \varphi\left(c \right)$——化学转化项；

$\quad\quad\quad \dfrac{\partial S}{\partial t}$——吸附-解吸项；

n——孔隙度。

3.3.2 饱和-非饱和土层氮转化迁移联合模型

根据上述溶质运移微分方程和初始边界条件，以氮点源污染为例，并概括为一维垂向非饱和运移模型和一维横向饱和运移模型的联合模型。

$$\text{I-1}\begin{cases}\theta\dfrac{\partial C_1}{\partial t}+10\cdot\rho\dfrac{\partial S_1}{\partial t}=\dfrac{\partial}{\partial z}\left[D_{sh}\left(v\cdot\theta\right)\dfrac{\partial C_1}{\partial z}\right]-q\dfrac{\partial C_1}{\partial z}-K_1\left(\theta C_1+10\cdot\rho S_1\right)\\[2mm]\dfrac{\partial S_1}{\partial t}=\dfrac{a}{\sqrt{24t}}\left[S_{1m}\left(1-e^{-2b\sqrt{c_1}}\right)-S_0\right]e^{-2a\sqrt{24t}}\\[2mm]S_1=S_0\quad t=0\quad z\geqslant0\\[2mm]S_1=0\quad C_1=0\\[2mm]-D_{sh}\left(v,\theta\right)\dfrac{\partial C_1}{\partial z}+qC_1=\begin{cases}R\left(t\right)C_{1R}\left(t\right)&t=\text{有污灌时}\\0&t=\text{再分布时}\end{cases}\quad z=0\\[2mm]C_1=C_1^0\left(z\right)\quad t=0\quad z\geqslant0\\[2mm]\dfrac{\partial C_1}{\partial z}\quad t\geqslant0\quad z=z_{DEP}-h\left(x_3,t\right)\end{cases}\tag{3-61}$$

$$\text{I-2}\begin{cases}\theta\dfrac{\partial C_2}{\partial t}=\dfrac{\partial}{\partial z}\left[D_{sh}\left(v,\theta\right)\dfrac{\partial C_2}{\partial z}-q\dfrac{\partial C_2}{\partial z}\right]+K_1\left(\theta C_1+10\cdot\rho\cdot S_1\right)\cdot46/18-K_2\theta C_2\\[2mm]-D_{sh}\left(v,\theta\right)\dfrac{\partial C_2}{\partial z}+qC_2=\begin{cases}R\left(t\right)C_{2R}\left(t\right)&\text{有污灌时}\\0&\text{再分布时}\end{cases}\quad z=0\\[2mm]C_2=C_2^0\left(z\right)\quad t=0\quad z\geqslant0\\[2mm]\dfrac{\partial C_2}{\partial z}=0\quad t\geqslant0\quad z=z_{DEP}-h\left(x_3,t\right)\end{cases}\tag{3-62}$$

$$\text{I-3}\begin{cases}\theta\dfrac{\partial C_3}{\partial t}=\dfrac{\partial}{\partial z}\left[D_{sh}\left(v,\theta\right)\dfrac{\partial C_3}{\partial z}-q\dfrac{\partial C_3}{\partial z}\right]+K_2\left(\theta C_2\cdot62/46\right)\\[2mm]C_3=C_3^0\left(z\right)\quad t=0\quad z\geqslant0\\[2mm]-D_{sh}\left(v,\theta\right)\dfrac{\partial C_3}{\partial z}+qC_3=\begin{cases}R\left(t\right)C_{3R}\left(t\right)&t=\text{有污灌时}\\0&t=\text{再分布时}\end{cases}\quad z=0\\[2mm]\dfrac{\partial C_3}{\partial z}=0\quad t\geqslant0\quad z=z_{DEP}-h\left(x_3,t\right)\end{cases}\tag{3-63}$$

$$\text{II}\begin{cases}W_1\left(t\right)=q_DC_{1D}\\W_2\left(t\right)=q_DC_{2D}\quad t\geqslant0\quad D=z_{DEP}-h\left(x_3,t\right)\\W_3\left(t\right)=q_DC_{3D}\end{cases}\tag{3-64}$$

$$
\text{III-1}\begin{cases}
n\dfrac{\partial C_1}{\partial t}+10 \cdot \rho\dfrac{\partial S_1}{\partial t}=\dfrac{\partial}{\partial x}\Big[D_{sh}(v \cdot \theta)\dfrac{\partial C_1}{\partial x}\Big]-q\dfrac{\partial C_1}{\partial x}-W_1(t)-K_1(nC_1+10 \cdot \rho S_1) \\[3mm]
\dfrac{\partial S_1}{\partial t}=\dfrac{a}{\sqrt{24t}}\big[S_{1m}(1-e^{-2b\sqrt{C_1}})-S_0\big]e^{-2a\sqrt{24t}} \\[3mm]
S_1=S_0 \qquad t=0 \qquad z\geqslant0 \\[2mm]
S_1=0 \qquad C_1=0 \\[2mm]
C_1=C_1^0(z) \qquad t=0 \qquad x\geqslant0 \\[2mm]
C_1=0 \qquad 0\leqslant t\leqslant110\mathrm{d} \qquad x=0 \\[2mm]
-D_{sh}(v)\dfrac{\partial C_1}{\partial z}+qC_1=0 \qquad t>110\mathrm{d} \qquad x=0 \\[3mm]
\dfrac{\partial C_1}{\partial z}=0 \qquad t\geqslant0 \qquad x=L
\end{cases} \tag{3-65}
$$

$$
\text{III-2}\begin{cases}
n\dfrac{\partial C_2}{\partial t}=\dfrac{\partial}{\partial x}\Big[D_{sh}(v)\dfrac{\partial C_2}{\partial x}\Big]-q\dfrac{\partial C_2}{\partial x}-W_2(t)+K_1(nC_1+10 \cdot \rho S_1) \cdot 46/18-K_2 nC_2 \\[3mm]
C_2=C_2^0(z) \qquad t=0 \quad x\geqslant0 \\[2mm]
C_2=0 \quad 0\leqslant t\leqslant100\mathrm{d} \quad x=0 \\[2mm]
-D_{sh}(v)\dfrac{\partial C_2}{\partial z}+qC_2=0 \quad t>110\mathrm{d} \quad x=0 \\[3mm]
\dfrac{\partial C_2}{\partial z}=0 \quad t\geqslant0 \quad x=L
\end{cases} \tag{3-66}
$$

$$
\text{III-3}\begin{cases}
n\dfrac{\partial C_3}{\partial t}=\dfrac{\partial}{\partial z}\Big[D_{sh}(v)\dfrac{\partial C_3}{\partial x}\Big]-q\dfrac{\partial C_3}{\partial z}+W_3(t)+K_2(nC_2 \cdot 62/46) \\[3mm]
C_3=C_3^0(z) \qquad t=0 \qquad x\geqslant0 \\[2mm]
C_3=0 \quad 0\leqslant t\leqslant100\mathrm{d} \quad x=0 \\[2mm]
-D_{sh}(v)\dfrac{\partial C_3}{\partial z}+qC_3=0 \quad t>110\mathrm{d} \quad x=0 \\[3mm]
\dfrac{\partial C_3}{\partial x}=0 \quad t\geqslant0 \quad x=L
\end{cases} \tag{3-67}
$$

得出氮转化迁移联合型为

$$
\text{联合模型}\begin{cases}
\begin{cases}
\text{I-1 \quad 非饱和土层 } NH_4^+ \text{ 转化迁移模型} \\
\text{I-2 \quad 非饱和土层 } NO_2^- \text{ 转化迁移模型} \\
\text{I-3 \quad 非饱和土层 } NO_3^- \text{ 转化迁移模型}
\end{cases} \\
\text{II \quad 源汇项计算，饱和-非饱和土氮转化迁移模型} \\
\begin{cases}
\text{III-1 \quad 非饱和土层 } NH_4^+ \text{ 转化迁移模型} \\
\text{III-2 \quad 非饱和土层 } NO_2^- \text{ 转化迁移模型} \\
\text{III-3 \quad 非饱和土层 } NO_3^- \text{ 转化迁移模型}
\end{cases}
\end{cases} \tag{3-68}
$$

模型各式中的参数含义如下：

C_1、C_2、C_3：NH_4^+、NO_2^-、NO_3^- 在液相中的浓度（mg/L）。

S_1：NH_4^+ 在固相的吸附量（mg/100g）。

θ：土体含水量（%）。

n：孔隙度。

ρ：干密度（g/m^3）。

$W_1(t)$、$W_2(t)$、$W_3(t)$：NH_4^+、NO_2^-、NO_3^- 在非饱和带中的排出能量，也即饱和含水层的补给能量（cm/d）。

K_1：$NH_4^+ \rightarrow NO_2^-$ 的反应速度常数（d^{-1}）。

K_2：$NO_2^- \rightarrow NO_3^-$ 的反应速度常数（d^{-1}）。

S_{1m}：土体对 NH_4^+ 的最大吸附量（mg/100g）。

$C_{1R}(t)$、$C_{2R}(t)$、$C_{3R}(t)$：灌水溶液中 NH_4^+、NO_2^-、NO_3^- 的浓度（mg/L）。

$R(t)$：灌水强度（cm/d）。

q_D：非饱和-饱和交接带的垂向水分运动通量（cm/d）。

C_{1D}、C_{2D}、C_{3D}：交接带 NH_4^+、NO_2^-、NO_3^- 的浓度（mg/L）。

$D_{sh}(v, \theta)$、$D_{sh}(v)$：溶质的水动力弥散系数（cm^2/d）。

a、b：吸附方程的常数。

z_{DEP}：含水层测压水头基准面处的埋深（cm）。

$h(x_3, t)$：点源污染处的水头（cm）。

L：含水层长度（cm）。

z、x、t：垂向坐标（cm）、横向坐标（cm）、时间（d），z 从地表向下为正。

$C_1^0(z)$、$C_2^0(z)$、$C_3^0(z)$：NH_4^+、NO_2^-、NO_3^- 在非饱和土层的初始分布（mg/L）。

$C_1^0(x)$、$C_2^0(x)$、$C_3^0(x)$：NH_4^+、NO_2^-、NO_3^- 在非饱和土层的初始分布（mg/L）。

S_0：土体中初始吸附量（mg/100g）。

3.4　多孔介质污染物运移模型

环境岩土工程研究对象除土体的固、液、气三相物质外，还包括土体中的生化物质。因此，环境岩土需要研究生化物质在土体中运移、生化反应等对土体工程力学特性变化及效应，也就是说土体中生化反应、物理变化和机械运动之间的耦合作用是环境土工的关键科学问题。针对固体废弃物填埋处置，建立了生化降解-骨架变形-水气运移耦合模型，揭示固体废弃物及污染土在生化反应、骨架变形、孔隙水运移、溶质迁移和孔隙气体运移耦合过程中的重要现象及规律。

土体中生化反应、物理变化和机械运动间的耦合作用过程十分复杂，基于连续介质理论建立环境土工基本理论框架。基本假定如下：

（1）土体是弹性、均匀、各向同性的连续介质。

（2）土体中固相颗粒本身不可压缩，固体骨架变形与其本身的几何尺寸相比很小。

（3）孔隙水在土体中连通，溶质对孔隙水的质量密度、体积和渗透性等物理力学特性的影响可以忽略不计，孔隙水和溶质本身不可压缩。

（4）孔隙气体在土体中连通，孔隙气体各组分满足理想气体状态方程。

（5）不考虑耦合作用过程中热的产生、消耗与传递及温度变化对物质存在状态和耦合作用的影响。

（6）不考虑机械作用下的物质相间变化。

3.4.1 生化反应

土体中的生物化学反应过程伴随着固、液、气三相物质的生成与消耗。每组反应都有一个限制性底物，它是微生物直接作用的反应物，直接为微生物繁殖提供营养源（如碳、氮等），或者受微生物分泌的酶所作用而能加快与其他反应物的反应过程。因此，限制性底物是该组化学反应过程中对反应快慢起决定性作用的反应物。生化反应过程必须满足质量守恒，通常用化学平衡方程式表示，即参与生化反应的反应物和生成物的质量变化满足方程式所描述的物质转化比例关系。同时，生化反应的快慢满足一定的动力学规律，即单位体积土体中该物质的质量，考虑到液相溶质浓度变化通常指单位体积溶剂中溶质的质量变化。

生化反应过程引起的固、液、气三相物质的总体质量变化可表示为

$$f_{sd} = \sum_{i=1}^{n_1} \frac{dS_{si}}{dt} \qquad (3-69)$$

$$f_{ld} = \theta \sum_{j=1}^{n_2-1} \frac{dS_{lj}}{dt} + \frac{dS_w}{dt} \qquad (3-70)$$

$$f_{ad} = \sum_{k=1}^{n_3} \frac{dS_{gk}}{dt} \qquad (3-71)$$

式中　f_{sd}、f_{ld} 和 f_{ad}——t 时刻单位体积土体中固相、液相、气相物质的质量变化速率；

S_{si}、S_{lj} 和 S_{gk}——参与生化反应的第 i 种固相（共 n_1 种）、第 j 种液相（共 n_2 种，其中 1 种为孔隙水，其余 n_2-1 种为液相溶质）、第 k 种气相（共 n_3 种）物质的密度（kg/m³）。

生化反应引起固、液、气三相物质的生成与消耗，形成水气运移和溶质迁移的源或汇，造成固相组成的改变及土体工程特性的不断变化，导致固、液、气相互作用比传统的土体更为复杂。

3.4.2 骨架变形

土体固相组分在应力作用下滑动及重组，宏观表现为土骨架的变形。与传统土体不同，生化反应会引起土体固相组分和粒径分布的改变，导致骨架抵抗变形能力的改变。根据小变形假定，土骨架应变分量与位移分量满足

$$\varepsilon = P^T u \qquad (3-72)$$

$$\varepsilon = \{\varepsilon_x, \ \varepsilon_y, \ \varepsilon_z, \ \varepsilon_{xy}, \ \varepsilon_{xz}, \ \varepsilon_{yz}\}^T \qquad (3-73)$$

$$u = \{u_x, \ u_y, \ u_z\}^T \qquad (3-74)$$

以骨架位移表示的运动控制方程：

$$C_{ua} \frac{\partial u_a}{\partial t} + C_{uw} \frac{\partial u_w}{\partial t} + C_{uu} \frac{\partial u}{\partial t} = PS_\sigma^{-1} S_t - \frac{\partial b}{\partial t} \qquad (3-75)$$

式中

$$C_{ua} = -PS_\sigma^{-1} (S_s - S_\sigma m) \qquad (3-76)$$

$$C_{uw} = PS_\sigma^{-1}S_s \tag{3-77}$$

$$C_{uu} = PS_\sigma^{-1}P^T \tag{3-78}$$

式中　C_{ua}、C_{uw} 和 C_{uu}——关于空间坐标的算子矩阵。

3.4.3　孔隙水运移

孔隙水实为孔隙液，为了与传统岩土工程中相一致，这里仍将孔隙液称为孔隙水，并假定溶质不改变孔隙水的力学性质。土体中孔隙水的运移由孔隙水压力梯度引起的对流产生。假设孔隙水对流符合达西定律，根据单元体孔隙水质量守恒有

$$\frac{\partial (\rho_w V_w/V_0)}{\partial t} = -\nabla \cdot (\rho_w v_w) + f_w \tag{3-79}$$

式中　ρ_w——孔隙水的质量密度；

V_w、V_0——孔隙水体积和单元体的初始总体积；

f_w——单位体积土体中孔隙水的源项或汇项 [kg/ (m³ · s)]。

假如只考虑生化反应引起的孔隙水质量变化，f_w 可表示为

$$f_w = \frac{dS_w}{dt} \tag{3-80}$$

3.4.4　液相溶质迁移

环境岩土中，孔隙水除了对流运移传播外，孔隙水中的溶质自身也具有运移能力，这使溶质传播可以超出孔隙水运移所影响的范围。液相溶质自身的迁移主要由分子扩散和机械弥散引起；同时固相对溶质有吸附作用，阻滞溶质扩散。第 i 种溶质运移的控制方程为

$$C_{lc}^i\frac{\partial c_l^i}{\partial t} + C_{la}^i\frac{\partial u_a}{\partial t} + C_{lw}^i\frac{\partial u_w}{\partial t} + C_{lu}^i\frac{\partial u}{\partial t} = -\nabla \cdot (c_l^i v_w) + \nabla \cdot (D_l^i \nabla c_l^i) + C_l^i \tag{3-81}$$

式中

$$C_{lc}^i = \theta + (1-n) \frac{\partial c_s^l}{\partial c_l^i} \tag{3-82}$$

$$C_{la}^i = c_l^i (R_s - R_\sigma S_\sigma^{-1}S_s) \tag{3-83}$$

$$C_{lw}^i = -c_l^i (R_s - R_\sigma S_\sigma^{-1}S_s) \tag{3-84}$$

$$C_{lu}^i = c_l^i R_\sigma S_\sigma^{-1}P^T \tag{3-85}$$

$$C_l^i = f_l^i + c_l^i (R_\sigma S_\sigma^{-1}S_t - R_t) \tag{3-86}$$

式 (3-63) 中，右端第一项代表生化反应直接引起的源或汇，第二项代表生化反应引起土体变形和持水能力改变产生的源或汇。其实这是污染扩散的形式（微分方程）有源的 x 种情况。

3.4.5　孔隙气运移

孔隙气运移由对流和扩散引起，下面分别论述气体的扩散机理。忽略固相对各组分孔隙气的吸附作用，根据单元体中第 i 种孔隙气体的质量守恒有

$$\frac{\partial (c_g^i V_a/V_0)}{\partial t} = -\nabla \cdot (M_g^i N_g^i) + f_g^i \tag{3-87}$$

式中 c_g^i——第 i 种组分气体的气相浓度；

V_a——孔隙气整体体积；

N_g^i——第 i 种组分气体的扩散通量矩阵；

M_g^i——第 i 种组分气体的摩尔质量；

f_g^i——单位体积土体中第 i 种组分气体的源项或汇项。

假设固相不可压缩，惰性固相的体积为常量，只考虑生化反应引起的固相体积变化，有

$$\frac{\mathrm{d}V_s}{V_0}=\frac{\mathrm{d}(V_{sd}+V_{si})}{V_0}=\frac{\mathrm{d}V_{sd}}{V_0}=\frac{\mathrm{d}(m_{sd}/\rho_{sd})}{V_0} \tag{3-88}$$

式中 V_{sd}、V_{si}——t 时刻可变固相和惰性固相的体积；

m_{sd}、ρ_{sd}——t 时刻可变固相的质量和密度。

第 i 种组分气体运移的控制方程：

$$C_{gg}^i\frac{\partial u_g^i}{\partial t}+C_{ga}^i\frac{\partial u_a}{\partial t}+C_{gw}^i\frac{\partial u_w}{\partial t}+C_{gu1}^i\frac{\partial u}{\partial t}+C_{gu2}^i\frac{\partial\nabla\cdot u}{\partial t}=-RT\nabla\cdot N_g^i+C_g^i \tag{3-89}$$

$$C_{gg}^i=\theta_a \tag{3-90}$$

$$C_{ga}^i=u_g^i(R_{\bar\sigma}S_{\bar\sigma}^{-1}S_s-R_s) \tag{3-91}$$

$$C_{gw}^i=-u_g^i(R_{\bar\sigma}S_{\bar\sigma}^{-1}S_s-R_s) \tag{3-92}$$

$$C_{gu1}^i=-u_g^iR_{\bar\sigma}S_{\bar\sigma}^{-1}P^T \tag{3-93}$$

$$C_{gu2}^i=-u_g^i \tag{3-94}$$

$$C_g^i=\frac{RT}{M_g^i}f_g^i-u_g^i\left[R_{\bar\sigma}S_{\bar\sigma}^{-1}S_t-R_t-\frac{\mathrm{d}(m_{sd}/\rho_{sd})}{V_0\mathrm{d}t}\right] \tag{3-95}$$

孔隙气总体的运移方程：

$$C_{aa}\frac{\partial u_a}{\partial t}+C_{aw}\frac{\partial u_w}{\partial t}+C_{au1}\frac{\partial u}{\partial t}+C_{au2}\frac{\partial\nabla\cdot u}{\partial t}=RT\nabla\cdot N_a+C_a \tag{3-96}$$

$$C_{aa}=\theta_a+\bar u_a(R_{\bar\sigma}S_{\bar\sigma}^{-1}S_s-R_s) \tag{3-97}$$

$$C_{aw}=-\bar u_a(R_{\bar\sigma}S_{\bar\sigma}^{-1}S_s-R_s) \tag{3-98}$$

$$C_{au1}=-\bar u_aR_{\bar\sigma}S_{\bar\sigma}^{-1}P^T \tag{3-99}$$

$$C_{au2}=-\bar u_a \tag{3-100}$$

$$C_a=\frac{RT}{M_a}f_a-\bar u_a\left[R_{\bar\sigma}S_{\bar\sigma}^{-1}S_t-R_t-\frac{\mathrm{d}(m_{sd}/\rho_{sd})}{V_0\mathrm{d}t}\right] \tag{3-101}$$

3.4.6 生化反应-骨架变形-水气运移-溶质迁移耦合模型控制方程

基于上述生化反应、骨架变形、水气运移和溶质迁移的控制方程，建立的生化反应-骨架变形-水气运移-溶质迁移耦合模型控制方程由如下 3 个骨架运动控制方程［式（3-102）］、1 个孔隙水运移控制方程［式（3-103）］、n_2-1 个液相溶质迁移控制方程［式（3-104）］及 n_3 个孔隙气体运移控制方程［式（3-105）］共 n_2+n_3+3 个控制方程构成：

$$C_{ua}\frac{\partial u_a}{\partial t}+C_{uw}\frac{\partial u_w}{\partial t}+C_{uu}\frac{\partial u}{\partial t}=PS_{\bar\sigma}^{-1}S_t-\frac{\partial b}{\partial t} \tag{3-102}$$

$$C_{wa}\frac{\partial u_a}{\partial t}+C_{ww}\frac{\partial u_w}{\partial t}+C_{wu}\frac{\partial u}{\partial t}=-\nabla\cdot v_w+C_w \tag{3-103}$$

$$C_{\text{lc}}^i \frac{\partial c_1^i}{\partial t} + C_{\text{la}}^i \frac{\partial u_{\text{a}}}{\partial t} + C_{\text{lw}}^i \frac{\partial u_{\text{w}}}{\partial t} + C_{\text{lu}}^i \frac{\partial u}{\partial t}$$

$$= -\nabla \cdot (c_1^i v_{\text{w}}) + \nabla \cdot (D_1^i \nabla c_1^i) + C_1^i \quad (i=1, 2, \cdots, n_2-1) \tag{3-104}$$

$$C_{\text{gg}}^i \frac{\partial u_{\text{g}}^i}{\partial t} + C_{\text{ga}}^i \frac{\partial u_{\text{a}}}{\partial t} + C_{\text{gw}}^i \frac{\partial u_{\text{w}}}{\partial t} + C_{\text{gu1}}^i \frac{\partial u}{\partial t} + C_{\text{gu2}}^i \frac{\partial \nabla \cdot u}{\partial t}$$

$$= -RT \nabla \cdot N_{\text{g}}^i + C_{\text{g}}^i \quad (i=1, 2, \cdots, n_3) \tag{3-105}$$

3.5 地下水环境影响预测模型

3.5.1 地下水环境影响预测方法

对固体废弃物安全填埋场工程，实质上就是控制污染以保护地下水的环保工程，因此，原则上不允许它对环境产生任何潜在危险。如果场址条件优良，简单地对地下水环境影响做一般性的定性评价则可满足要求，但为了预防万一，也有必要做一下风险评价预测。

有两种评价预测方法：一种是类比法，定性的环境影响评价预测结论；另一种是定量的数学模型。数学模型主要根据水文地质学理论和数学模式，对污染物在地下水中迁移、增量、衰减等变化规律用数学模型来描述，模型的参数要进行大量水文地质调查、现场试验和室内试验来获取，最后得到污染预测定量的数值解或解析解。如果参数比较准确，这种预测也是十分可信的。

3.5.2 地下水环境影响预测模型

3.5.2.1 污染源负荷评价模型

污染源负荷是表征污染物排放的严重程度如何，也可认为是要使所排放的污染物达到评价标准所需的水流量。

污染负荷计算模型：

$$P_i = \frac{q_i}{C_{si}} \cdot 10^{-3} \tag{3-106}$$

式中 P_i——第 i 种污染物的污染负荷（m³/s）；

q_i——第 i 种污染物的排放速率（mg/s）；

C_{si}——第 i 种污染物的评价标准（mg/L）；

10^{-3}——L 与 m³ 之间单位换算系数。

式（3-106）中 q_i 可用下式求解：

$$q_i = C_i \times Q_i \times 10^3 \tag{3-107}$$

式中 C_i——第 i 种污染物排放浓度（mg/L）；

Q_i——含有 i 种污染物的废水排放流量（m³/s）。

3.5.2.2 地下水水质受污染评价模型

为了评价地下水的水质好坏与污染程度，多采用单项水质指数。水质指数是指某种污染物在地下水的浓度与评价标准值的比值，其比值越小则水质越好，反之比值越大则

水质越差。如果其比值大于 1 就说明地下水已遭受污染，小于 1 则地下水无污染。表达式为

$$I_i = \frac{C_i}{C_{oi}} \tag{3-108}$$

式中　I_i——第 i 种污染物的水质指数；

　　　C_i——第 i 种污染物在地下水中的浓度（mg/L）；

　　　C_{oi}——第 i 种污染物的评价标准值（mg/L）。

对 pH 的评价，可以给出一个标准值范围，如在其内，说明地下水的 pH 为正常值。表达式为

$$I_{pH} = \begin{cases} \dfrac{7.0 - V_{pH}}{7.0 - V_d} & (V_{pH} \leqslant 7) \\[2mm] \dfrac{V_{pH} - 7.0}{V_u - 7.0} & (V_{pH} > 7) \end{cases} \tag{3-109}$$

式中　I_{pH}——pH 的水质指数；

　　　V_{pH}——地下水的 pH；

　　　V_d——地下水中 pH 标准的下限值；

　　　V_u——地下水中 pH 标准的上限值。

3.5.2.3　地下水污染预测的二维平面模型

假如含水层是单层水平均质岩层，水的实际流速 u 为常数且平行于 Ox 轴，弥散系数也是常数，并与流速成正比（动力弥散体系），污染源为点源（或局部源），浓度为 C_0，以流量 Q 进入，地下水中含该污染物的初始浓度为 0，这时沿流向的弥散既有纵向的，也有横向的。初始条件为 $D_x \neq D_y = 0$，$V_x = V \neq 0$，$V_y = V_x = 0$，令 $D/n = au$，a 为弥散度（具有长度量纲），u 为实际平均流速，$u = V/n$，n 为有效孔隙度。溶质运移的基本微分方程为

$$\frac{\partial C}{\partial t} = a_x u \frac{\partial^2 C}{\partial x^2} + a_y u \frac{\partial^2 C}{\partial y^2} - u \frac{\partial C}{\partial x} \tag{3-110}$$

该方程可以用 J. J. Fried 公式给出解析解：

$$C(x, y, t) = \frac{C_0 O}{4\pi u \sqrt{a_x \cdot a_y}} \exp\left(\frac{x}{2a_x}\right) \cdot \left[W(u, b) - W(t, b)\right] \tag{3-111}$$

$W(u, b)$ 为 Hantush 函数，可从地下水动力学中的专门函数表查得。

$$W(u, b) = \int_t^\infty \exp\left(-y - \frac{b^2}{4y}\right) \frac{1}{y} dy \tag{3-112}$$

$$u = t, \qquad b^2 = \left(\frac{x^2}{4a_x^2} + \frac{y^2}{4a_x \cdot a_y}\right)$$

为了简单起见，上述二维平面模型在实际应用中也可改写成如下形式：

$$\frac{\partial C}{\partial t} = D_x \frac{\partial^2 C}{\partial x^2} + D_y \frac{\partial^2 C}{\partial y^2} - V \frac{\partial C}{\partial x} \tag{3-113}$$

初始条件：$C(x, y, c) = 0$，$(x, y) \neq (0, 0)$。

边界条件：

$$\int_{-\infty}^{+\infty} \int_{-\infty}^{+\infty} nC \, dx \, dy = m$$

$$C \ (+\infty, \ y, \ t) \ =0 \quad t \geqslant 0$$
$$C \ (x, \ +\infty, \ t) \ =0 \quad t \geqslant 0$$

式中　C——排入地下水中的污染物浓度；

　D_x、D_y——x 方向、y 方向弥散系数；

　　　m——在坐标原点处瞬时进入质量为 m 的污染物；

　　　n——孔隙率。

3.6　重金属离子在土壤中的迁移

重金属污染物易溶于水，土壤中的微生物很难将其降解，重金属污染物一旦进入土壤就会发生持久性的污染。重金属在土壤中的迁移会受到自身理化性质，土壤对流、扩散和弥散作用，土壤质地，土壤水分等因素的影响。土壤质地的黏土含量越高，土壤中存在的自由水分含量和土壤孔隙都会相应降低，重金属在土壤中运移就会受到限制；土壤含水量越高，对流和扩散作用就越大。对北方地区，降雨量少，土壤表面蒸发量大，重金属进入土壤后的迁移主要受降雨入渗水分的影响。

3.6.1　土壤对重金属离子的吸附机理

重金属通过自然或者人为的因素进入土壤后主要通过吸附作用固持在土壤各组分中。重金属在土壤中的吸附可划分为专性吸附和非专性吸附。专性吸附是指重金属离子与土壤表面的官能团发生络合反应，形成内圈化合物，呈现较强的选择性和不可逆性；专性吸附主要为金属离子与有机物表面或者部分层状硅酸盐"边面上"的官能团，以及铁、铝、锰等的氧化物及水化合物之间的络合反应。非专性吸附是指重金属离子通过电性吸附作用与土壤表面通过静电作用而吸附，形成外圈化合物，具有非常弱的选择性；非专性吸附主要为土壤孔隙水中金属离子与表层的离子交换。由于非专性吸附通常比专性吸附的反应速度更快，金属离子与土壤直接的结合力更弱，更容易发生解吸。

重金属根据在土壤中的固定机制可分为吸附（adsoption）、表面沉淀（surface precipitation）和晶格固定（fixation），前两者更容易受到环境因素的影响，而晶格固定后的重金属离子必须将矿物质完全溶解后才能释放出来。由于土壤中的组分所提供的吸附点位的数量和类型也存在差异，硅酸盐黏土矿物中有 1∶1 型和 2∶1 型，既有矿物晶格内部同晶置换产生的永久电荷导致的电性吸附，也有"边面上"裸露的 Al—OH 基和 Si—OH 基对金属离子的专性吸附；金属氧化物存在可变电荷，金属离子可通过与表面的—OH基团发生 H^+ 离子置换和带负电的位点吸附。有机物也可以通过表面呈负电的羧基和酚基静电吸附金属离子，或通过官能团与其发生络合反应。土壤对重金属吸附能力的大小主要取决于金属元素自身特性、土壤理化性质和外界环境因素。不同的重金属离子在土壤中的吸附能力往往不同，如 Pb 在土壤中的吸附能力一般要强于 Cd、Ni 等其他重金属。图 3-1 为 Cd 在土壤中的吸附形式。

研究发现，不同组分（高岭石、蛭石、铁锰氧化物等）对不同重金属的吸附能力趋势也有不同，如高岭石重金属的亲和力顺序为 Cr>Pb>Zn>Cd>Ni>Cu，铁氧化物对

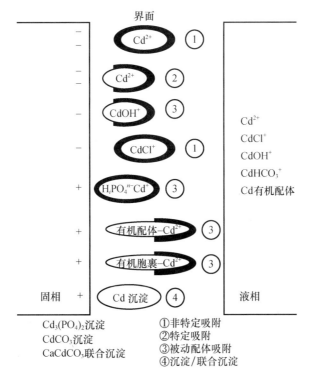

图 3-1 土壤对 Cd 吸附的不同类型

重金属的亲和力顺序为 Pb＞Cd＞Zn＞Cu＝Ni＝Cr，这也说明重金属在不同土壤中的吸附能力大小和顺序并不是一致的。同样，与官能团结合的能力也取决于重金属本身的吸附能力大小，Pb^{2+} 与有机质中的羧基和酚基有较强的结合能力，表现出较强的专性吸附能力。溶解性有机物质（DOM）对 Cu 和 Pb 有较高的亲和力，土壤中 DOM 含量的增加将大大提高这两种重金属的移动性。

pH 是影响重金属在土壤中吸附的最重要因素之一，研究表明 pH 的改变会强烈地影响土壤对金属离子的亲和力，重金属的吸附量会随着 pH 的升高而升高，反之则下降。pH 对吸附量的影响与土壤表面电荷数量和性质及金属元素化学特性密切相关。主要机理表现为：pH 的增加会使胶体表面负电荷数增加，从而增加非专性吸附的量；pH 的升高可使重金属离子由 M^{2+} 形式转化为 MOH^+ 形式，降低其在靠近氧化物表面时所克服的能障，以促进专性吸附；当 pH 较高时，难溶性的金属盐的生成也会明显加强。

土壤理化性质对重金属吸附行为的影响实质上是不同组分的吸附作用共同导致的结果。有机物和金属氧化物（以铁锰氧化物居多）被认为在土壤吸附重金属离子过程中起着十分重要的作用，同时也是相关研究中最为关注的土壤组分。有机质含量和成分对土壤吸附重金属离子的影响更复杂，既能通过非专性吸附使重金属离子以可交换态形式吸附在土壤表面，又能通过可溶性的有机物与重金属发生有机配位反应，从而增加其在土壤环境中的移动性。金属氧化物及其水合化合物主要通过专性吸附作用固定土壤中的重金属。不同土壤在矿物组成上的差异也在一定程度上影响着对重金属的吸附能力。影响重金属吸附的因素还包括温度、水分条件和外源性物质作用，如 Cu 的吸附量随温度的升高而逐渐增加，而温度升高不利于 Hg 的吸附。就土壤本身而言，不同粒径的土壤颗粒对重金属的吸附能力大小也存在一定差异。土壤中的细小颗粒在环境中的迁移能力较粒径大的颗粒更强，从而使这部分重金属具有更高的风险。同时土壤细颗粒具有更大的比表面积，对重金属离子表现出更强的吸附能力。

3.6.2　重金属在土壤中的形态分布

土壤中重金属的形态是指重金属的价态、化合态、结合态和结构态四种。研究表明，相对于土壤中的重金属总量，重金属的迁移性、生物有效性及毒害作用更直接地取决于它们在土壤中的形态，重金属会随土壤的 pH 的改变而发生变化，转化成水溶形式，随土壤溶液发生迁移或者被植物吸收，而部分形态重金属对环境变化敏感性较差，在土壤中保持相对稳定的活性，与土壤组分之间的结合方式较难因外界环境因素变化而有所改变，不同形态的重金属会表现出不同的毒性和环境行为。

土壤中重金属的不同形态之间存在相互转化的现象，这一过程对重金属在土壤中的活性具有重要的影响。以水溶形式进入土壤中的重金属，随着时间的推移，逐渐与各组分结合，其形态变得越发稳定，这种现象被称为"老化"。重金属老化现象的显著特征是有效形态逐步向非有效形态转化。重金属在土壤中的老化作用与土壤自身理化性质、溶液 pH、温度、水分条件等因素密切相关，这些因素都会影响其形态的变化特征。土壤 pH 是影响土壤中重金属转化的重要因素之一，并对其形态分布和老化过程有着最直接影响，pH 下降使重金属的有效性增加，因为 pH 下降会减弱土壤有机和无机组分对重金属的吸附能力，使活性较高的有效态和交换态重金属的含量增加，也就增加了重金属的移动性。土壤中的水分含量也会影响重金属的形态，水会影响土壤的理化性质，间接改变重金属在不同形态中的分配，如稻田土壤浸水和干湿交替作用都会对重金属的形态分布产生影响。温度也是影响重金属形态转化和分布的因素。在一定温度范围内，土壤重金属的有效性会随着温度的升高而降低，主要是由于温度的升高有利于重金属在土壤表面的扩散吸附能力。如随着温度的升高，Zn 在土壤中的有效态部分增加。另外，研究发现冻融作用对 Cu、Cd、Zn 等重金属元素在土壤环境中吸附、转化和迁移影响。

重金属的形态分布在土壤结构方面也存在一定差别，例如，不同深度的土壤重金属的形态分布往往不一致。一方面，活性较高的重金属离子被吸附在表层土壤，只有当污染超过一定程度时，才会向下淋溶至深层土壤；另一方面，不同深度土壤自身在理化性质方面也有所不同，如水稻土犁底层土壤含有相对较多的黏粒，金属氧化物的含量更高，对重金属的专性吸附较强，这一层的重金属在稳定形态中的比例也相对高一些。土壤中的细颗粒对重金属有较强的吸附能力，且细颗粒土中重金属的形态也相对稳定。

3.6.3　重金属在土壤中的迁移特征

重金属在土壤中的迁移是指重金属离子从土壤表面解吸并被土壤溶液携带而移动的过程。有机质含量较高的土壤对重金属具有较强的吸附能力，当重金属的污染程度不高时，重金属一般只在表层土壤滞留，难以向下迁移。正因为如此，重金属离子通过迁移过程进入深层土壤和地下水系统的情况较少，没有引起人们的重视。但近年来，野外试验和实验室模拟试验的结果表明由表层土壤进入的重金属会在土壤中发生明显的迁移。重金属在土壤中的迁移受物理、化学、生物等多种过程综合作用，土壤理化性质和结构在空间上的非均匀性使在预测土壤中重金属迁移时存在极大的不确定性，难以准确地描述和预测。

重金属在土壤中的迁移能力主要受到吸附-解吸作用控制。影响重金属吸附-解吸过程的因素包括 pH、温度、水分条件等。pH 是影响吸附最重要的因素之一，很大程度上控制着重金属的迁移性。当土壤或溶液中 pH 较低时，氢离子破坏了部分介质表面官能团与重金属离子的络合，重金属在土壤表面的吸附以静电吸附为主，使重金属离子容易被解吸释放，进入土壤溶液中并随之迁移；当 pH 较高时，土壤表面对重金属离子的亲和力加强，表面的含氧基团能够络合更多的重金属离子，这些重金属离子因而难以被解吸，移动性降低。可能存在的酸雨和施肥会改变土壤 pH，从而改变重金属的移动性。不同 pH 酸雨淋溶室内模拟试验研究发现，酸雨酸度越强则重金属的释放量越大，pH 与累积释放量存在线性关系。

可溶性有机物也是影响因素之一，DOM 可通过与重金属离子结合成可溶性络合物，使重金属离子从土壤表面释放出来，还能与重金属离子竞争土壤表面的吸附位点，降低其在土壤中的吸附，使其移动性增强。自然界中的溶解性有机物包括腐殖酸、富啡酸及亲水性有机酸、碳水化合物等。尽管 DOM 仅占土壤总有机质的很小部分，但它具有丰富的表面官能团，与重金属离子形成金属复合体，成为重金属活化载体。研究发现，DOM 与土壤中重金属的吸附机制可能包括静电吸附、配位体交换、表面络合作用等，但络合作用是主要作用。影响 DOM 络合重金属的能力的主要因素包括 pH、温度、浓度等。农业生产活动中，施用有机肥料时，土壤中 DOM 含量的增加有增加部分污染土壤中重金属向深层迁移的趋势。

土壤中的物理因素同样会影响重金属的迁移，土壤中大孔隙的微小变化常常引起流动通量的突变。对重金属在土壤体系中的运移，人们已建立了不少模型来描述和预测它的迁移规律，主要有两类模型：基于对流弥散机理的确定性方程和基于传递函数模型的随机方程。

重金属在土壤中的迁移能力也与形态分布密切相关，以碳酸盐结合态形式存在的重金属较容易从土壤中解吸出来（改变环境条件），而残渣态等形态中重金属与土壤组分结合方式十分稳固，难以被破坏，因此在土壤中的释放和迁移能力就要差很多。重金属在土壤中的形态发生转化时，移动能力也会随之改变，如在老化作用下，活性较高形态的含量逐渐降低，重金属的迁移能力也必然降低。重金属在土壤中的迁移研究以纵向为主，这是由于重力作用下的淋溶过程所导致的。在水平方向上，重金属由土壤颗粒所携带迁移，如以水土流失、大气尘埃等方式进行扩散和分布，但在水平方向上重金属迁移的研究相对较少。

课程思政：课程思政　如盐在水

课程思政，如盐在水。环境岩土工程课程中有大量内容涉及环境污染与保护的问题，如水污染、固体废弃物处置与管理等，这都与生态文明建设相关联。在涉及环保理念的时候，必然涉及价值取向，在讲授这部分内容时，可将"绿水青山就是金山银山"的理念融入其中。同时与可持续发展的观点相结合，通过实例讲授，使学生明白人类活动可以破坏环境，也能改善环境、改善生态，认识到掌握污染传播规律的重要性，以促进科学地防范防治。

地下水污染运移模型的教学过程中，在教学内容上挖掘课程中蕴含的思政元素，例如："防重于治"的底线思维、"可持续发展"的系统思维、"人与自然和谐共生"的哲学智慧，以及环境保护的法治意识等，围绕思政元素和专业知识点进行教学设计。教学方式上，通过生动的案例使学生掌握专业知识的同时，升华思想认识。案例说明"生态兴则文明兴，生态衰则文明衰"，生态环境保护是功在当代、利在千秋的事业。

4

填埋场场地勘察与评价

4.1 填埋场的选择与勘察

4.1.1 填埋场场地的选择

1. 场地选择的原则

选择适宜的卫生填埋场场地是建设填埋场和搞好填埋场场地利用及长远规划的重要条件。通常要遵循两项基本原则：一是防止污染的原则，即所选场地能满足控制垃圾的污染、保护周围环境的需要；二是经济合理性原则，即所选场地的容量能满足处置需要，处置费用相对合理。

2. 场地选择的标准

影响场地选择的因素很多，我们主要从工程学、环境学、经济学，以及法律和社会四个方面来考虑。填埋场场地选择的一般要求列于表 4-1，通常选择的场地容量要比较大，应能容纳若干年的垃圾量。许多国家也都制定了场地选择标准，如美国的《资源保护和回收法》中还规定了禁止选址的严格要求。填埋场场址的主要环境因素标准见表 4-2。

表 4-1 填埋场场地选择的一般要求

项目	参　　数
工程方面	1. 容量足够大 2. 尽可能减少运距，距最近水源在 150m 以上，距离机场 3km 以上； 3. 进出口应与公路相连通，宽度合适，有适当承载能力； 4. 尽可能利用天然地形条件，最大限度地减少土方量，但选中的地段必须有足够的覆盖材料； 5. 避开地震区、滑塌区、断层地段和下有矿藏、灰岩坑及溶盐洞穴的地方； 6. 在填埋场的底层和地下水位之间至少应有 1.5m 的距离，土壤渗透率 $\leqslant 10^{-7}$cm/s
环境方面	1. 必须在 100 年洪泛区和泄洪道之外，地表水不与可通航的水道直接相通； 2. 填埋物底层必须避开专用水源蓄水层和地下水补给区； 3. 降水量低、蒸发速率快，尽量减少臭气流散发； 4. 减小车辆运输和设备运转噪声； 5. 避开居民区和公园风景区、珍贵动物栖息地、自然资源保护区； 6. 避开与珍贵的考古学、历史学和古生物学有关系的地区； 7. 避开军事要地、基地，军工基地和国家保密地区

项目	参数
经济方面	1. 容易征得土地，费用适宜； 2. 考虑场地挖掘、筑坡、衬里和道路施工及其他开发费用； 3. 综合考虑高投资费用和低操作费用与低投资费用和高操作费用；多数填埋处理的特点是低投资、高操作费用
法律和社会方面	1. 符合有关法律及规定； 2. 必须取得地方主管部门的允许； 3. 注意公众舆论和社会影响

表 4-2 填埋场场址的主要环境因素标准

因素及其指标		意义	标准
与洪水泛滥区的距离		洪水泛滥会引起有害物质的迁移	100 年一遇的洪水泛滥区内禁止
与可航行的江河、湖泊的距离		尽可能防止江河、湖泊的污染	不能建在离可航行的湖泊 300m 以内、河流 90m 以内
与湿地的距离		关系到有害物质的迁移	湿地范围内禁止
与供水井的距离		防止水源的污染	一般离供水井 $\geqslant$360m，对高水量水井应 $\geqslant$800m
与机场的距离		避免与减少在填埋场逗留的鸟类对飞机的干扰	应离开机场 $\geqslant$3000m
与高速公路、铁路干线的距离		主要考虑运输方便及美学因素	一般应离开干线 $\geqslant$300m
监测条件		卫生填埋场都设置监测系统	尽可能监测方便
土质条件	土的类型	底部隔离系统、顶部覆盖系统等都需要耗用大量黏性及砂性土	填埋场附近最好有较多的黏土和砂性土层分布，且适宜做衬垫层
	土的渗透性	直接影响污染物的迁移	渗透系数越小越好，一般要求黏土衬垫的 $K \leqslant 10^{-7}$ cm/s
	pH	表明土的酸碱度，影响土对重金属等的吸附能力	pH 越大越好
	离子交换量	影响污染物与土的物理、化学作用	一般越大越好
地质条件	土层结果	影响填埋场的稳定性和污染物的迁移	具有足够的强度，保证稳定，渗透性能差
	基岩岩性	与污染物迁移和岩石的溶解有关	基岩完整，抗溶蚀，上部覆盖层越厚越好
	断裂	决定设施的稳定性和污染物的迁移	填埋场附近不应有活动断裂且应离较大活动断裂带一定距离
	基岩岩体结构	决定基岩渗透性	岩体结构完整
	地震及其他	关系到设施的稳定性	应避开抗震稳定性差、滑塌区，避开下部有矿的地区

因素及其指标		意　义	标　准
地下水	水位	避免污染地下水及引起施工困难	填埋场底部至少高出地下水位1.5m
	流向、流速	防止地下水污染	避开地下水补给区
地形地貌	斜坡坡度	地表水的排泄、场地开发与管理	一般要求坡度<15%
	斜坡抗蚀性	决定设施的稳定性	抗蚀能力越强越好
	地貌特征	决定地表水的截流与排泄	应有利于地表水排泄

4.1.2　填埋场场地勘察

场地基础即外围的综合地质勘察工作是填埋场选址工作中的重要技术环节，场地综合地质勘察直接关系到填埋场环境保护的安全与质量，也直接影响填埋场的投资。具有良好的地质条件的场地，对阻滞淋洗液泄漏、保护土壤和地下水免受污染提供可靠的安全保障，同时又可简化填埋场的工程结构和降低填埋场的工程造价。

场地勘察包括现场调查和实地勘察两个方面，内容示于表4-3。填埋场选址，首先要收集区域内的地质资料、当地的经济和社会发展的相关数据资料，按选址的技术标准对拟选场地进行综合评价，然后进行初步勘察，基于提交的初勘地质报告进行场地的环境评价、安全评价和综合地质技术评价，运用地理信息系统（GIS）确定最终场址（图4-1），场地确定后进行场地基础即外围的详细勘察工作。

表 4-3　填埋场地调查项目

项目	序号及内容
现场调查	1. 地区性质 (1) 人口密度；(2) 场地对地区开发的影响。 2. 固体废弃物的性质与数量 3. 气象 (1) 年降水量和逐月降水量；(2) 风向、风力；(3) 气温情况；(4) 日照量。 4. 自然灾害 地震、滑坡等。 5. 地质地形 (1) 地质构造走向；(2) 地下水位、流向；(3) 地形图。 6. 水文 (1) 地表水位、水系、流量及走向；(2) 开发利用情况。 7. 场地出入口 (1) 进入场地方法；(2) 路线及交通量。 8. 场地容量 9. 生态 (1) 重要的植物种群；(2) 动物生息状态。 10. 文化 古迹、场地使用情况。 11. 有关的环境保护法律、标准

续表

项目	序号及内容
实地勘察	1. 地质及水文地质 (1) 钻孔试验；(2) 弹性试验；(3) 电性能；(4) 透水试验；(5) 地下水位及流向；(6) 地下水使用情况；(7) 地区流域及自流量。 2. 地质 (1) 标准贯入试验；(2) 土质试验（轴向压缩、压实试验、粒度分布、透水试验、孔隙率、含水量、容积密度等）。 3. 生态 (1) 目前及将来植物生长情况；(2) 稀有动物生息情况。 4. 交通量 (1) 地区交通情况；(2) 交通事故情况；(3) 噪声。 5. 建筑物 (1) 已有建筑情况；(2) 文化古迹等。

在现场调查的基础上，还要通过测量、综合物探、钻探技术、综合地质等工作对场地进行详细勘察。测量的目的是搞清场地的实际面积，对山谷和洼地地区，要测量出实际的宽度、高度、坡度等，此外还要测定通往场地道路的距离、走向及与其他特定设施的距离。

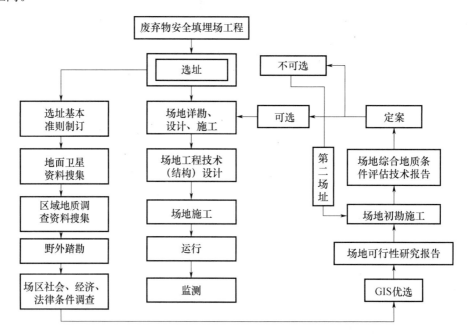

图 4-1　选址方法流程图

区域综合地质调查工作是场地详勘阶段的先行工作，其目的是研究拟建场地的地形、地貌、地表水流向、制备、土壤、交通条件等，区域和场区的工程地质、水文地质、环境地质条件，以及区域内的社会、经济、法律法规状况。区域综合地质调查工作方法应以卫星照片和航拍相片解译作为主要工作手段，并收集区域内现有的综合地质调查资料，必要时应进行局部的现场踏勘、物探等工作。基本内容如图 4-2 所示。

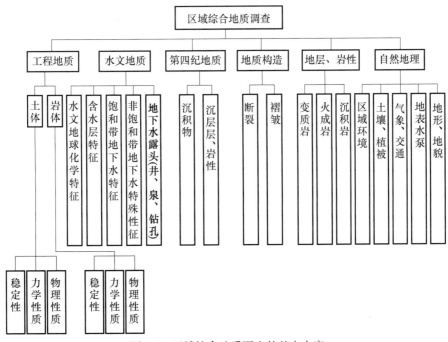

图 4-2　区域综合地质调查的基本内容

　　场地详细勘察阶段综合地质勘察工作包括工程地质、水文地质、综合物探（图4-3）、钻探及室内土工试验（图4-4）等，物探技术一定要结合钻探技术进行场地勘察。地质调查除了要求进行土的物理力学试验外，还要进行足够数量的水、土、岩石和废弃物的化学性质分析，得到填埋场的背景化学参数值。土工试验中关于土的渗透系数试验是用于评价土层对废弃物的防护能力的。土的物理力学特性、化学性质、水理性质相互之间的关系密切，尤其土的渗透性与土的其他性质密切相关，如土的颗粒级配、矿物成分、密实度、结构性等，都会对土的渗透性产生影响。因此，研究土的渗透性需要同时了解土的其他性质，找出相关性，这样才能对土的渗透性变化做出合理的评价，这是填埋场工程的土工试验不同于其他工程的特征。

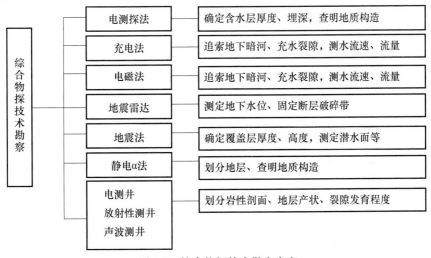

图 4-3　综合物探技术勘察内容

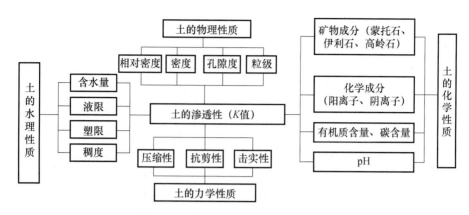

图 4-4   土的土工试验及土性的关联图

实地勘察的主要工作是通过综合地质调查、综合物探、钻探对场地的工程地质、水文地质情况进行研究，目的是了解场地的地质结构、地层岩性、地下水的埋藏深度、分布情况及走向、隔水层性质及厚度等。

4.2   填埋场环境影响评价

4.2.1   环境影响评价的必要性

环境影响评价是卫生填埋场全面规划的重要组成部分，全面细致地进行环境影响评价，对场地的合理选择、论证填埋方案的可行性，以及获得环保部门和公众的认可是十分必要的。

卫生填埋场的建造是一项对环境质量产生较大影响的开发建设项目。因为设置场所将作为城市垃圾的永久性储存地。同时，城市垃圾在运输、装卸、填埋等操作过程中会产生噪声、振动、粉尘、废气等污染，还会产生恶臭问题、淋洗液问题，一旦淋洗液泄漏，就会污染地下水，造成严重的环境污染。此外，还存在甲烷气体爆炸问题。因此，应该对卫生填埋工作进行环境影响评价，通过对各种方案的技术可行性和经济可行性分析比较，选出对环境质量影响较小的最佳方案。

4.2.2   环境影响评价的程序

环境影响评价的程序示于图 4-5。从图 4-5 可以看出，对环境影响评价工作来说，首先，应在场地选择的基础上进行广泛细致的现状调查，了解地质、水文、自然环境和社会环境状况；其次，根据场地的初步规划找出环境要素及卫生填埋操作时的影响因素，对其中重要的因素进行影响预测；最后，根据环保标准进行个别评价和综合评价，制作出环境影响报告书。

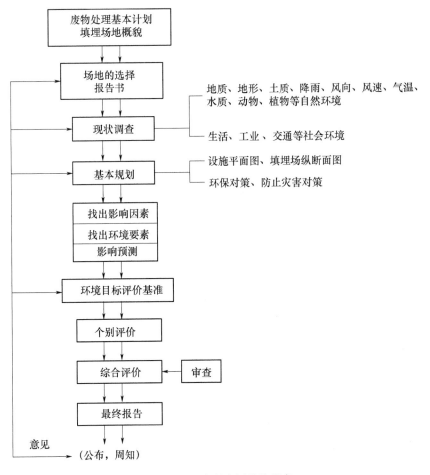

图 4-5 环境影响评价的程序

4.2.3 环境影响评价内容

　　根据环境影响评价的程序，首先要确定场地的环境影响因素和环境要素。然后根据两者之间的关系进行分析比较，确定环境影响评价的主要内容，卫生填埋场的环境影响因素与环境要素之间的关系列于表 4-4。从表 4-4 中可以看出，环境影响因素主要会对水文、噪声及振动等环境要素产生影响。因此，卫生填埋的环境影响评价，除包括"基本建设项目环境保护设计规定"所规定的项目外，评价的内容还应包括：①场地的选择是否合理；②淋洗液的环境影响；③噪声及振动问题；④释气及恶臭问题。

表 4-4 环境影响因素与环境要素之间的关系

环境影响因素	环境要素																		
	水文	水质	淤泥	水生生物	地形	地质	土壤	大气	局部气象	气味	动物	植物	交通	噪声及振动	风景	娱乐场所	文化古迹	农作物	渔业
建筑机械车辆								C					A	A					
挖掘	B	A	B	B	B	A					C	B			C		B		C

续表

环境影响因素	环境要素																		
	水文	水质	淤泥	水生生物	地形	地质	土壤	大气	局部气象	气味	动物	植物	交通	噪声及振动	风景	娱乐场所	文化古迹	农作物	渔业
填埋	B	A	B	B	B	A					C	B			C		B		C
施工	B	A	B	B	B	A													C
废弃物运进							C						A	A	C	C			
破碎作业							B	C						A					
填埋作业							A	C						A					
管理		C	C	C										C					
清除		B								B									
废弃物储存	A	A			A	A	A	C		C		B			B	C			B
污水储存	A	B								B						C			
淋洗液处理	B	A	B	B						C					C	C		B	B
封场	A	A	B	B	A	A	A	A	B	C	A	B	B	A	B		C	B	B

影响程度：A——严重，应着重研讨；B——中等，应简要研讨；C——轻度，一般不研讨。

1. 场地的选择是否合理

卫生填埋场场地环境影响评价的关键是场地的选择评价。如果场地本身不符合标准规定，那么对其他项目也就不必再评价了。场地的选择评价主要是看场地是否符合卫生填埋场地选择标准。例如：场地的容量是否足够大；场地是否避开地下蓄水层；是否避开居民区和风景区；是否避开地震区、断层区、溶盐洞及矿藏区。其中重点的评价要素是场地的水文地质评价。

地质评价研究包括地形、地质、土体的力学性质与稳定性研究。土体的力学性质参数包括强度参数、渗透系数等。对土体的离子交换吸附容量及土体中各种污染的本底值，也需要通过试验测定，填埋场场地的衬垫一旦发生渗漏，这样才能预测淋洗液释出迁移的速度和距离，土体自净衰减效率及土体的最大容量。土体稳定性研究是根据场地的地质构造，预测由于场地的挖掘施工、废弃物的填埋操作、地表径流的控制与活动对场地稳定性产生的影响。此外，还要考虑填埋场地基是否因废弃物的填埋产生沉降变形、填埋场的结构是否发生破坏等。

只有场地的选择符合选址标准，以及场地地质构造、土体的各项参数满足要求，才能说明场地的选择是合理的，场址适宜于作为卫生填埋场。

2. 淋洗液的环境影响

卫生填埋场正常运营的关键是淋洗液的污染控制问题，因此淋洗液的环境影响评价是卫生填埋场环境影响评价的重点，通常卫生填埋场的淋洗液主要来源于地下水的渗入、降水、地表径流的渗入、垃圾分解水分四个方面。

同降水量相比，垃圾产生的分解水量是很少的。如果场地的选址合理，场地底部远在地下水位之上，则地下水渗入问题也可以不予考虑。因此重点是降水和地表径流问题。淋洗液产生量的计算是淋洗液环境影响预测评价的重要环节，其计算方法主要有实测法、理论法和经验公式法，淋洗液数量确定之后，即可根据填埋场的结构特点进行评价。因此，只需评价对填埋场衬垫结构的安全性及淋洗液释出对环境的影响。

对填埋场淋洗液产生数量可采用下面两种方法计算。

（1）年平均降水量法

这是一种预测浸出液产生量的近似计算方法，即根据多年的气象观测结果，把年平均日降水量作为填埋场平均每天产生的浸出液量的计算依据，计算公式为

$$Q = \frac{1}{1000} \cdot C \cdot I \cdot A \tag{4-1}$$

式中　Q——日平均淋洗液量（m^3/d）；

　　　C——流出系数（%）；

　　　I——日平均降雨量（mm/d）；

　　　A——填埋场集水面积（m^2）。

流出系数与填埋场表面特性、植被、坡度等因素有关，一般为 20%～80%。

（2）n 年概率降水量法

n 年概率降水量法是一种实测的经验方法，该法的计算公式为

$$Q = \frac{10^{-3} I_n \{ (d \cdot \lambda \cdot S_s + S_a) \cdot K_r + [(1-\lambda) \cdot S_s]/D \}}{N} \tag{4-2}$$

式中　Q——日平均浸出液量（m^3/d）；

　　　I_n——n 年概率日平均降水量（mm/d）；

　　　S_s——场地周围集水区面积（m^2）；

　　　S_a——填埋场场地面积（m^2）；

　　　λ——地表流出率，一般为 0.2～0.8；

　　　d——场地外地表径流流入率；

　　　K_r——流出系数，$K_r = 10^{-2} (0.002 I_n^2 + 0.16 I_n + 21)$；

　　　D——集水区中心到集水管的平均时间（d）；

　　　N——降水频率。

（1）衬垫结构的安全性

衬垫结构的安全性要根据淋洗液数量评价衬垫厚度是否能满足设计要求。根据达西定律，通过单位面积衬垫的淋洗液数量与衬垫的渗透系数、衬垫之上淋洗液高度成正比，与衬垫厚度成反比，计算公式为

$$Q = -K \cdot A \cdot \frac{\mathrm{d}h}{\mathrm{d}l} \tag{4-3}$$

式中　Q——单位时间渗出的淋洗液量（m^3/d）；

　　　K——渗透系数（m/d）；

　　　A——淋洗液流过的横断面面积（m^2）；

　　　$\frac{\mathrm{d}h}{\mathrm{d}l}$——水力梯度，$\frac{\mathrm{d}h}{\mathrm{d}l} = \frac{H+L}{L}$；

　　　H——衬垫之上淋洗液高度（m）；

　　　L——衬垫的厚度（m）。

影响填埋场衬垫结构安全性的关键因素是衬垫之上淋洗液高度，因此填埋工程最好

设计有淋洗液的排泄和收集系统。

（2）淋洗液对环境的影响评价

淋洗液对环境的影响评价主要包括两个方面：通过处理后的淋洗液对环境的影响评价；当发生淋洗液泄漏事故时对环境的影响评价。在评价时应结合场地的水文地质条件进行评价。

经过处理后的淋洗液对环境的影响评价，主要是评价经过处理后的淋洗液达到排放标准后，排放后能否污染环境，环境容量能否允许。当发生淋洗液泄漏事故时对环境的影响评价，主要评价衬里破裂后淋洗液在土壤中的渗透速率、渗透方向、距离，土壤的自净效果及对地下水的影响，以及采取何种措施进行补救，补救的效果如何。

3. 噪声及振动问题

噪声及振动评价是对填埋过程产生的噪声及振动进行评价。填埋过程主要包括废弃物运输、场地施工、填埋操作、封场几个阶段。评价时首先要进行噪声源调查，明确噪声的来源，然后根据噪声源的特点进行噪声声压级预测，看其能否符合噪声控制标准，会对附近居民产生何种影响，应采取什么措施或减振防噪，以及措施实施后的效果如何。填埋场的噪声既包括交通噪声又包括建筑施工噪声。

4. 释气及恶臭问题

对卫生填埋场地，必须进行释气及恶臭对环境的影响评价。释气评价要根据处置废弃物的种类确定气体的产率、产生量、气体的组分，要明确排气系统结构，评价排气系统的可靠性，排气利用的可能性，以及排气对大气的影响。恶臭评价主要是评价运输、填埋操作过程及封场后的影响。现场调查时可连续或间歇测定臭气的种类、平均浓度及发生量。评价时要根据废弃物的种类预测各阶段臭气的产生位置、种类、浓度及其对环境的影响，同时提出相应的防臭措施。

4.3 污染土的检测与监测

污染土现场勘察的目的在于确定污染场地在区域、污染运动的方向和速率，最终是为了获取场地的地质条件和污染分布的数据，用于确定污染问题的范围处置方案，以降低污染的影响。场地的初期勘察对有关设计起了重要作用。地下土层与污染情况的可视化识别技术是必备的技术之一，依据室内试验和现场试验确定污染土的特征和污染范围及有关的关键参数。

4.3.1 污染土的可视化识别

第一阶段的调查包括编写研究报告、现场情况描述、场地周围的居民情况。在这一阶段，遥感技术可用来定义场地的范围、地貌、废弃物储藏的类型等。一些空中监测技术可给出地表的特征与征兆，这方面的调查工作很重要，可在现场工作阶段之前进行。研究结果将提供包括对现场工作人员保护，以及观察到的一些特殊情况。例如：

（1）场地特征（蒸发、周围设施腐蚀性）。

（2）地下水、地下土特征（颜色、气味、腐蚀等）。

（3）水网条件（流速、气味、水泡、温度等）。

1. 地下土层颜色

对同一层土，它的颜色在水平方向可能存在差别。土的颜色可能继承母岩的颜色或由风化产生的颜色，或可能由于有机材料周围环境和温度变化引起的颜色差。许多情况下，水被污染，产生多种颜色。土的颜色可通过取样来确定，由土的颜色变化可得出一些有用信息，如氧化、敏感性等信息。

2. 土和水的气味

新鲜、潮湿的土通常有明显的有机质分解的气味，当潮湿的土样加热后这种气味更浓。气味可以用来区别固体中的气体，这些气体包括绿黄色有刺鼻气味的氯气，无色的有刺鼻气味的氯化氢气体，具有高毒腐坏鸡蛋味的硫化氢气体，有毒窒息氨气气味的二氧化硫气体。在自然界里还存在一些高毒性气体或工厂副产品的无色无味气体，如一氧化碳气体。气味本身并不能用于气、水、土的识别分类，然而由气体气味来分析源体是有用的。

4.3.2　利用参数表征污染土

土对局部环境很敏感，辅助参数包括离子交换换能力、土的吸附和吸收特征、土的比表面积等。

1. 离子交换能力

Winerkom 和 Baver 将离子交换能力定义为 $SiO_2/（Al_2O_3＋Fe_2O_3）$ 的比值（M）。这个参数对识别描述天然土沉积特征和黏土矿物是一个有用参数，M 随黏土含量和离子交换能力增加而增加。沉积土的 M 越高离子交换能力越强，对环境越敏感，也更易吸附污染物。

2. 土的吸附和吸收特征

土的吸附速率是土吸入能力的标志，它包括吸收和吸收现象。吸收是一个机械过程，吸附是物理、物理-化学过程。吸收和吸附现象对污染的评价是很有用的，然而在岩土工程方面，其吸附性质不大采用，因为在土-水体系中吸附性质很难测量。

3. 土的比表面积

土的比表面积是单位土粒体积的表面积，是土颗粒的函数，在通常情况下，土-水体系中发生的相互作用与土粒大小密切相关，土粒越小，则这种相互作用的量就越大。

4.3.3　污染土的特征描述方法

只要土体有黏土和胶结成分存在，即使黏土和胶结成分占比很小，它们与环境交换能力的贡献也可能超过整个固体表面的贡献。土与孔隙流体两者之间相互作用的强度和类型取决于接触面的化学成分和物理化学性质。

土对环境的敏感性不仅取决于局部环境，而且受黏土矿物结构的影响，如黏土矿物颗粒间的联结特征、离子交换能力等。黏土颗粒间的联结力比较弱，离子交换能力比较强，土颗粒对环境就比较敏感。如蒙脱石对环境的敏感势就超过伊利石和高岭石，因为蒙脱石具有较大的表面、联结力弱、离子交换能力强。图 4-6 给出了污染敏感势指数与土颗粒大小的关系，随着颗粒减小，污染敏感性将增加。表 4-5 也说明这一点，黏土成分增加，污染敏感势明显增加。

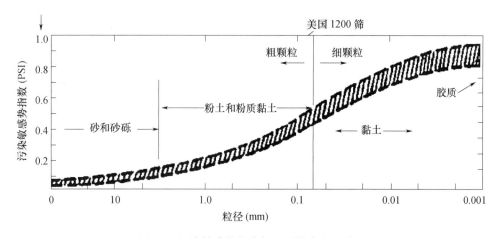

图 4-6　污染敏感势指数与土颗粒大小的关系

表 4-5　污染敏感指数和土粒比表面积反映污染土的分类

PSI	土类型	大小（cm）	比表面积（cm²/cm³）	敏感性
0～2	砾石	0.2～8.0	15～0.125	很低
2～4	砂	0.005～0.2	600～15	低
4～6	粉土	0.0005～0.005	6000～600	中等
6～8	黏土	0.0001～0.0005	30000～6000	高
8～10	胶粒	<0.0001	>30000	很高

4.3.4　原位测试

目前应用最普遍的污染监测工具是地表监测井，典型的井网布置在饱和带中，对非饱和带或渗流带，可采用其他技术。另一种典型设备可用于现场：触探仪。触探仪有两种主要作用，一是确定现场土的类型，二是用于网格状的探测，可确定场地污染情况。

1. 监测井

设置监测井的目的是通过监测或测定地下水的水质、水位变化情况，可以获取有关的水文地质资料，取样或监测可用来确定污染与否及粒子成分浓度。监测井由一定长度的管子从地表延伸到目的承压水层。

对每个地下水污染源监测井的布置应不少于四个，其中三口井布在源头梯度下降区，一口井布置在梯度上升区。梯度上升井用于评价场地地下水的背景特征，梯度下降井用来检测污染辐射趋势。监测井这样布置可能比较简单，具体布设可依据当地的水文地质条件和污染流动方向按区块布置，实际现场不可能如此简单。蓄水层水的深度、流动特征、在饱和带或非饱和带中，都将影响污染的运动。高导水率的蓄水层很可能形成带形、细长状的污染区，低导水率的蓄水层形成较宽的污染区，因此一定要了解该地区水文地质条件、可能的污染运移途径，这样才能确定最佳的监测井井位。

2. 静力触探

污染场地的调查和污染场地中污染土的位置的调查，为静力触探找到了新的用途，如调查土层条件、土污染的位置。要实现这一功能只需在触探头上安装一个传感器，这个传感器可以测量土的电性。最好的办法是让传感器与土直接接触，就像触探的钻杆穿透土层，这样就可以测得土的电性参数。这样的触探有两个作用：力传感器测量确定土的强度；化学传感器探测孔隙水中离子的污染情况。如土中的水是新鲜水，则土体的电阻率差异主要是由黏粒含量变化引进的，土的电阻率传感器可以用来确定土的黏粒含量和孔隙水电导率。电阻率传感器的功能可确定污染的位置和孔隙水的污染程度。孔隙水中的离子污染很容易用电阻率传感器检测，但非离子污染（如氢类污染）电阻率传感器难以奏效。下面是不同改进类型的传感器。

（1）电阻力孔隙水压静力触探（RCPTU）

RCPTU（图4-7）的一个优点是可进行连续的电阻率测定。采用分离式的电极测量，电极间距在10～150mm之间变化。新型RCPTU使用BAT孔隙水取样器，可以测定水质。探测器安放在指定深度获取水样进行化学分析，提供给现场进行污染区的电阻率测量。RCPTU提供的触探锥端阻力、孔隙压力、比贯入阻力、电阻率，可确定场地污染的深度。

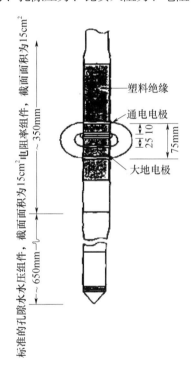

图 4-7　电阻力孔隙水压静力触探（RCPTU）示意图

（2）电导率静力触探

渗流带（非饱和带）由土粒水和气混合组成。水吸附在土粒表面和颗粒间的小毛细空间。孔隙气与大气相通，渗流带除需对水分进行化学分析外，还需要用特殊材料进行渗水性测定。

3. 地球物理现场调查

采用合适的地球物理方法进行废弃场地检测将是非常有效的，尤其是大范围的勘察。地球物理方法主要用于初步勘察，提供填埋场范围内的地层数据资料、地下水的分布和土层结构，它们通常为详细调查工作提供基础资料，如根据地球物理勘察资料确定钻孔位置、孔隙水压力计设置和污染分析等。为了准确分析地球物理勘察的成果，通常必须了解土层结构，建议还应采用钻探资料进一步验证。

（1）电阻率法

土性分析、水文地质调查中最常用的地球物理方法就是直流电阻率法。直流或低交流电阻率法通过两个电极插入土层供电，同时测量两探测端的电位差。采用直流电阻率法的目的：获取电阻率成图；进行土性调查。电阻率场调查，应结合其他补充方法或钻探提供如下信息：

- 浅层地质资料；
- 岩石露头地貌；
- 地下水的位置；
- 地下水的深度与分布；
- 土层结构、构造分布；
- 地基的裂隙、沟渠；
- 基岩的风化与分布；
- 废弃填埋的垂直水平分布范围。

如果土层和地下水之间存在适宜的电导率差，采用直流电阻率法是最好的，应注意到孔隙流体的传导率将起到决定作用，对污染区域形状的检测和成图，直流电阻率法是最适用的。图4-8给出了填埋场淋洗液渗漏的直流电阻率法探测实例。

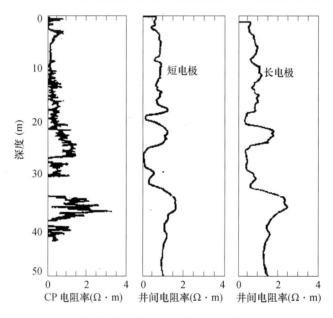

图 4-8　填埋场淋洗液渗漏的直流电阻率法探测实例

（2）感应电磁法（IEM）

感应电磁法通过交流电流在地下激发产生周期电磁场的测量方式来实现的，这一方法对证实或确定地下埋藏物体（异常体）的位置特别有效。

（3）反射电磁场法（REM）

反射电磁场法（如常见的地质雷达）就是反射电磁场法。通过发射电磁脉冲传到土层中，接收到土层边界（层分界面）上散射和反射信息，设定仪器水平向的移动速度为1m/s，可以获得间距为10cm的高分辨率的雷达图像。REM数据的数字化分析与地震方法相似。与电阻率法相比，REM测量可快速检测到土层结构的横向变化。然而，如果疏松黏性土层厚度超过0.5m时，电磁波将难以穿透，该方法的应用将受到一定限制。REM仪器由地表的接收装置和无线发射装置组成。REM可用于工业区、老填埋场、单个独立埋藏物的检测，包括：

- 建立垃圾处理场场地的边界；
- 确定近地表的空洞、构造；
- 电力线等管线的检测；
- 确定地表土层位置。

（4）折射地震学

折射地震学包括标准的地震勘探技术。这些方法假定地震在水平层的传播速度比在垂直层中的传播速度快。如果地层中有低速层存在（如Karst地层），折射法将不适用。它主要适用于确定岩层露头的深度和形态，也适用于浅层埋藏物和废弃填埋场的检测。

（5）井中地球物理

井中地球物理方法主要用于大范围的土层检测或一般水文地质勘察资料的校正目的，这样使探测井或现场勘探可能更准确。因此，它是一种最佳勘察技术，也是花费最高的。井中探测技术中黏土层可明显区别其他岩性层。

4.4　填埋场工程的生态环境保护

填埋场工程建设为了尽量避免对生态环境影响或把影响降低到最小限度，从技术上和管理上会有很大潜力可挖，在这方面特别要认真学习西方国家对填埋场的建设已积累的经验。在当前我国已建成的一些垃圾填埋场对整体设计分期施工的建设思想认识不够，因为往往是填埋场业主把工程按设计交给建设单位，建设单位按设计施工建成，经验收就直接交给使用单位，然后建设单位撤离。在这种情况下，一下子就把服务20年或更长时间的填埋场由建设单位在短时间内全部建成，而填埋作业是缓慢地一年一年地进行的。正像北京市某垃圾填埋场那样，目前已把10年后可填埋到位的第三个台阶上的HDPE塑料板铺设完成，那么这个台阶的HDPE塑料板至少要裸露被风化10年后才能发挥效益，很显然它的寿命至少缩短了10年。除此之外，更重要的是能在10年后涉及的作业地段当前已把植被剥离，这是提前破坏了生态环境。这就是我国当前填埋场建设中存在的最严重问题，设计和施工都没有从生态环境保护的角度考虑问题。

按国外对填埋场的建设经验，一般填埋场的业主要拥有两套队伍，一是建设队伍，二是垃圾填埋作业队伍。由于填埋场选址难，所以填埋场的服务时间都较长，至少20年。在这20年中始终是边建边作业，建设队伍建好一块，由作业队伍进行经营填埋，被填埋到设计高度的地块，再由建设队伍来进行封顶并开展生态复垦工作，因此在填埋场服务的20年间，建设—填埋—生态复垦始终这样交替前进。这样占地面积较大的填埋场空间，对生态环境的破坏仅是一小部分，并且在尽量短的时间内（2～3年）又可恢复。同时又避免了建筑材料寿命上的损失，以及资金的提前投入。

4.4.1 填埋场工程的生态环境保护

1. 水土流失的保护措施

在垃圾填埋场建设过程中水土流失是较大的生态环境问题，但是也可采取很多措施避免或减轻，主要有以下几方面措施：

（1）控制开挖面积，减小原始植被的剥出率，减小裸露土壤层的面积。以上这些措施要通过精心设计和合理管理才能实现。

（2）加强填埋场周边的防洪措施管理。特别是降雨量大的地区，应在填埋场周边按地形等高线开挖防洪沟渠，尽量在雨期把场外的地表径流和汇水堵截在防洪沟渠里排出，尽量禁止流入场内。

（3）陡边坡部位如果由软土组成，应进行夯实，铺沥青层或水泥喷浆层，使其硬化，抵抗水的冲蚀，或者用薄膜或其他物质覆盖来控制水土流失。最好采用生态护坡技术防止水土流失。

（4）在场内或边缘暂时不用的空地进行绿化，野生植物地域可任其自然生长，待需要时再将植被清理。

2. 生态林的建设

填埋场的场地如果位于城市较近或交通干线周围，在填埋场作业或垃圾运输时会暴露在过往人群的视野里，应在填埋场外围建设生态林带，选择那些生长速度快、高大的树种营造生态林，这样可以利用生态林带作为屏障，遮掩填埋场垃圾作业的不利景观，而且起到防风、防尘、防噪声等多种功能。特别是在进场的垃圾运输的道路两侧或至少在面向填埋场的一侧营造高大的生态林，形成生态景观。如华南某市垃圾填埋场，在10年前就被城市包围，变成了市中心区。在这种情况下，在填埋场周边大量营造生态林来作为防护屏障，在它没有搬迁可能的前提下，则是一个非常好的应急措施。

3. 生态环境保护管理措施

固体废弃物安全填埋场的建设在我国刚刚开始，在21世纪填埋场这类环保工程会在我国城市大量出现。如何使这项工程达到环境保护的目的，取得社会和经济效益，则要解决许多问题，其中首先要解决管理问题。对填埋场的生态环境保护管理应采取如下措施：

（1）在强调执行国家和地方有关自然资源保护法规与条例的前提下，制订并落实垃圾填埋场生态影响防护与恢复的监督管理措施。

（2）要制订并实施对填埋场项目的生态监测计划，发现问题特别是发现重大问题，要报告给上级主管部门和环保部门，以便得到及时处理。

（3）在填埋场管理上要设置生态环境保护方面的人员或队伍，专职负责植树造林、养花种草等生态恢复工作。

（4）在生态环境保护管理方面要有长远规划，并有专门领导负责，分别规划出填埋场的运营期和封顶生态复垦期，按年度制订生态环境保护规划，并投入一定的人力、物力和财力按计划实现，至少应使填埋场作业结束并无后顾之忧。

4.4.2　填埋场封顶生态恢复工程

填埋场作业结束封场后的土地生态复垦利用会引起人们的广泛关注，根据西方国家的经验，人们起初只是用绿地覆盖，或者种植一些草本植物或形成灌木林。后来也有人利用封场的面积建垃圾沤肥场，还有人逐渐把它改造成农田、牧场、高尔夫球场、公园等。据新闻媒体报道，我国上海位于长江口附近的老港垃圾填埋场封场后已在上面建设了花卉种植园，已取得很好的经济效益。

根据填埋场封场后的土地利用计划，首先应对填埋场的复垦层结构进行筛选。填埋场封场复垦层（在德国称之为表面密封层体系）一般结构如图 4-9 所示。

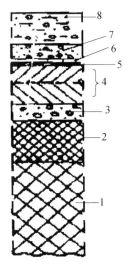

图 4-9　表面密封层体系（封顶层结构）

1—废弃物体；2—平衡层；3—排气层；4—矿物（黏土）密封层；

5—HDPE 塑料板密封层；6—土工布保护层；7—排水层；8—种植层

从该图所示的结构由下至上为：

（1）废弃物体（或原始垃圾体）。

（2）平衡层：利用土状的建筑垃圾或其他细颗粒垃圾（灰渣或炉渣等物）铺垫成，一般厚度为 20～30cm，主要利用这些物质将垃圾体覆盖，并把表面找平。

（3）排气层：在该层铺设有水平导气管，垂直排气管要与它联系，把可利用的沼气输送到储气罐，再分配给用户。该层由粒径为 16～32cm 的砾石组成，一般厚度为30～40cm。

（4）矿物（黏土）密封层：由 $K < 10^{-8}$ m/s 的黏土组成，厚度为 0.5～0.75m。目前在德国已用膨润垫来代替，在起到同样效果的前提下显著缩小了厚度。

（5）HDPE 塑料板密封层：板厚为 2.5mm。

（6）土工布保护层。

（7）排水层：由 16～32mm 的砾石或碎石组成，在其内铺设水平集水管，地面降雨入渗量在该层尽量全部输导出去，因此封场后的填埋场垃圾渗滤液明显减少，甚至无渗漏液的形成，其主要原因是表面排水层起到疏水的功能。

（8）种植层：由生长土层、表土层等不同结构组成，一般厚度至少为 1m。这一层要根据土地利用目的选择种植什么样的作物，并根据这种作物对土质、根系发育等多种生长条件的要求，进行生态复垦设计。

总之，垃圾填埋场封场后的土地利用、生态环境恢复要与城市的发展规划、土地的开发利用、农业或林业的发展相结合，进行统一规划和有效使用。特别是位于山谷里的填埋场，当封顶后出现较平坦而开阔的地表形态时，会创造出更新颖的利用价值。

填埋场封场后的生态恢复并不是一个简单的问题。一定要在植物种类选择上下功夫，尽量根据当地的气候特征选择易生长的植物，因为有些植物受填埋场释放的气体影响不容易成活，特别是当地土壤中 CH_4 含量较高时，则要注意选择有抗 CH_4 的物种。综上所述，填埋场的生态环境恢复是必须进一步探讨和加强研究的课题。

课程思政：思政教育润物无声

城市生活垃圾的治理已成为我国各大城市的重大环境问题，大约 75％的城市生活垃圾采用填埋方式。城市生活垃圾卫生填埋场的设计理论及工程技术问题日益受到人们的重视，其中关键一环是填埋场地的勘察与监测工作。教师应通过教学使学生在政治思想上爱党爱国爱岗、敬业奉献、诚实守信、遵纪守法，认真做好本职工作，筑牢城市生活垃圾卫生填埋场污染防线，确保绿水青山，造福子孙。

教学可采用师生互动式的教学法，结合岩土工程专业的热点问题，让学生展开辩论或者讨论，开展模拟会场辩论，让同学们增强对国家和民族的自豪感，以及对环境保护的使命感和责任感，起到思政教育润物无声的效果。

5

现代卫生填埋场的设计与计算

5.1 概　　述

　　现代卫生填埋工程是安全、有效处置城市固体废弃物的一种方法。它是将固体废弃物铺成一定厚度的薄层加以压实，并覆盖土壤。一个规划、设计、运行和维护均很合理的现代卫生填埋工程，必须具备合适的水文、地质和环境条件，并要进行专门的规划、设计，严格施工和加强管理，严格防止对周围环境、大气和地下水的二次污染。

　　城市固体废弃物一般包括工业垃圾、商业垃圾和生活垃圾。一个现代化城市的固体废弃物每天有数十吨，经过分选以后，极大部分均要集中堆放到某一场地。一个开敞的、没有严格控制措施的垃圾堆，将是一个巨大的污染源，其淋洗液会污染地下水或附近的水源；排出的气体会污染空气，有时还有毒；丑陋的外形也大大影响城市美好形象。所有这些在一个规划、设计、运行和维护均很合理的现代卫生填埋工程中都是不存在的。一个现代卫生填埋工程必须进行合理的规划、选址、设计，严格施工并加强管理。为严格防止地下水被污染，还必须设有一个淋洗液的收集和处理系统，提供气体（主要是沼气、二氧化碳）的排出或回收通道，同时对淋洗过程中产生的水、气和附近地下水进行监测。此外，一些沿江、沿河城市的现代卫生填埋工程必须达到能抵御百年一遇以上洪水的设计标准。

　　一个现代卫生填埋工程应主要由组合衬垫系统、淋洗液收集和排除系统、气体控制系统和封顶系统组成。图 5-1 为某城市固体废弃物填埋场剖面图。

　　城市固体废弃物填埋场的规划内容（图 5-2）应包括：填埋场地形、地层级配、填埋单元图、场地大小和单元之间的通道、衬垫系统、淋洗液排泄和收集系统、气体流通系统、封顶级配、封顶剖面图、雨水管理系统、环境监测系统等。

　　不同填埋单元之间的相互联系和填埋次序在填埋场设计中十分重要，根据这些单元如何组合，从几何外形来看，一般可将填埋场的形式分为四种（图 5-3）。

　　（1）面上堆填：填埋过程只有很小的开挖或不开挖［图 5-3（a）］；通常适用于比较平坦且地下水埋藏较浅的地区。

　　（2）地上和地下堆填：填埋场由同时开挖的大的单元双向布置组成，一旦两个相近单元填起来了，它们之间的面积也可被填起来［图 5-3（b）］；通常用于比较平坦但地下水埋藏较深的地区。

　　（3）谷地堆填：堆填的地区位于天然坡度之间［图 5-3（c）］；可能包括少许地下开挖。

（4）挖沟堆填：与地上和地下堆填相类似，但其填埋单元是狭窄的和平行的［图 5-3（d）］；通常仅用于废弃物比较小的情况。

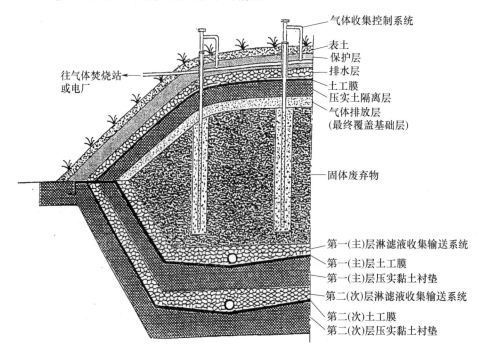

图 5-1　某城市固体废弃物填埋场剖面图

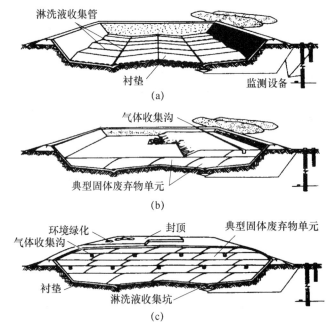

图 5-2　城市固体废弃物填埋场规划内容

（a）堆填单元的地基和淋洗液收集系统；（b）填埋场固体废弃物的堆填过程；

（c）封顶和气体收集系统

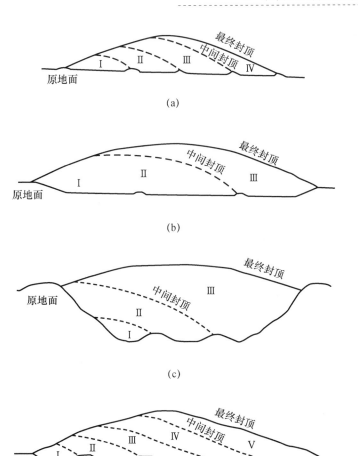

图 5-3　固体废弃物填埋场的四种类型

（a）面上堆填；（b）地上和地下堆填；（c）谷地堆填；（d）挖沟堆填

5.2　防渗衬垫系统的设计

5.2.1　防渗衬垫系统的基本要求和设计原则

　　城市固体废弃物填埋场是控制固体废弃堆填物的一种方法，其填埋地点必须能防止地下水污染、有利废气排放，并有一个渗滤液收集系统和能对场地周围的地下水和气体进行监测。填埋场所有系统中最关键的部位是衬垫系统，位于填埋场底部和四周侧面，是一种水力隔离措施，用来将固体废弃物和周围环境隔开，以避免废弃物污染周围的土地和地下水。

　　衬垫系统的作用是防止填埋场有害的淋洗液下渗污染地下水及其附近的土壤，填埋场的衬垫大体可分为压实黏土衬垫系统和复合衬垫系统两大类。填埋场为了保护地下水，可以从两个方面实现：一是在选择场地时，应按照场地选择标准合理选址；二是从设计、施工方案及填埋方法上实现，如采用防渗的衬里、建立淋洗液收集监测处理系统等。

1. 防渗衬垫系统的基本要求

（1）我国《生活垃圾卫生填埋处理技术规范》（GB 50869—2013）和《生活垃圾填埋场污染控制标准》（GB 16889—2008）均要求卫生填埋场设有防渗衬垫，不管是天然的还是人工的，其水平、垂向两个方向的渗透率必须小于 10^{-7} cm/s，其抗压强度必须大于 0.6MPa。

（2）因垃圾成分复杂，填埋后生物降解的速度很慢，大约需要 100 年，所以工业先进国家要求用作卫生填埋场防渗衬垫的材料必须进行抗百年的加速老化试验。

因为防渗衬垫和排水层具有一定的强度，所以在设计填埋场底层时，必须考虑好渗滤液流出所必需的坡度。填埋场底层承受着防渗衬垫和垃圾填埋所有压力，必须牢牢压实，以便将来发生不同形式的沉降都不会破坏防渗衬垫。填埋场底层的沉降压力必须保持均匀稳定。

2. 衬垫材料的选择

适于做土地填埋场的衬垫材料主要分为两大类：一类是无机材料；另一类是有机材料。有时也把两类材料结合起来使用。常用的无机材料有黏土、水泥等；常用的有机材料有沥青、橡胶、聚乙烯、聚氯乙烯等；常用的混合衬垫材料有水泥沥青混凝土等。衬垫材料的选择与许多因素有关，如待处理废弃物的性质、场地的水文地质条件、场地的级别、场地的运营期限、材料的来源及建造费用等。无论选择哪种衬垫材料，都必须预先做与废弃物相容性试验、渗透性试验、抗压强度试验等。

3. 衬垫系统的设计原则

衬垫系统是地下水保护系统的重要组成部分，除具有防止淋洗液泄漏外，还具有包容废弃物、收集淋洗液、监测淋洗液的作用，因此必须精心设计。衬垫系统设计原则如下：

（1）衬垫和其他结构材料必须满足有关标准。

（2）设置天然黏土衬垫时，衬里的厚度至少为 1.5m，渗透系数不得大于 1×10^{-7} cm/s。

（3）设置双层复合衬垫时，主衬垫和备用衬垫必须选择不同材料。

（4）衬垫系统必须设置收集淋洗液的积水坑，容量至少能容纳三个月的淋洗液量，且不小于 $4m^3$。

（5）衬垫应有适当坡度，以使淋洗液凭借重力即可沿坡度流入积水坑。

（6）衬垫之上应设置保护层，可选用适当厚度的可渗透性砾石，也可选用高密度聚乙烯网和无纺布，保证淋洗液迅速流入积水坑；HDPE 的规格不得小于 $600g/mm^2$，厚度不得小于 1.5mm；GCL 的渗透系数不得大于 5×10^{-9} cm/s，规格不得小于 $4800g/mm^2$。

（7）在可渗透保护层内也可设置多孔淋洗液收集管，使淋洗液通过收集管汇集到积水坑中。

（8）积水坑设有淋洗液监测装置。

（9）设置淋洗液排出系统，定期抽出淋洗液并处理，以减小衬里的水力压力。

（10）设置备用抽水系统，以便当泵或立管损坏时抽出淋洗液。

5.2.2 压实黏土衬垫系统的设计

压实黏土被广泛用作填埋场和废弃堆积物的衬垫，也可用来覆盖新的废弃物处理单元和封闭老的废弃物处理点。在美国，大多数压实黏土衬垫和覆盖的透水性小于或等于某一指定值。例如，包容有危险品（有毒）垃圾、工业垃圾和城市固体废弃物的黏土衬垫或覆盖，其透水率通常应小于或等于 1×10^{-7} cm/s。

黏土的物理性质与其含水状况关系很大，作为主要的填埋场衬垫，必须满足一定的压实标准以保护地下水不被淋洗液污染。一般来说，衬垫应填筑成至少 60cm 厚且其透水率小于 1×10^{-7} cm/s 的压实黏土层。为了满足这个要求，对压实黏土衬垫的设计和施工应采取下列步骤：①选择合适的土料；②确定并满足含水量、干密度标准；③压碎土块；④进行恰当的压实；⑤消除压实层界面；⑥避免脱水干燥。

对衬垫土料的主要要求是有恰当的低透水性，在选择合适的衬垫土料时要求细粒含量在 20% 以上，塑性指数在 10~35 较为理想，砾粒含量不超过 10%，而粒径在 2.5~5cm 的石块应从衬垫材料中除去。

研究表明压实功能及含水量对压实黏土透水性起控制作用，如图 5-4 所示。

根据压实曲线和对应的渗透试验可以得到图 5-5（a），图中阴影表示渗透系数小于或大于 1×10^{-7} cm/s，即认为该阴影范围内含水量和干重度对应的点能满足固体废弃物填埋工程对衬垫渗透系数的要求，这一范围被称为理想带。

理想带还可根据其他设计要求如抗剪强度等加以修正，为了限定压实试验曲线理想带的范围，使之既满足透水性又能满足抗剪强度等其他因素的设计标准，通常还要进行必需的附加试验。图 5-5（b）表示分别根据透水性和抗剪强度限定的理想带，并重叠形成一个单一的理想带，同样的办法也可用来考虑其他任何一项与特殊设计有关的因素。

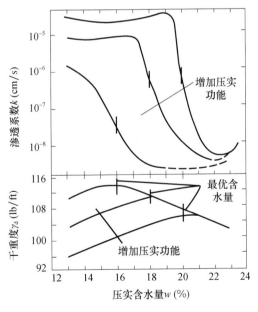

图 5-4 压实功能及含水量对压实黏土透水性的影响

注：1lb=0.545kg，下同；1ft=0.3048m，下同。

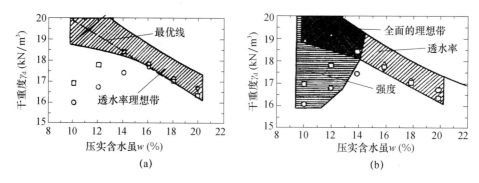

图 5-5　根据渗透系数确定防渗层压实性状

(a) 按渗透系数确定的理想带；(b) 按渗透系数和抗剪强度确定的理想带

关于压实方式，Mitchell 等发现揉搓压实的方式比其他压实方式更能得到低的透水率，建议使用羊脚碾，因为"羊脚"能更好地重塑土块。黏土衬垫施工时，如果新的填土直接倒在原来压实层没有经过扒松的表面上，两层填土的界面会形成一个高透水率、低强度的地带。经过衬垫流动的水分就能通过此界面迅速扩展到下层填土中去。为了避免形成界面水流，先填的压实层表面应在加下一层填土之前预先扒松。每层松散倒土厚度为 20～30cm，压实后的厚度为 15cm。使用全贯入羊脚碾可将新的填土直接压入老的填土中去。

当然黏土的渗透系数除受到压实功能、压实含水量、最大干重度影响外，还受到其他因素的影响，如土块大小对压实黏土的透水性有较大影响，衬垫的防渗入性能还受到压实层界面处理方法和衬垫因失水而干裂等因素的影响。

5.2.3　填埋场复合衬垫系统的设计

填埋场工程中衬垫系统是最关键的部位。随着工程技术的发展，用于固体废弃物填埋物的衬垫系统也在不断改进。在美国，1982 年前主要使用单层黏土衬垫，1982 年开始使用单层土工膜衬垫，1983 年改用双层土工膜衬垫，1984 年又改用单层复合衬垫，1987 年后则广泛使用带有两层淋洗液收集系统的双层复合衬垫。

压实黏土衬垫广泛用于划分填埋单元和拦蓄废弃物，覆盖新的填埋废弃物和封闭老的填埋场。作为基底衬垫，压实黏必须达到一定标准以防止地下水被淋洗液污染。黏土衬垫至少为 60cm 厚的压实黏土层，其渗透系数低于 1×10^{-7} cm/s，并具有足够的强度。

土工膜是填埋工程中最常用的三种土工合成材料之一（另两种为土工网和土工织物），是一处基本不透水的连续的聚合物薄膜。它也不是绝对不透水，但和土工织物或普通的土甚至黏性土相比，其透水性极小。通过水汽渗透试验测得其渗透系数为 $0.5\times10^{-10}\sim0.5\times10^{-13}$ cm/s，因此，它经常被用作液体或水汽的隔离物。

把土工膜表面压成粗糙的波纹或格栅状的方法，现已得到很快推广。特殊的波纹状或格栅状表面可以增加衬垫与土体、土工织物及其他土工合成材料之间的密合程度而使边坡稳定性得到改善。覆盖在衬垫上的土体因底部摩擦增加而不易滑动，使各种陡峭边坡的稳定安全系数提高。表 5-1 给出通过直剪试验求得的波纹面土工膜和各种材料接触面上的摩擦角和凝聚力。

表 5-1 波纹面土工膜与材料接触面上的最大摩擦参数

土工膜接触的材料	摩擦角（°）	凝聚力（kPa）
排水砂层	37	1.20
黏土	29	7.20
无纺土工织物	32	2.64

复合衬垫由土工膜和一层低透水的黏土紧密接触而成，已广泛用于危险品填埋场和城市固体废弃物填埋场。复合衬垫可克服单层土工膜衬垫存在的缺陷。

图 5-6 表示经过土、土工膜和复合衬垫的渗流模式。如果土工膜上有一个孔洞或接缝处有缺陷，同时底土透水性又很强，则液体极易经孔洞或接缝向下流出。至于无土工膜的压实黏土衬垫，虽然单位面积上的渗流不大，但渗流是在整个衬垫面上都会发生的。而对复合衬垫，虽然液体仍易从土工膜的孔洞中流出，但接着遇到的是低透水性的黏土层，可阻止液体进一步向下渗透，因此可以通过在土工膜下设置低透水土层而将经过土工膜孔洞的渗漏量减至最小。同样，经过黏土衬垫的渗流将因其上盖有紧密接触的土工膜而减少，因为尽管土工膜上存在孔洞或在接触处有缺陷，经过其下黏土衬垫的渗流面积仍将大幅度减小，从而大大减少通过黏土衬垫的渗漏量。

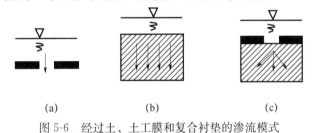

(a)　　　　　　(b)　　　　　　(c)

图 5-6 经过土、土工膜和复合衬垫的渗流模式

（a）土工膜衬垫，通过缺陷的快速渗流；（b）土质衬垫，通过整个衬垫的渗流；

（c）复合衬垫，通过微小面积的渗流

在美国，按照最新的环保法要求，在城市固体废弃物填埋场中广泛使用了带有主、次两层淋洗液收集系统的双层复合衬垫。双层复合衬垫的紧密水力接触如图 5-7 所示。双层复合衬垫从顶到底由下列部分组成：①60cm 厚的砂质保护层；②主层淋洗液收集系统；③第一层柔性薄膜衬垫；④90cm 厚主层（第一层）压实黏土衬垫；⑤次层淋洗液收集系统；⑥第二层柔性薄膜衬垫；⑦至少 3m 厚的低透水性天然黏土基底或 90cm 厚次层（第二层）压实黏土衬垫。淋洗液收集系统由一层土工网和土工织物构成，基底及压实黏土衬垫的渗透系数必须小于或等于 1×10^{-7} cm/s。

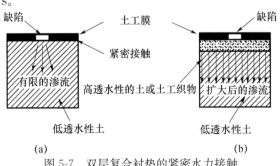

(a)　　　　　　　　　　　　(b)

图 5-7 双层复合衬垫的紧密水力接触

（a）优选推荐；（b）不宜采用

表 5-2 中所有复合衬垫的渗漏量均按土工膜和黏土衬垫之间的接触条件为不良求出的。表 5-2 表明，复合衬垫的工作性能大大优于单层压实黏土衬垫及单层土工膜衬垫，即使它的施工质量只能达到较差或中等水平。

表 5-2 三类衬垫每英亩面积上的计算渗漏量

衬垫类型	质量等级	关键参数假定值	渗漏量 Q（L/d）
压实黏土	差	$K_s = 1 \times 10^{-6}$ cm/s	4542.5
土工膜	差	每英亩 30 个孔，$a = 0.1 \text{cm}^2$	37854.0
复合衬垫	差	$K_s = 1 \times 10^{-6}$ cm/s 每英亩 30 个孔，$a = 0.1 \text{cm}^2$	378.50
压实黏土	良	$K_s = 1 \times 10^{-7}$ cm/s	454.3
土工膜	良	每英亩 1 个孔，$a = 1 \text{cm}^2$	12491.8
复合衬垫	良	$K_s = 1 \times 10^{-7}$ cm/s 每英亩 1 个孔，$a = 1 \text{cm}^2$	3.0
压实黏土	优	$K_s = 1 \times 10^{-8}$ cm/s	45.4
土工膜	优	每英亩 1 个孔，$a = 0.1 \text{cm}^2$	1249.2
复合衬垫	优	$K_s = 1 \times 10^{-8}$ cm/s 每英亩 1 个孔，$a = 0.1 \text{cm}^2$	0.38

注：1 英亩 = 4047m²，下同。

为了提高复合衬垫的防渗效果，土工膜必须与下卧的低透水土层实现良好的水力接触（通常叫作紧密接触）。如图 5-7（a）所示，复合衬垫必须设法限制土中的水流只能在很小的面积内流动，且不允许液体沿土工膜和土的界面发生侧向蔓延。为保证实现良好的水力接触，黏土衬垫在铺设土工膜之前要用钢筒碾压机压平碾光，而覆盖土工膜时，要尽可能使褶皱减至最少。另外，在土工膜和低透水土层之间不应再铺设高透水材料如砂垫层或土工织物等，因为这样将破坏低透水性土与土工膜的复合效果，如图 5-7（b）所示。

图 5-8 给出通过现场试验分别从压实黏土衬垫和复合衬垫下收集到的渗漏量。两填

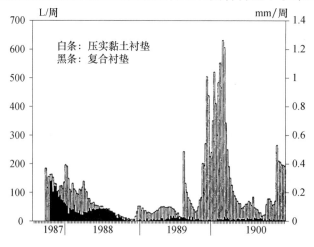

图 5-8 黏土衬垫和复合衬垫渗漏量比较

埋单元位于同一地点，面积相同，但一个单元的主要衬垫为压实黏土，另一个单元则为复合衬垫，两个单元填埋方式相同，堆填的固体废弃物体积也一样。从图中可明显看出，复合衬垫下的渗漏量要比压实黏土衬垫少得多。

　　研究表明复合衬垫层的防渗效果比较好，对目前填埋场工程而言，建议采用复合衬垫层作为填埋场防渗层更为合理，图5-9是几种常用的复合防渗层结构。

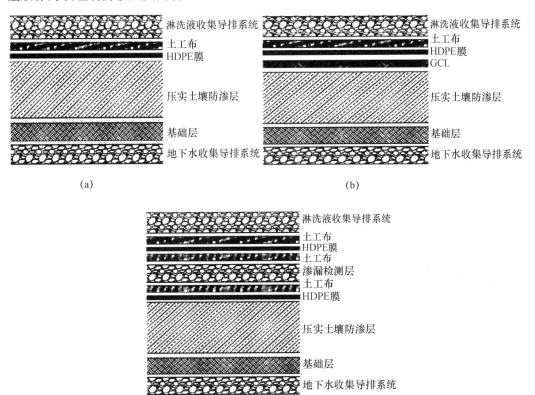

图 5-9　几种常用的复合防渗层结构
（a）HDPE 膜＋压实土复合防渗层结构；（b）HDPE 膜＋GCL＋压实土复合防渗层结构；
（c）双层 HDPE 膜＋压实土复合防渗层结构

5.3　淋洗液收集和排放系统的设计

　　填埋场淋洗液通常是由经过填埋场的降水渗流和对固体废弃物的挤压产生的。它是一种污染的液体，如未经处理直接排入土层或地下水中，将引起土层和地下水的严重污染。影响淋洗液产生数量的因素有降水量、地下水侵入、固体废弃物的性质及封顶设计等。

　　设计和建立淋洗液收集和排放系统的目的是将填埋场内产生的淋洗液收集起来，并通过污水管或积水池输送至污水处理站进行处理。为了尽量减少对地下水的污染，该系统应保证使复合衬垫以上淋洗液的量不超过30cm。淋洗液收集系统由排水层、集水槽、多孔集水管、集水坑、提升管、潜水泵和积水池组成。如果淋洗液能直接排入污水管，则积水池也可不要。所有这些组成部分都要按填埋场适用初期较大的淋洗液产出量设计，并保证该系统长期流通能力无障碍。

1. 淋洗液排水层

带有双层复合衬垫系统的城市固体废弃物填埋场，必须既有首次淋洗液排水层，又有二次淋洗液排水层。这些排水层应具有足够的能力来排除填埋场使用期所产生的最大淋洗液流量。根据有关资料，作用在排水层上的淋洗液水头通常不得大于30cm。

填埋场衬垫系统由一层或多层淋洗液排水层和低透水性的隔离物（衬垫）复合而成。衬垫和排水层的功能可以互补。衬垫可以阻止淋洗液或气体从填埋场中溢出或逸出，改善排水层覆盖条件；排水层则可以限制下伏衬垫上水头的增加，并可将渗入排水层中的液体输送到多孔淋洗液收集管的网络中去。

当今广泛应用于美国城市固体废弃物填埋工程的双层复合衬垫系统都具有首次与二次两层淋洗液排水层，图5-10~图5-15表示带有两层淋洗液排水层的各类双层复合衬垫系统的构成。

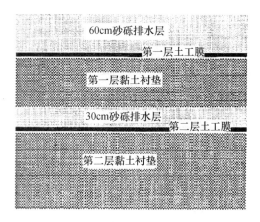

图5-10　以砂作为首次与二次淋洗液排水层的
双层复合衬垫系统

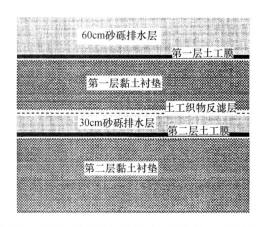

图5-11　以砂作为首次淋洗液排水层和以土工织物及砂
作为二次淋洗液排水层的双层复合衬垫系统

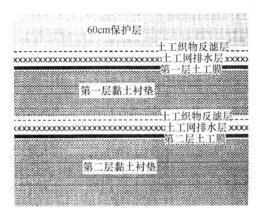

图 5-12　以土工织物和土工网作为首次与二次淋洗液
排水层的双层复合衬垫系统

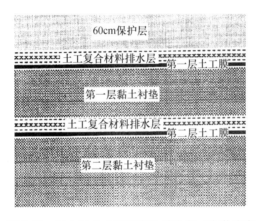

图 5-13　以土工合成材料作为首次与二次淋洗液
排水层的双层复合衬垫系统

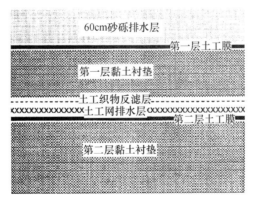

图 5-14　以砂作为首次淋洗液排水层和以土工织物及土工网
作为二次淋洗液排水层的双层复合衬垫系统

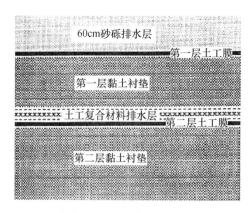

图 5-15　以砂作为首次淋洗液排水层和以土工合成材料
作为二次淋洗液排水层的双层复合衬垫系统

在过去，砂和其他粗粒料经常被用作淋洗液排水层，首次淋洗液排水层有 60cm 厚，二次淋洗液排水层有 30cm 厚（图 5-10）。用于淋洗液排水层的砂或其他粒料的透水率均应大于 10^{-2} cm/s，砂料应除去有机质，其中通过 200 号筛（美制）的颗粒不得超过总质量的 5%，而所有粒料均应通过 10mm 的筛。

为防止第一层压实黏土衬垫中的黏土颗粒被挤入二次淋洗液排水层，使排水层中砂的透水率降低，可在第一层衬垫和二次排水层中间设置一层土工织物做隔离之用（图 5-11）。

现今，在美国，土工织物和土工网已被广泛用作填埋场淋洗液排水材料（图 5-12）。土工网的透水率比砂大，因此，很薄的土工网就可代替几十厘米厚的砂作为淋洗液排水层，可以减小衬垫系统总厚度，增大废弃物堆埋容积。当土工织物和土工网用作首次淋洗液排水层时，其上应覆盖约 60cm 厚的砂作为保护层，这层砂的透水率应大于 10^{-4} cm/s。

防止衬垫系统边坡产生滑动，这一点在填埋场设计中十分重要。在边坡上如用土工织物和土工网作为淋洗液排水系统，则土工膜和土工网之间接触面上的摩擦角太小。为了增大土工膜和淋洗液排水层接触面上的摩擦，常在边坡改用土工复合材料来做淋洗液排水层（图 5-13）。这种土工复合材料由两层无纺土工织物中间夹一层高密聚乙烯（HDPE）土工网组成，通过不断加热使土工织物与土工网结合成一个牢固的、连续的整体。土工复合材料的透水率与土工网基本相同，但它与土工膜接触面上的摩擦角比土工网和土工膜之间的摩擦角大得多，这就能使边坡衬垫系统的稳定状况得到很大改善。

2. 淋洗液收集管的选择

淋洗液收集管可能由于堵塞、压碎或设计不当而造成失效。有关淋洗液收集管的详细说明应包括：①集水管材料类型；②管径和管壁厚度；③管壁孔、缝的大小与分布；④管身基底材料的类型和为支持管身所必需的压实度。

多孔淋洗液收集管尺寸的确定应考虑所需的流量及集水管本身的构造强度，如果已知淋洗液流量、管子纵坡及管壁材料，可用曼宁公式计算出水管尺寸。接下来就是确定管壁布孔，它依据集水管单位长度最长的淋洗液的流入量。

若孔口尺寸及形状已知，可由 Bernoulii（伯努利）方程计算每一进水孔的集流能力。由 Bernoulii 方程可知，孔口的集流能力主要取决于孔口的大小尺寸和形状，还有淋洗液极限进口流速。该流速在计算集水管布孔时一般可假定为 3cm/s，管壁进水孔的直径通常取 6.25mm。

当单位长度最大淋洗液集流量及每个孔口的集流能力均求得后，集水管单位长度所需布孔数就极易确定了。为保持可能存在的最低淋洗液水头，放置集水管时，应使进水孔位于管子的下半部，不要让它翻过来。靠近起拱线的孔口会降低管壁强度，应尽量避免。

3. 淋洗液收集管的变形和稳定性

淋洗液收集系统的所有部分均应满足强度要求以承受其上固体废弃物和覆盖系统（封顶）的质量，以及填埋场封闭后的附加荷载，还有由操作设备所产生的应力。系统各组成部分中最易因受压强度破坏而受损的是排水层管路系统，淋洗液收集系统中的管路有可能因过量变形被弯曲或压扁。因此，管路强度计算应包括管路变形的阻力计算和临界弯曲压力的计算。

4. 淋洗液收集槽

淋洗液收集管通常均埋入砾石填起来的槽中，槽的四周包裹土工织物以减少微小颗粒从衬垫进入槽内进而进入淋洗液收集管中，其详细布置如图 5-16 及图 5-17 所示。实际上，由于收集槽下的衬垫很深，所以即使在槽下，衬垫也可采用同样的最小设计厚度。

收集槽内的砾石应按碾压机械的荷载分布情况来填筑，这样可以保护集水管不被压坏，而反滤用的土工织物则应包在砾石层的外面，也可以设计级配砂反滤层以减少废弃物中细颗粒渗入槽内。

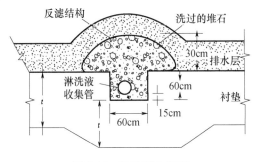

图 5-16　淋洗液收集槽

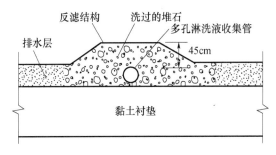

图 5-17　上埋模式的淋洗液收集管

5. 淋洗液收集坑

淋洗液收集坑位于填埋场衬垫最低处，坑中填满砾石以承受上覆废弃物及封顶的质量和承受填埋场封闭后的附加荷载。通常在设置这些坑的地方，复合衬垫系统都是低下去的（图 5-18）。设计淋洗液收集坑的关键是：①假定坑的尺寸；②计算坑的总体积；③计算坑中提升管所占体积；④计算坑的有效体积，这和所填砾石的孔隙率有关；⑤确定开启和关闭潜水泵的水位标高；⑥计算坑中需要抽取的蓄水体积；⑦计算提升管上应钻的孔并校核其强度。

此外，淋洗液抽取泵应保证在淋洗液产出最大量时能正常排放，并具有一定的有效工作扬程。

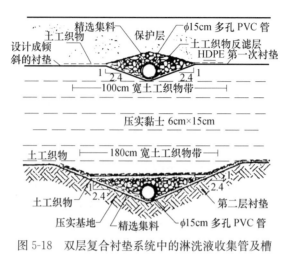

图 5-18 双层复合衬垫系统中的淋洗液收集管及槽

5.4 填埋场气体收集系统的设计

固体废弃物填埋场可看作一个生物化学反应堆，输入物是固体废弃和水，输出物则主要是填埋废气和淋洗液。填埋场气体控制系统被用来防止废气不必要地进入大气，或在周围土体内做侧向和竖向运动。回收的填埋废气可以用来产生能量或有控制地焚烧以避免其有害成分释放到空气中去。

固体废弃物置入填埋场后，由于微生物的作用，垃圾中可降解有机物被微生物分解，产生气体。最初，这种分解是在好氧条件下进行的，氧是由填埋废弃物时带入的，产生的气体主要有二氧化碳、水蒸气和氨气。这个阶段可持续几天。当填埋区内氧气被耗尽时，垃圾中有机物的分解就在厌氧条件下进行，此时产生的气体主要有甲烷、二氧化碳、氨气和水蒸气，还有少量硫化氢气体。填埋废弃物产生主要气体的阶段如图 5-19 所示。从图中可以看出最终气体产物主要有二氧化碳和甲烷气体。

阶段一为好氧分解阶段；阶段二为厌氧分解阶段，不产生甲烷；阶段三为厌氧分解阶段，产生甲烷但不稳定；阶段四为厌氧分解阶段，产生甲烷且稳定。

卫生填埋场气体的产生量与处置的垃圾种类有关。气体的产生量可通过现场实际测量或采用经验公式推算得出。气体的产生量虽然因垃圾中的有机物种类不同而有所差异，但主要与有机物中可能分解的有机碳成比例。因此，通常采用下式推算气体产生量：

$$G = 1.866 \times \frac{C_g}{C} \tag{5-1}$$

式中 G——气体产生量（L）；

C_g——可能分解的有机碳量（g）；

C——有机物中的碳量（g）。

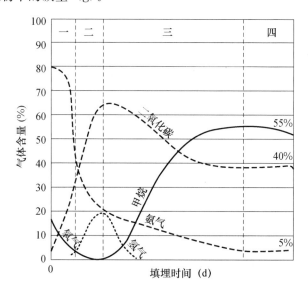

图 5-19　填埋废弃物产生主要气体的阶段

收集填埋废弃物的系统有两种类型，即被称为收集系统和主动收集系统。

5.4.1　被动气体收集系统

被动气体收集系统让气体直接排出而不使用机械手段如气泵或水泵等（图 5-20）。这个系统可以在填埋场外部或内部使用。周边的沟槽和管路作为被动收集系统阻止气体通过土体向侧向流动并直接将其排入大气。如果地下水位较浅，沟槽可以挖至地下水位那个深度，然后回填透水的石碴或埋设多孔管作为被动系统的隔墙，根据周围土的种类，需要在沟槽外侧设置实体的透水性很差的隔墙，以增进沟槽内被动排水量。如果周围是砂性土，其透水性和沟槽填土相似，则需在沟槽外侧设置一层柔性薄膜，以阻止气体流动，让气体经排气口排出，如果周边地下水位较深，作为一个补救方法，也可用泥浆墙阻止气体流动。图 5-21 表示一种典型的被动排气方式，它既有覆盖又有封顶系统。被动气体收集系统的优点是费用较低，而且维护保养也较简单。

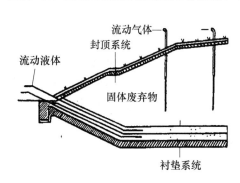

图 5-20　一个独立的被动气体排放系统

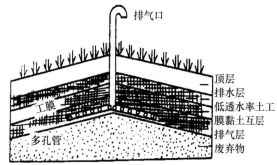

图 5-21　典型的填埋场排放气体被动收集系统

5.4.2 主动气体收集系统

若被动气体收集系统不能有效地处理填埋场气体，就必须采用主动气体收集系统，利用动力形成真空或产生负压，强迫气体从填埋场中排出。绝大多数主动气体收集系统均利用负压形成真空，使填埋废气通过抽气井、排气槽或排气层排出。图 5-22 是一个主动气体收集系统的剖面图。主动气体收集系统构造的主要部分有抽气井、集气管、冷凝水脱离和水泵站、真空源、气体处理站（回收或焚烧）及监测设备等。

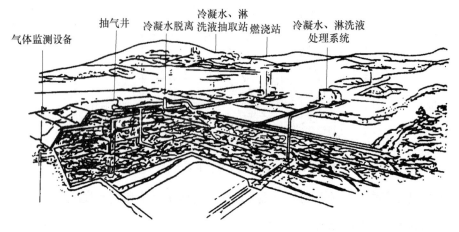

图 5-22　一个主动气体收集系统剖面图

若使用主动气体收集系统收集填埋场废气，则必须对废气进行处理。废气处理通常包括通过燃烧造成有机化合物热破坏或者对废气进行清理加工和回收能量。

可通过脱水和去除其他杂质（包括二氧化碳）对填埋场废气进行清理。没有经过清理的填埋场废气，其热量约为 4452kcal（1kcal＝4.1868×10³J，下同），这个热量大约只有天然气的一半，因为填埋场气体中只有接近一半是甲烷。经过清理可使气体的热量增加 1 倍，达到天然气的水平，气体就可以直接送入管道并像天然气一样使用了。在较大的填埋场，经过脱水和去除氧化碳等清理后的气体可以用来烧锅炉和驱动涡轮发电机以回收能量。

5.5　填埋场封顶系统的设计

对已填满的城市固体废弃物填埋场，合适的封闭是必不可少的。设计封顶的主要目的是阻止水流渗入废弃物，使可能渗入地下水的淋洗液减至最少，为此必须阻止液体重新进入填埋场，并使原来存在的淋洗液被收集和排除掉。在填埋场设计中，必须考虑最终封顶系统的设计，通常情况下应考虑如下因素：封顶的位置，低透水性土的有效利用率，优质表土的备料情况，使用土工合成材料以改善封顶系统性能，稳定边坡的限制高度，以及填埋场封闭后管理期间该地面如何使用等。填埋场封顶的目标是尽量减少今后维护和最大限度地保护环境及公共健康。

现今复合封顶系统已广泛使用于城市固体废弃物填埋场，图 5-23（a）～图 5-23（f）为广泛用于美国城市固体废弃物填埋场设计中封顶系统的各类典型剖面，从下向上由气体排放层、低透水性压实土层、排水保护层和表面覆盖层组成。

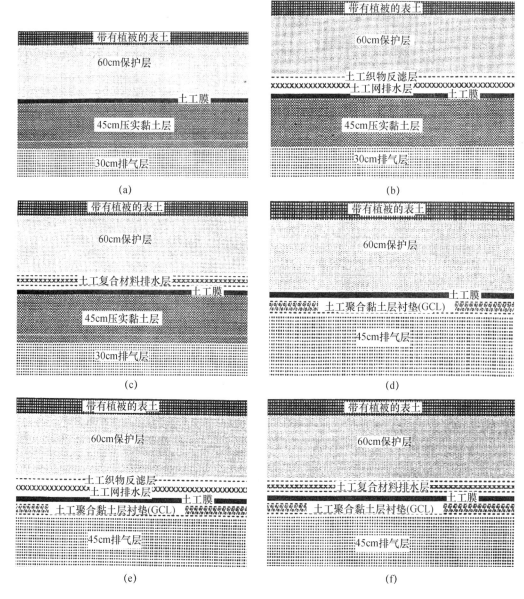

图 5-23　填埋场封顶系统各类典型剖面

(a) 典型的填埋场封顶；(b) 具有土工织物及土工网排水层的填埋场封顶；

(c) 具有土工复合材料排水层的填埋场封顶；(d) 具有 GCL 的填埋场封顶；

(e) 具有土工织物和土工网排水层及 GCL 的填埋场封顶；(f) 具有土工复合材料排水层及 GCL 的填埋场封顶

　　低透水性厚实土层由土与土工膜构成的复合层，位于排气层之上，以限制表面水渗入填埋场中，其厚度不小于 45cm，透水率 $K \leqslant 1.0 \times 10^{-5}$ cm/s。土工膜要求具有耐久性，并能承受预期的沉降变形。

　　排水及保护层厚度应大于 60cm，直接铺在复合覆盖衬垫之上。它可以使降水离开填埋场顶部向两侧排出，减少寒流对压实土层的侵入，并保护柔性薄膜衬垫不受植物根系、紫外线及其他有害因素的损害。

在近代封顶设计中，常将土工织物和土工网或土工复合材料置于土工膜和保护层之间以增加侧向排水能力。高透水的排水层能防止渗入表面覆盖层的水分在隔离层上积累起来。因为积累起来的水会在土工膜上产生超孔隙水应力并使表面覆盖层和边坡脱开。边坡的排水层常将水排至排水能力比较大的趾部排水管中。

5.6 填埋场边坡稳定分析

现代城市固体废弃物卫生填埋场具有非常复杂的衬垫系统，一般由两层压实黏土衬垫、两层土工膜、两层土工复合材料（由土工网和土工织物组成，作用是收集及排除淋滤液）组成，其上有一定厚度砂保护层。当衬垫处于边坡位置时，如处置不当，很可能发生各种形式的稳定破坏，由于衬垫系统的复杂性，在进行填埋工程设计时，必须认真分析其边坡稳定破坏机理，并进行边坡位置的衬垫系统和废弃物的稳定性计算分析。

5.6.1 边坡稳定破坏类型

固体废弃物填埋场有两种基本类型：一种是上埋式，也就是在平地上堆一个大的垃圾堆，其衬垫系统基本处于水平位置，其边坡稳定破坏主要发生于固体废弃物及其最终覆盖（封顶）系统之中；另一种是下埋式，也就是将填埋场设置在一个洼地或进行适当的开挖，其处于边坡位置的衬垫系统和固体废弃物可能产生稳定破坏。我们主要讨论后一种稳定破坏形式，其潜在的破坏模式如图 5-24 所示。

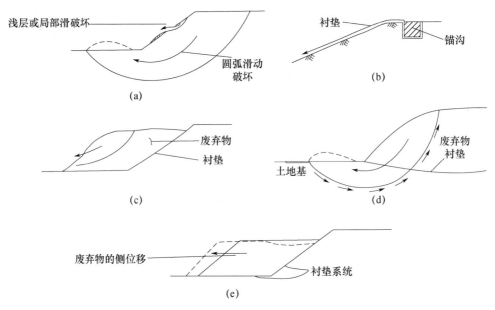

图 5-24 填埋工程中几种可能破坏的形式
（a）边坡及坡底破坏；（b）衬垫系统从锚沟脱出；（c）废弃物内部破坏；
（d）沿废弃物、衬垫和地基破坏；（e）沿衬垫系统滑动破坏

1. 边坡及坡底部破坏 ［图 5-24（a）］

这种破坏类型可能发生在开挖或铺设衬垫系统但尚未填埋时。图中仅表示地基产生

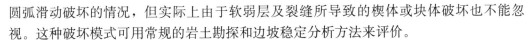

圆弧滑动破坏的情况，但实际上由于软弱层及裂缝所导致的楔体或块体破坏也不能忽视。这种破坏模式可用常规的岩土勘探和边坡稳定分析方法来评价。

2. 衬垫系统从锚沟中脱出［图 5-24（b）］

这种破坏通常发生在衬垫系统铺设时。衬垫与坡面之间的摩擦及衬垫各组成部分之间的摩擦能阻止衬垫在坡面上的滑移，同时由于最低一层衬垫与掘坑壁摩擦及锚沟的锚固作用，也可阻止衬垫的滑动。其安全程度可由各种摩擦力与由衬垫系统自重产生的下滑力之比加以评价。

3. 废弃物内部破坏［图 5-24（c）］

当废弃物填埋到某一极限高度时，就可能产生破坏。填埋的极限高度与坡角和废弃物自身强度有关。这种情况可用常规的边坡稳定分析方法进行分析，困难在于如何合理选取固体废弃物的重度和强度值。

4. 沿废弃物、衬垫和地基破坏［图 5-24（d）］

破坏可以沿废弃物、衬垫和地基发生。当地基土强度较小尤其是软土地基，更易发生这种破坏。这种类型破坏的可能性常作为选择封闭方案的一个控制因素。

5. 沿衬垫系统滑动破坏［图 5-24（e）］

复合衬垫系统内部强度较小的接触面形成一个滑动单元。这种破坏常受接触面的抗剪强度、废弃物自重和填埋几何形状等因素所控制。

6. 封顶和覆盖层的破坏

由土或土及合成材料组成的封顶系统（最终覆盖）用于斜坡上时，抗剪强度低的接触面常导致覆盖层的不稳定而沿填埋的废弃物坡面向下滑动。

7. 过大的沉降

过大的沉降不是严格意义上的一种稳定破坏，但由于垃圾的压缩、腐蚀、分解产生过大沉降及地基自身的沉降可能导致淋滤液及气体收集监测系统发生破裂，填埋场的沉降会使斜坡上的衬垫产生较大的张力，可以导致破坏。此外，不均匀沉降也可以使有裂缝的覆盖层和衬垫产生畸变，如果水通过裂缝进入填埋场也会对其稳定性产生不利影响。

所有这些破坏类型都可能由静荷载或动（地震）荷载引发，在这些破坏类型中，衬垫系统的破坏最受人们关注，因为一旦衬垫破坏，填埋物的淋滤液就可能进入周围土体及地下水中，造成新的环境污染。

5.6.2 破坏机理

填埋场边坡稳定分析应从短期及长期稳定性两方面考虑，边坡稳定性通常与土的抗剪强度参数（总应力或有效应力强度指标）、坡高、坡角、土的重度及孔隙水应力等因素有关。对土层剖面进行充分的岩土工程勘察和水文地质研究是很必要的。在勘察中，对土性描述、地下水埋深、标准贯入击数应做详细记录并通过室内试验来确定土的各项工程性质和力学性质指标。

短期破坏通常发生在施工末期。因边坡较陡，在开挖结束后不久即发生稳定破坏。对饱和黏土，由于开挖使土体内部应力很快发生变化，在潜在破坏区内孔隙水应力的增大相应地使有效应力降低，从而增大发生破坏的可能性。当潜在破坏区的变形达到极限变形时，就会出现明显的负孔压，负的孔隙水应力消散常直接导致边坡稳定破坏。由于负孔压消散速率主要取决于黏土的固结系数和在破坏区的平均深度，而且土体的排水抗剪强度参数也随着负孔压的消散同时增大，边坡稳定的临界安全系数常常与负孔压消散完毕时相对应。用太沙基固结理论可以估算出负孔压消散的时间，若一边坡土体的固结系数 $C_v=0.01\mathrm{m}^2/\mathrm{d}$，潜在破坏区平均深度 $H=0.5\mathrm{m}$，已知对应于固结度为90%的时间因数 $T_v=0.85$，则孔压的消散需6年时间，因此，这种情况就属于长期稳定破坏问题。

综上所述，以下两种情况需要进行稳定分析：

1. 施工刚刚结束

此时应考虑孔隙应力快速、短暂且轻微的增长，对不排水强度指标进行修正后用于稳定分析。

2. 在负孔压消散一段时间后

用排水剪强度指标时，应考虑围压的减小（或增大）对强度参数的影响。

对填埋场的覆盖，长期稳定似乎更关键，可用有效应力法进行分析。所用参数可由固结排水剪试验或可测孔压的固结不排水剪试验来确定，孔压可由流网或渗流分析得出。安全系数取1.5。

5.6.3 边坡位置多层复合衬垫的稳定性

填埋场复合衬垫系统中第一层黏土衬垫直接建于第二层淋滤液收集系统（由土工网和土工织物组成的土工复合材料）上面，而该系统又依次铺设于第二层土工膜之上（图5-25）。整个衬垫系统抗滑稳定性取决于系统各组成部分之间接触面的抗剪强度，通

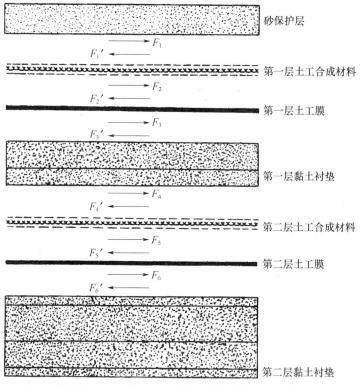

图 5-25　边坡位置双层复合衬垫系统的接触面剪力

常第二层淋滤液收集系统与第二层土工膜衬垫的接触面上抗剪强度最小，因此这一接触面是危险的面。如果土工膜衬垫是一层有纹理的高密聚乙烯膜，并且作为淋滤液收集系统的土工复合材料，中间是一层无纺织物的土工网，两面均贴有带孔的土工织物，则用来计算稳定性的各接触面上的摩擦角和凝聚力应通过试验得出。

复合衬垫沿坡面滑动的稳定性因具有多层黏土衬垫，土工膜和土工复合材料变得非常复杂。废弃物荷载通过第一层土工复合材料和土工膜使第一层黏土衬垫的剪应力增加，这种应力的一部分通过摩擦传至第二层土工复合材料。这些接触面之间摩擦力的差值必须由第一层土工膜衬垫以张力的形成来承担，并与土工膜的屈服应力对比以确定其安全度。传到第二层土工复合材料上的应力现在又传到下面的第二层衬垫系统中，其应力差也通过土工织物和土工网连续作用于第二层土工膜，不平衡部分最后再转移到土工膜下面的黏土衬垫中。图 5-25 表示作用于多层衬垫系统各接触面上的剪应力，图中 F 与 F' 是作用力与反作用力的关系。

1. 施工期边坡衬垫系统稳定计算

双楔体分析可以用来计算第一层或第二层压实黏土衬垫的稳定安全系数。如图 5-26 所示，土质衬垫可以分为两段不连续的部分，主动楔位于坡面并可导致土体破坏，被动楔则位于坡脚并阻止破坏的发生。图上已标出作用于主动楔体和被动楔体上的力。为简化计算，假定作用于两楔体接触面上的力 E_A 及 E_P 的方向均和坡面平行。坡顶则存在一道张裂缝将滑动衬垫与坡顶其他土分开。图上各符号及摩擦角说明如下：

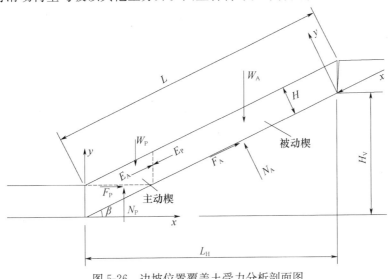

图 5-26　边坡位置覆盖土受力分析剖面图

W_A——主动楔重量；

W_P——被动楔重量；

β——坡角；

H——土质衬垫的厚度；

L——坡面长度；

H_V——坡高；

L_H——边坡水平距离；

N_A——作用于主动楔底部的法向力；

F_A——作用于主动楔底部的摩擦力；

E_A——被动楔作用于主动楔的力（大小未知，方向假定与坡面平行）；

N_P——作用于被动楔底部的法向力；

F_P——作用于被动楔底部的摩擦力；

E_P——主动楔作用于被动楔的力，$E_A=E_P$。

另外，常用的其他参数的含义如下：

φ——土体内摩擦角；

δ——土体底部与邻近材料之间接触面摩擦角；

F_s——土质衬垫稳定安全系数。

考虑主动楔力的平衡，有

$\Sigma F_y=0$

$$N_A=W_A\cos\beta \tag{5-2}$$

$\Sigma F_x=0$

$$F_A+E_A=W_A\cos\beta \tag{5-3}$$

又因

$$F_A=N_A\tan\delta/F_s \tag{5-4}$$

故有

$$F_A=N_A\tan\delta/F_s \tag{5-5}$$

$$E_A=W_A\sin\beta-W_A\cos\beta\tan\delta/F_s \tag{5-6}$$

考虑被动楔力的平衡及 $E_A=E_P$，则

$\Sigma F_y=0$

$$N_P=W_P+E_P\sin\beta=W_P+W_A\cdot\sin^2\beta-W_A\sin\beta\cos\beta\tan\delta/F_s \tag{5-7}$$

$\Sigma F_x=0$

$$F=E_P\cos\beta=W_A\sin\beta\cos\beta-W_A\cos^2\beta\tan\delta/F_s \tag{5-8}$$

同时有

$$F_s=N_P\tan\varphi/F_P \tag{5-9}$$

将式（5-7）、式（5-8）代入式（5-9），并经过整理可得如下一元二次方程式：

$$AF_s^2+BF_s+C=0 \tag{5-10}$$

$A=W_A\sin\beta\cos\beta$

$B=-(W_P\tan\psi+W_A\sin^2\beta+W_A\cos^2\beta\tan\delta)$

$C=W_A\sin\beta\cos\beta\tan\psi\tan\delta$

该方程式的合理根就是土质衬垫的稳定安全系数，即

$$F_s=\frac{-B+(B^2-4AC)^{0.5}}{2A} \tag{5-11}$$

求得 F_s 后，可利用式（5-2）及式（5-5）求出 N_A 及 F_A。

整个多层复合衬垫的安全评价可采取下列步骤：

（1）利用上述计算方法计算第一层黏土衬垫与第二层土工复合材料之间接触面上的安全系数 F_{S4}。

（2）计算第一层黏土衬垫与第二层土工复合材料之间的剪切力 $F_4 = W_A \cdot \cos\beta\tan\delta_4/F_{S4}$，$F'_4 = F_4$。

（3）计算第二层土工复合材料与第二层土工膜之间接触面上的安全系数。若第二层土工复合材料和土工膜之间的摩擦角为 δ_5，则接触面可提供的最大摩擦力 $(F_5)_{max} = N_A\tan\delta_5$，若 $(F_5)_{max} > F'_4$，则 $F_5 = F'_4$，$F'_5 = F_5$，而 $F_{S5} = (F_5)_{max}/F_5 = (F_5)_{max}/F'_4$。

（4）计算第二层土工膜和第二层黏土衬垫之间接触面上的安全系数。若第二层土工膜和其下黏土衬垫间的摩擦角为 δ_6，则接触面可提供的最大摩擦力 $(F_6)_{max} = N_A\tan\delta_6$，若 $(F_6)_{max} > F'_5$，则 $F_6 = F'_5$，而 $F_{S6} = (F_6)_{max}/F_6 = (F_6)_{max}/F'_5$。

2. 竣工后边坡衬垫系统稳定计算

同样采用双楔体分析，楔体受力情况见图5-27。与施工期不同的是在黏土衬垫上已作用有上覆砂层的质量，图中符号除与图5-26相同之外，尚有：

P_A——砂层作用于主动楔上部的法向力，$P_A = \gamma_s H_s (L_H - H/\sin\beta)$ ［H_S为覆盖砂层的厚度（规范一般盖砂层厚度为15cm）；γ_S为覆盖砂层的重度］；

P_P——砂层作用于被动楔上部的法向力，$P_P = \gamma_s H_s H/\sin\beta$；

F_{TA}——由邻近材料传递在主动楔上部产生的摩擦力；

F_{TP}——由邻近材料传递在被动楔上部产生的摩擦力。

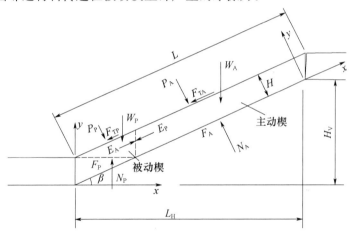

图5-27 边坡位置第一层黏土衬垫受力分析剖面图

同样对主动楔进行力的平衡：

$\Sigma F_y = 0$

$$N_A = W_A\cos\beta + P_A \tag{5-12}$$

$\Sigma F_x = 0$

$$F_A + E_A = W_A\sin\beta + F_{TA} \tag{5-13}$$

因

$$F_A = N_A\tan\delta/F_s \tag{5-14}$$

故有

$$F_A = (W_A\cos\beta + P_A)\tan\delta/F_s \tag{5-15}$$

$$E_A = W_A\sin\beta + F_{TA} - (W_A\cos\beta + P_A)\tan\delta/F_s \tag{5-16}$$

对被动楔取力的平衡，同时考虑

$$E_A = E_P \tag{5-17}$$

$\Sigma F_y = 0$

$$N_P = W_P \sin\beta\cos\beta + F_{TA} + F_{TP}\cos\beta - P_P\sin\beta - (W_A\cos\beta + P_A)\cos\beta\tan\delta) / F_S \tag{5-18}$$

又因

$$F_s = N_P \tan\psi / F_P \tag{5-19}$$

将式（5-9）、式（5-10）分别代入式（5-11）并整理后同样可得一元二次方程式：

$$AF_s^2 + BF_s + C = 0 \tag{5-20}$$

$A = W_A\sin\beta\cos\beta + F_{TA}\cos\beta$

$B = -[(W_A\cos\beta + P_A)\cos\beta\tan\delta + (W_P + W_A\sin^2\beta + F_{TA}\sin\beta + P_P\cos\beta)\tan\varphi]$

$C = (W_A\cos\beta + P_A)\sin\beta\tan\delta\tan\varphi$

F_s 就是式（5-20）的合理根。

整个复合衬垫系统各接触面的稳定安全系数采用与前面同样的方法自上而下逐层推求。

（1）先利用式（5-20）求出上覆砂层和第一层土工复合材料接触面上的安全系数 F_{S1}，此时 ψ 用的是砂层的内摩擦角 ψ_s，δ 用的是砂层和土工复合材料之间的摩擦角 δ_1。然后利用式（5-9）和式（5-15）求出 F_1 及 N_A，$F'_1 = F_1$。

（2）求出第一层土工复合材料和第一层土工膜之间的剪切力及接触面安全系数。

$(F_2)_{max} = N_A \cdot \tan\delta_2$，$\delta_2$ 为土工复合材料与土工膜之间的摩擦角。若 $(F_2)_{max} > F'_1$，则 $F_2 = F'_1$，$F'_2 = F_2$，$F_{S2} = (F_2)_{max} / F'_1$。

（3）用同样方法求出第一层土工膜与黏土衬垫之间接触面上的剪应力的安全系数 $F_{S3} = (F_3)_{max} / F_3 = (F_3)_{max} / F'_2$。

（4）求出第一层黏土衬垫和第二层土工复合材料接触面的安全系数 F_{S4}。此时需注意应加上黏土衬垫的质量后，重新按式（5-20）求出 F_{S4}，并由式（5-2）、式（5-6）求出 N_A 及 F_4，$F'_4 = F_4$。

（5）重复同样步骤可分别求出第二层复合材料与土工膜，土工膜与第二层黏土衬垫等接触面上的安全系数 F_{S5} 及 F_{S6}。

5.6.4　固体废弃物的稳定性

由于固体废弃物自身重力作用，其内部会产生稳定性问题。图 5-28 表示紧靠斜坡的固体废弃物可能存在的几种稳定破坏类型。图 5-28（a）表示在废弃物内部产生圆弧滑动，这只有在废弃物堆积很陡时才会产生，其分析方法与常规的土坡圆弧滑动法相同，唯其抗剪强度参数的选择要十分小心。图 5-28（b）～图 5-28（d）代表了当多层复合衬垫中存在有低摩擦面时可能发生的几种破坏情况。如果临界破坏面发生在第二层土工膜的下面，则整个复合衬垫脱离锚沟沿此临界面发生破坏的可能性很大。

固体废弃物沿衬垫接触面滑动的稳定安全性评价，仍可采用双楔体分析的方法，其计算简图如图 5-29 所示。将固体废弃物分成不连续的两部分，在边坡上的是引起滑动破坏的主动楔，而阻止滑动的被动楔则位于边坡底部。作用于两个楔体上的力如图 5-29 表示，图中符号及有关参数说明如下：

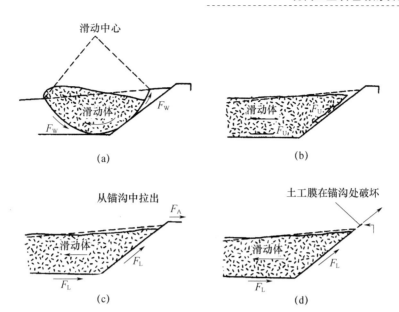

图 5-28 紧靠斜坡的固体废弃物可能存在的几种稳定破坏类型

(a) 废弃物内部破坏；(b) 衬垫土楔形破坏；(c) 衬垫拉出的楔形破坏；(d) 衬垫拉断的楔形破坏

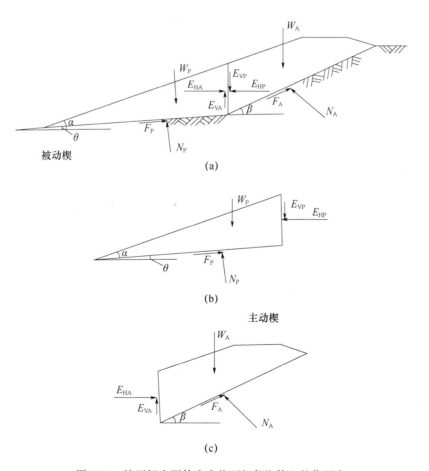

图 5-29 填埋场中固体废弃物两相邻楔体上的作用力

W_P——被动楔重量；

N_P——作用于被动楔底部的法向力；

F_P——作用于被动动楔底部的摩擦力；

E_{HP}——主动楔作用于被动楔上的法向力，其大小未知，方向垂直于两楔体分界面；

E_{VP}——作用于被动楔边上的摩擦力，大小未知，方向平行于两楔体分界面；

F_P——被动楔的安全系数；

α——固体废弃物坡角；

θ——填埋场基底的倾斜角；

W_A——主动楔质量；

N_A——作用于主动楔底部的法向力；

F_A——作用于主动楔底部的摩擦力

E_{HA}——被动楔作用于主动楔上的法向力，$E_{HA}=E_{HP}$；

E_{VA}——作用于主动楔边上的摩擦力；

β——坡角。

另外，其他常用参数的含义如下：

δ_P——被动楔底部多层复合衬垫接触面中最小的摩擦角；

φ_S——固体废弃物内摩擦角；

F_{SA}——主动楔的安全系数；

δ_A——主动楔底部多层复合衬垫接触面中最小的摩擦角（在边坡部位建议采用残余摩擦角）；

F_S——整个固体废弃物的安全系数。

考虑被动楔上力的平衡（图 5-29），则

$\Sigma F_y = 0$

$$W_P + E_{VP} = N_P \cos\theta + F_P \sin\theta \tag{5-21}$$

因

$$F_P = N_P \tan\delta_P / F_{SP} \tag{5-22}$$

$$E_{VP} = E_{HP} \tan\varphi_s / F_{SP} \tag{5-23}$$

得

$$W_P + E_{HP} \tan\varphi_s / F_{SP} = N_P (\cos\theta + \sin\theta \tan\delta_P / F_{SP}) \tag{5-24}$$

$\Sigma F_x = 0$

$$F_P \cos\theta = E_{HP} + N_P \sin\theta \tag{5-25}$$

将式（5-21）～式（5-23）代入式（5-24），求出

$$N_P = \frac{E_{HP}}{\cos\theta \tan\delta_P / F_{SP} - \sin\theta} \tag{5-26}$$

将式（5-26）代入式（5-24），经过整理，可得

$$E_{HP} = \frac{W_P (\cos\theta \tan\delta_P / F_{SP} - \sin\theta)}{\cos\theta + (\tan\delta_P + \tan\varphi_S) \sin\theta / F_{SP} - \cos\theta \tan\delta_P \tan\varphi_S / F_{SP}^2} \tag{5-27}$$

考虑主动楔上力的平衡 ［图 5-27（c）］，则

$\Sigma F_y = 0$

$$W_A = F_A \cdot \sin\beta + N_A \cos\beta + E_{VA} \tag{5-28}$$

因

$$F_A = N_A \tan\delta_A F_{SA} \tag{5-29}$$

$$E_{VA} = E_{HA} \tan\varphi_S F_{SA}/F_{SA} \tag{5-30}$$

得

$$W_A = N_A (\cos\beta + \sin\beta\tan\delta_A/F_{SA}) + E_{HA}\tan\varphi_S/F_{SA} \tag{5-31}$$

$$\Sigma F_x = 0$$

$$F_A \cos\beta + E_{HA} = N_A \sin\beta \tag{5-32}$$

将式（5-29）代入式（5-32），求出

$$N_A = \frac{E_{HA}}{\sin\beta - \cos\beta\tan\delta_A/F_{SA}} \tag{5-33}$$

将式（5-33）代入式（5-31）并经过整理可得

$$E_{HA} = \frac{W_A (\sin\beta - \cos\beta\tan\delta_A/F_{SA})}{\cos\beta + (\tan\delta_A + \tan\varphi_S)\sin\beta/F_{SA} - \cos\beta\tan\delta_S/F_{SP}^2} \tag{5-34}$$

因为 $E_{HA} = E_{HP}$，且 $F_{SA} = F_{SP} = F_S$，令式（5-27）与式（5-34）相等，经过整理后得一元三次方程式

$$AF_S^3 + BF_S^3 + CF_S + D = 0 \tag{5-35}$$

$A = W_A \sin\beta\cos\theta + W_P \cos\beta\sin\theta$

$B = (W_A \tan\delta_P + W_P \tan\delta_A + W_T \tan\varphi_S)\sin\beta\sin\theta - (W_A \tan\delta_A + W_P \tan\delta_P)\cos\beta\cos\beta$

$C = -[W_T \tan\varphi_S (\sin\beta\cos\theta\tan\delta_P + \cos\beta\sin\theta\tan\delta_A) + (W_A \cos\beta\sin\theta + W_P \sin\beta\cos\theta)\tan\delta_A\tan\delta_P]$

$D = -[W_T \cos\beta\cos\theta\tan\delta_A\tan\delta_P\tan\varphi_S; \quad W_T = W_A + W_P$

若填埋场基底倾斜度极小，$\theta \approx 0$，则式（5-35）中各系数可简化为

$A = W_A \sin\beta$

$B = -(W_A \tan\delta_A + W_P \tan\delta_P)\cos\beta$

$C = -(W_T \tan\varphi_S + W_P \tan\delta_A)\sin\beta\tan\delta_P$

$D = W_T \cos\beta\tan\delta_A\tan\delta_P\tan\varphi_S$

利用数值选代的方法很容易求出式（5-35）的解，这就是整个固体废弃物的稳定安全系数。

如果城市固体废弃物填埋场位于地震活动带内，其设计应充分考虑填埋场、承重结构及下卧土层在地震荷载作用下的稳定性。此时稳定计算的关键是在填埋场使用和封闭以后，如何考虑水平地震加速度对填埋场边坡稳定性的影响。特别重要的是在计算中对填埋场衬垫系统中土工膜衬垫的表面应使用较小的摩擦角。地基稳定性计算则应校核饱和松砂地层在地震时有无可能产生液化。这种液化是由砂层内因受剪而产生的超孔隙水应力引起的，在产生液化的瞬时，地基土的承载力将消失，从而造成整个填埋场衬垫系统的毁坏。

5.6.5 封顶系统的边坡稳定分析

封顶系统通常均是相对较薄的土层，当位于边坡位置时，由于重力作用，均有向下滑动的趋势。下列计算适用下排水层与土工膜之间存在的潜在破坏面，其滑动方向与坡

面平行。

1. 土工膜上无渗透水的情况

边坡部位覆盖层的稳定分析，可以按整个边坡计算其向量力，包括坡脚的抗力在内，也可以稍加简化按无限边坡进行分析。采用何种方法取决于坡脚抗力与整个边坡阻力相比相对影响有多大，对下坡面覆盖比较长的情况，坡脚抗力通常仅占整个土坡阻力的 5%，此时可按无限边坡分析。若无限边坡分析求出的安全系数小于期望值，也可用包括坡脚抗力在内的整体分析方法进行校核，并重新计算安全系数。

下面讨论无限边坡稳定分析法。图 5-24 表示一段边坡部位的封顶系统，包括压实土层、土工膜、排水层及相同厚度的表土层。如果土工膜上没有孔隙水应力，沿着坡角为 β 的边坡，可以写出力的平衡方程，其稳定安全系数 F_s 为抗滑力与滑动力之比，计算公式为

$$F_s = (c + N\tan\delta) (W\sin\beta) \tag{5-36}$$

若黏聚力 $c=0$，则

$$F_s = N\tan\delta (W\sin\beta) \tag{5-37}$$

式中　δ——排水层与土工膜之间有效摩擦角；

　　　β——多层覆盖系统的最小界面摩擦角。

以上分析中需考虑的最重要的参数是边坡的坡角和与坡面平行的潜在破坏面上的抗剪强度。当排水层内无渗流时，潜在破坏面以上材料的重度对稳定分析没有影响。

2. 砂砾排水层、土工膜上有渗透水流的情况

图 5-30 表示部分饱和边坡当土工膜上渗流方向与边坡平行时的一般几何形态。注意其孔隙水压力（孔隙水应力）是由流网确定的，流网的一部分已在图 5-31 中画出。对砂砾排水层，当土工膜上存在渗流时封顶系统的稳定安全系数可用下式计算：

$$F_S = \frac{\dfrac{c}{\cos\beta} + [\gamma_1 h_1 + \gamma_2 (h_2 - h_w) + (\gamma_{2sat} - \gamma_w) h_w] \tan\delta}{[\gamma_1 h_1 + \gamma_2 (h_2 - h_w) + \gamma_{2sat} h_w] \tan\beta} \tag{5-38}$$

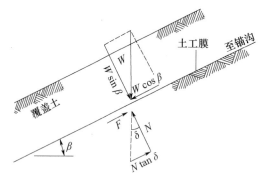

图 5-30　封顶边坡工膜与其上覆土层界面上的力

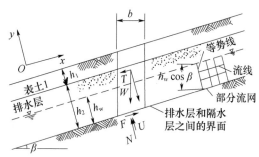

图 5-31　渗流与封顶边坡平行的无限边坡稳定分析

若 $c=0$，则式（5-38）成为

$$F_S = \frac{[\gamma_1 h_1 + \gamma_2 (h_2 - h_w) + (\gamma_{2sat} - \gamma_w) h_w] \tan\delta}{[\gamma_1 h_1 + \gamma_2 (h_2 - h_w) + \gamma_{2sat} h_w] \tan\beta} \tag{5-39}$$

图 5-31 及以上公式中的符号含义：W 为有代表性的覆盖层条块总重力（kN/m）；U 为孔隙水扬压力（kN/m）；N 为有效法向力（kN/m）；T 为滑动力（kN/m）；F 为抗滑力（kN/m）；c 为覆盖层条块底部单位面积有效黏聚力（kPa）；h_1 为表土层厚度（m）；h_2 为排水层厚度（m）；h_w 为排水层中垂于土坡的渗透水深（m）；b 为所取代表性覆盖层条块宽度（m）；γ 为表土的饱和重度（kN/m³）；γ_2 为排水层的湿重度（kN/m³）；γ_{2sat} 为排水层的饱和重度（kN/m³）；γ_w 为水的重度（9.81kN/m³）；δ 为排水层和土工膜之间的有效摩擦角；β 为覆盖层的坡角。

3. 关于安全系数的选择

对边坡的长期静力稳定分析，通常认为最小安全系数为 1.5 是比较合适的，但这常用于土坝设计，对填埋场整体边坡稳定分析或封顶边坡稳定分析是否合适呢？美国环保局建议最小安全系数取 1.25～1.5，其大小取决于所取抗剪强度参数的正确程度。另外在选择封顶系统的最小稳定安全系数时，下列因素也应予考虑：①由于土工合成材料试验的相对历史比较短，所提供的材料特性的可信程度可能比较低；②在估计材料特性时，常常已经包括一定的安全度在内；③通常取最不利的条件来进行分析，但其发生的时段可能很短。

5.7 卫生填埋中的沉降计算

通常，在填埋达到设计高度、封闭填埋场以后，填埋表面会迅速地沉降到拟定的最终填埋高度以下，但是目前还没有预测这种沉降特性的合理模型，或者说，合理的模型还没有被大家普遍接受。

5.7.1 废弃料沉降机理

填埋保护系统如覆盖系统、污染控制屏障、排水系统的设计，会受到填埋场沉降的影响。同样，填埋场存储容量、用于支撑建筑物和道路的垃圾填埋的费用及其可行性，以及填埋场的利用，也都受填埋场沉降的影响，过大沉降可能给填埋场筑成池塘，积水成池，甚至会引起覆盖系统和排水系统开裂，由此可能使进入填埋场的水分和渗滤所产生的渗滤液有所增加。

城市固体废弃料的沉降常常在堆加填埋荷载后就立即开始发生，并且在很长一段时期内持续发展。垃圾沉降的机理相当复杂，垃圾填埋所表现出来的极度非均质性和大孔隙程度甚至不亚于土体。垃圾沉降的主要机理如下。

（1）压缩：包括废弃料的畸变、弯曲、破碎和重定向，与有机质土的固结相似。压缩由填埋场自重及其所受到的荷载引起，在填埋期、主固结期、次固结（次压缩）期内都有可能发生。

（2）错动：垃圾填埋中的细颗粒向大的孔隙或洞穴中的运动。这个概念通常难以与其他机理区别开来。

（3）物理化学变化：废弃料因腐蚀、氧化和燃烧作用引起的质变及体积减小。

（4）生化分解：垃圾因发酵、腐烂及好氧和厌氧作用引起的质量减小。

影响沉降量的因素有很多，各因素之间是相互作用、相互影响的。这些影响因素包括：(1) 垃圾填埋场的各堆层中的垃圾层及土体覆盖层和初始密度或孔隙比；(2) 垃圾中的可分解的废弃料的含量；(3) 填埋高度；(4) 覆盖压力及应力历史；(5) 渗滤水位及其涨落；(6) 环境因素，诸如大气湿度，对垃圾有影响的氧化物含量、填埋体温度，以及填埋体中的气体或由填埋料所产生的气体。

沉降的出现很可能与大量的填埋气体的产生与排放有关。气体的产生及排放导致沉降的机理学说虽然从岩土工程角度来看非常具体，但是还没有被完全解释清楚。同样，部分饱和料压缩中的水量平衡准则和水力效应概念也都没有被人们完全接受。

实际上，垃圾沉降不仅仅在自重作用下产生，在已填埋垃圾上面填埋新一层垃圾时，已填埋垃圾在受到新填垃圾所施加的荷重作用下也会产生沉降。自重和荷重作用下会引起填埋场应力改变，而在填埋堆层中的垃圾层上采用土体覆盖层则会使这个应力改变值的计算相当复杂。此外，覆盖层土体还使我们难以对填埋场垃圾重度进行测量和表述。因此，填埋场垃圾重度可以有两种定义形式：(1) 实际垃圾重度；(2) 有效垃圾重度。其中，实际垃圾重度很不稳定，没有规律。在一个填埋场中，实际垃圾重度的变化范围可达 $5 \sim 11 kN/m^3$。含水量（按干料质量的百分比计）的变化范围可达 $10\% \sim 50\%$。

垃圾沉降的特点就是它的无规律性。在填埋竣工后的 1 或 2 个月内，沉降较大，接下来，在持续的相当一段时间内，大量产生的是次压缩（次固结）沉降。随着时间的失稳和距离填埋表面的埋置深度的增大，沉降量逐渐减小。在自重作用下，垃圾沉降可以达到初始填埋厚度的 $5\% \sim 30\%$，大部分沉降发生在第一年或前两年内。

5.7.2 填埋场沉降速率

为了建立填埋场沉降速率的普遍趋势，Yen 和 Scanlon（1975）对位于洛杉矶、加利福尼亚地区的三个已建填埋场的长达 9 年的现场沉降观测记录进行了研究。这三个填埋场的面积分别为 $1977000m^2$、$80324m^2$ 和 $2289000m^2$，最大填埋高度约 38m。沉降速率的定义为

$$m = \frac{测标点标高的变化量}{各测标点间的设置历时} \qquad (5\text{-}40)$$

这里使用的时间变量是一个"填埋柱龄期中值"的估计值。它是通过测量从填埋柱填埋完成一半到沉降测标的设置日期这段时间间隔而得到的。术语"填埋柱"被定义为直接位于所设沉降测标之下，天然土体之上填埋的土与垃圾柱。所采用的其他变量有整个填埋柱深度 H_f 及总填埋施工期 t_c（单位为月）。选用这些参数，是因为卫生填埋的施工期或日填埋期通常历时较长，在沉降速率分析中应该把这段时间考虑进去。按图 5-32 所示，填埋柱龄期中值 t_1 可用式（5-41）估算：

$$t_1 = t - t_c/2 \qquad (5\text{-}41)$$

式中　t——从施工开始计算的总历时。

这样，我们就可以用实测数据分析确定填埋龄期中值，填埋深度 H_f 及施工 t_c 之间的关系。

填埋柱深度 H_f 反映了作用在垃圾之上或垃圾体内的平均应力的大小，因此，可以根据 H_f 与施工历时 t_c 的范围将填埋柱划分为一个柱段。这样，在每个柱段中，H_f 与 t_c

的变化范围受到限制，而且填埋龄期中值 t_1 与沉降速率 m 之间的关系会更加清晰明了。

点绘 12～24m、24～31m 及大于 31m 的填埋段的 m 与 $\lg t_1$ 关系曲线，如图 5-32～图 5-34 所示。图中 m 与 t_1 的线性关系是通过最小二乘法配以回归系数拟合得到的。这三条线仅仅代表的是 t_c 7～8 两个月的填埋柱段。不同深度范围的填埋柱的沉降速率 m 的平均值如表 5-3 所示。其平均值 m 是通过计算得到的，计算区间中至少应包含有三个现场实测数据。

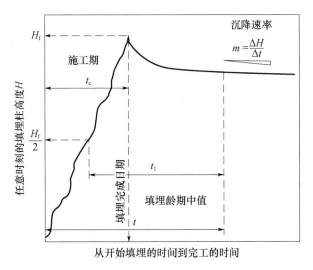

图 5-32 分析中所采用的变量符号标示图

填埋龄期中值对沉降速率的影响：从前述的图 5-33～图 5-35 及表 5-3 可以看出，m 随 t_1 有减小的趋势。然而，在填埋竣工 6 年后（填埋龄期中值为 70～120 个月），沉降速率仍可望达到 0.006m/月。

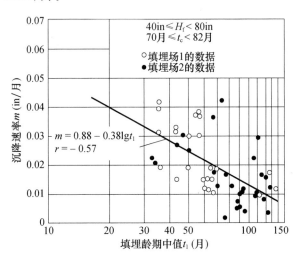

图 5-33 填埋深度 12～24m 的沉降速率与历时关系
注：1in=2.54cm，下同。

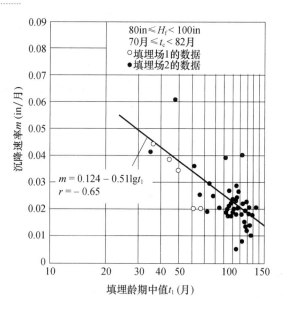

图 5-34 填埋深度 24～31m 的沉降速率与历时关系

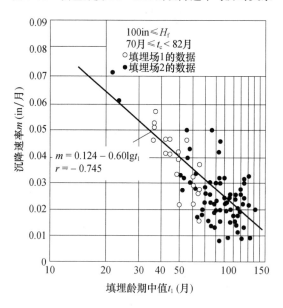

图 5-35 填埋深度大于 31m 的沉降速率与历时关系

表 5-3 沉降速率 m 的平均值（in/月）（Yen 和 Scanlon，1975）

完成的填埋高度 H_f（in）	施工期 $t_c \leqslant 12$ 月	施工期 24 月 $\leqslant t_c \leqslant 50$ 月	施工期 70 月 $\leqslant t_c \leqslant 82$ 月
填埋龄期中值，$t_1 \leqslant 40$ 月			
40	×	×	×
41～80	0.030	×	0.030
81～100	0.050	×	×
＞100	×	×	0.057

完成的填埋高度 H_f (in)	施工期 $t_c \leqslant 12$ 月	施工期 24 月 $\leqslant t_c \leqslant 50$ 月	施工期 70 月 $\leqslant t_c \leqslant 82$ 月
填埋龄期中值，40 年 $\leqslant t_1 \leqslant 60$ 月			
40	0.016	0.016	0.015
41~80	0.010	0.026	0.029
>100	×	×	0.041
填埋龄期中值，60 月 $\leqslant t_1 \leqslant 80$ 月			
40	0.016	0.010	0.009
41~80	0.009	0.012	0.016
81~100	0.036	×	0.025
>100	×	×	0.025
填埋龄期中值，80 月 $\leqslant t_1 \leqslant 100$ 月			
40	0.008	0.0012	×
41~80	×	0.012	0.008
81~100	×	×	0.025
>100	×	×	0.025
填埋龄期中值，100 月 $\leqslant t_1 \leqslant 120$ 月			
40	×	×	×
41~80	×	×	0.015
81~100	×	×	0.020
>100	×	×	0.020

注：×号表明现场的沉降测量数据少于三个，特别是 H_f、t_1、t_c 区间不能确定，因此不能计算沉降速率 m 平均值。第二列数据仅取自填埋场 2；第 3 列数据仅取自填埋场 2 和 3；第 4 列数据仅取自于填埋场 1 和 2。

同样值得我们关注的是，现场勘察之后沉降的范围。竣工后平均总沉降可以通过图 5-33~图 5-35 中的 m 与 $\lg t_1$ 关系函数，在填埋竣工期到外推 $m=0$ 时的 t_1 值这段历时区间上的积分来估算。结果表明，竣工后沉降的范围在总填埋深度的 4.5%~6%，也就是说，对不受任何外载影响、只受其自身质量及生物降解作用、填埋深度超过 31m 的填埋场，可望产生 1.4~1.8m 的竣工后沉降。

1. 填埋深度对沉降速率的影响

从图 5-33~图 5-35 中可以看出，在不考虑施工期 t_c 及填埋龄中值 t_1 的情况下，较大的填埋深度通常表现出较快的沉降速率。但是，填埋沉降速率与填埋深度 t_1 并不成线性关系。前述三个填埋场的研究结果表明，虽然沉降速率随填埋深度而增长，但是在深度超过 27m 之后，其增长效果基本消失。实际上，对填埋深度超过 31m 和填埋深度 24~31m 的填埋场，其 5 年后的填埋沉降速率是相等的。这不足为奇，因为深埋的垃圾类似于一个厌氧环境，因此其生化腐烂速度比浅埋的来得慢，浅埋的垃圾或许更近似于一个好氧环境，其腐烂速率更大，因而沉降速率也更大。有的调查报告报道过，好氧处理后的沉降速率比厌氧处理后的大。例如，对好氧和厌氧环境在类似的孔隙及上覆应力下的沉降速率进行了对比，结果表明，好氧环境下的沉降量普遍比厌氧环境下的沉降量大。

2. 施工期对沉降速率的影响

施工期 t_c 的长短同样对沉降速率有影响，在表5-4中，沉降完成（$m=0$ 时）的时间是通过采用最小二乘法拟合 $m\text{-}lgt_1$ 函数关系，计算而得。

表5-4 沉降历时与施工历时比较表

填埋深度范围 H_f (in)	填埋总施工期 t_c（月）	施工与沉降总历时（月）	沉降完成约需时间（月）
40～80	12	113	101
40～80	72	324	252
80～100	12	245	233
80～100	72	310	238

从表5-4可以看出，施工速率越大（t_c 越小），填埋沉降完成的时间就越短。这个效果对埋深较浅的填埋场比较明显。这或许有助于说明，在施工可靠的条件下，可以尽可能地提高卫生填埋的施工速度，以达到加速沉降的目的。

5.7.3 固体废弃料的压缩性

对城市固体废弃料的压缩性的研究从20世纪40年代起就已经开始了。早期的工作主要集中在对填埋场址的特性及其可行性的研究上；随着卫生填埋实践的广泛开展，研究人员的兴趣已放在如何提高废弃料处理效率的问题上。

早期的研究普遍发现：

（1）大部分的沉降迅速地发生；

（2）紧密填埋可以减小总沉降量；

（3）城市固体废弃料在荷载作用下的沉降量随着龄期增长和埋深加大而减小。

可以确信，下列因素将影响城市固体废弃料的沉降：废弃料的初始密度和填埋处理中的压缩作用力，影响压缩；含水量、埋深、废弃料的组构，一般采用与之相同的参数。可以认为总沉降量由三个分量组成：

$$S_{total}=S_i+S_c+S_s \tag{5-42}$$

式中　S_{total}——总沉降量；

　　　　S_i——瞬时沉降量；

　　　　S_c——固结沉降量；

　　　　S_s——次压缩（次固结）沉降量或蠕变。

在填埋竣工后最初的前三个月内，由加载引起的城市固体废弃料的沉降就已经有了相当的发展。废弃料的沉降与泥炭土的沉降相似，在经历快速的瞬时沉降和固结沉降之后，接下来的沉降主要是由长期的次压缩（次固结）引起的附加沉降，其间几乎不会产生超孔隙压力集中现象。由于固结完成得相当快，因此通常都将固结沉降集中到瞬时沉降一类，称之为"主沉降"。然而，与泥炭土的沉积不同的是，城市固体废弃料的次压缩中包含一个重要的物化与生化分解成分。

常用于估算由竖向应力的增长引起的城市固体废弃料的主沉降的参数包括：压缩指

数 C_c 和修正的压缩指数 C'_c。这些参数被定义为

$$C_c = \frac{\Delta e}{\lg (\sigma_1/\sigma_0)} \tag{5-43}$$

$$C'_c = \frac{\Delta H}{H_0 \lg (\sigma_1/\sigma_0)} = \frac{C_c}{1+e_0} \tag{5-44}$$

式中　Δe——孔隙比的改变；

　　　e_0——初始孔隙比；

　　　σ_0——初始竖向有效应力；

　　　σ_1——最终竖向有效应力；

　　　H_0——垃圾层的初始厚度；

　　　ΔH——垃圾层厚度的改变。

这种处理方法还存在一些问题，包括：垃圾层的初始孔隙比 e_0 或初始厚度 H_0 通常都不知道，尤其是老填埋场；有效应力是垃圾重度（和填埋场渗滤水位）的函数，其数值通常也不清楚；e-$\lg\sigma$ 关系一般是非线性的，因此 C_c 和 C'_c 值将随埋场的初始应力随时间的改变而变化。

废弃料在恒载作用下，可以用次压缩指数 C_a 或修正的次压缩指数 C'_a 来估算主沉降完成以后产生的次沉降量。

值得注意的是，初始孔隙比、垃圾层的初始厚度、压缩指数、次压缩指数在每个施工阶段都会改变。因而在各个计算步骤中，这些值都应该重新核算。

$$C_a = \frac{\Delta e}{\lg (t_1/t_0)} \tag{5-45}$$

$$C'_a = \frac{\Delta H}{H_0 \lg (t_1/t_0)} = \frac{C_a}{1+e_0} \tag{5-46}$$

式中　t_0——初始时刻（月）；

　　　t_1——最终时刻（月）。

上述各指数参数被认为是会随着废弃料的蠕变和化学或生物降解作用而改变的。

为了测试加载作用下废弃料的压缩性载荷试验，旁压试验和固结试验已经被用作其试验研究的手段。测量恒载作用下的沉降速率的测标法也正被广泛地采用。测标法主要技术包括比较不同时期的航空照片，测绘填埋表面的水准标点，以及在填埋场上所筑的土堤之下设置沉降平台。另外还包括望远镜测斜技术。这些技术中所采用的设备可以测量在加载和恒载作用下填埋场不同深度处的沉降量。在填埋过程中，频繁地测读试验数据对反演 C_a 和 C'_a 的离散值是很必要的。

与 C_c 和 C'_c 相似，C_a 和 C'_a 依赖于所采用的 e_0 或 H_0。C'_a 同样也依赖于应力水平、时间及初始时刻的选取。填埋场的填埋期一般都较长，在分析沉降速率时应该把这段时间也考虑进去。零时刻的选取对 C'_a 的计算有较大的影响，特别是对早期沉降 C'_a 的计算影响较大。

在确定 C'_a 值时将遇到的另一个问题即通常 C'_a 不是常量。因为废弃料的沉降速率随填埋深度而增长，因此，填埋越厚则 C'_a 也就越大。这个增长效率在填埋深度达到 30m 时就基本消失。此外，城市固体废弃料的分解对其压缩是有影响的。但是压缩、热效应及生物分解作用对总沉降的相对贡献效果，一直都没有适当的定量描述。

5.7.4 填埋沉降的估算

常规的室内固结试验难以精确地获取废弃料这种颗粒尺寸变化很大的非均质材料的固结参数。人们通过分析从一些大规模填埋试验槽中测取的现场沉降数据，提出了一种估算填埋沉降量的方法。

这种方法所依据的假定、原理和计算步骤，以及由此决定的该模型的适用范围，如下所述。

1. 初期主沉降

（1）在填埋初期，覆盖压力变化很快，并且几乎不会产生孔隙压力集中，由此就会引起主压缩，这是因为填埋场一般都是在地下水位以上建造的，填埋场中的填埋料仅仅处于部分饱和状态。初期主沉降在不到一个月的时间内就会完成。

（2）由新填埋的垃圾层引起的任一已填垃圾层的主沉降可以用下列方程来描述：

$$\Delta e_c = C_c \lg \frac{\sigma_0 + \Delta\sigma}{\sigma_0} \tag{5-47}$$

$$\Delta S_c = C_c \frac{H_0}{1+e_0} \lg \frac{\sigma_0 + \Delta\sigma}{\sigma_0} \tag{5-48}$$

式中　Δe_c——主压缩期内孔隙比的改变；

ΔS_c——主沉降量；

e_0——垃圾层在沉降前的初始孔隙比；

C_c——主压缩指数，假定它与垃圾层的初始孔隙比成正比；

H_0——垃圾层在沉降前的初始厚度；

σ_0——垃圾的前期平均覆盖压力；

$\Delta\sigma$——填埋新的垃圾层时引起的平均覆盖压力增量（假定上部新填垃圾层引起的压力增量100％地传递到所计算的垃圾层上）。

（3）假定各覆盖层土体和最终覆盖土体不受由覆盖压力引起的压缩。但是，由于覆盖层土体向垃圾层中的大孔隙中的迁移，因而假定覆盖层的厚度在竣工后会减小为只有其初始厚度的1/4。对黏性较大的土体覆盖层，这个厚度或许会更大一些。这个假定是一个在有限的现场观测基础上的经验假定。

对每个施工阶段、每个垃圾层重复采用上述计算步骤，就可以得出所计算的某个施工阶段、某垃圾层对总压缩沉降的贡献量大小。到某个施工阶段为止的压缩，就是此前的各个施工阶段的贡献量大小之和。

2. 长期次沉降

（1）竣工后的垃圾填埋场的沉降以某个速率持续发展着，填埋场竣工后的某段时期内，任一垃圾层的沉降量可以用下面的方程来描述：

$$\Delta e_s = C_a \lg \frac{\tau_a}{t_1} \tag{5-49}$$

$$\Delta S_s = C_a \frac{H_0}{1+e_0} \lg \frac{t_2}{t_1} \tag{5-50}$$

式中　Δe_s——长期次沉降过程中孔隙比的改变；

ΔS_s——长期次沉降量；

e_0——次沉降开始发生前垃圾层的初始孔隙比；

C_a——次压缩指数，假定它与次沉降开始发生前垃圾层的初始孔隙比成正比；

H_0——次沉降开始发生前垃圾层的初始厚度；

t_1——垃圾层的长期次沉降的预计起动时间（本式计算中假定其为 1 个月，亦即假定主压缩完成后的 1 个月之后才开始发生次沉降）；

t_2——垃圾层的长期次沉降的预计结束时间。

（2）在某段给定时期内，可以对各个垃圾层重复采用上述计算步骤。各个垃圾层对次沉降的贡献量大小之和就是到该段时期为止的长期沉降量。

5.7.5 城市固体废弃物填埋场的固结

固体废弃物填埋场主要存在以下环境土工问题：①填埋气泄漏和爆炸；②渗滤液渗漏与扩散；③填埋体变形大、不均匀沉降显著；④填埋体失稳。对以上灾害机理的认识不足，以及现有城市固体废弃物填埋场设计、施工、运营和管理中的不合理，是这些问题的根本原因。人们根据城市固体废弃物生化降解、压缩变形、水汽渗透、孔隙水体积变化及强度特性方面的研究成果，分析了城市固体废弃物填埋场生化降解-压缩变形-水气运移耦合作用规律，研究填埋场环境土工的固结问题，为填埋场设计、施工、运营和管理提供依据。

城市固体废弃物中固、液、气三相物质的体积质量关系如图 5-36 所示。骨架由惰性组分和可降解组分组成，孔隙中充满孔隙水和孔隙气。惰性组分为固相，可降解组分由可降解固相和胞内水两部分组成。虽然胞内水以液相形式存在，但它存在于可降解组分内部，因此不参与孔隙水运移。胞内水会通过生化降解过程析出，从而转变成孔隙水。为了与传统土力学保持一致，将城市固体废弃物中固、液、气三相的质量和体积分别定义为骨架（含胞内水）、孔隙水（不含胞内水）、孔隙气的质量和体积。

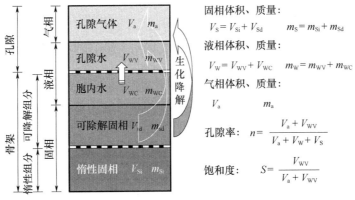

图 5-36　城市固体废弃物组成及体积质量关系

在建立饱和城市固体废弃物一维降解固结普遍模型前，基于太沙基一维固结理论，引入如下假定：①固体废弃物是均质且完全饱和的；②固相颗粒和孔隙水不可压缩；③固相密度和孔隙水密度为常数，不考虑液相溶质对孔隙水质量和体积的影响，胞内水密度与孔隙水密度相同；④孔隙水渗流服从达西定律；⑤固体废弃物的变形是微小的；⑥忽略固体废弃物的蠕变；⑦填埋层各点有效应力等于先期固结压力与上覆荷载之和减去超静孔压，不考虑降解对先期固结压力的影响。

固相颗粒体积变化由可降解固相水解和胞内水释放引起，可表示成

$$\frac{dV_s}{V_0} = \frac{dm_{sd}}{V_0 \rho_s} + \frac{dm_{sw}}{V_0 \rho_w} = \frac{d\left[(m_{sd0} + m_{si0})f_d f_{ms}\right]}{V_0 \rho_s} + \frac{d(m_{sw0} f_{mw})}{V_0 \rho_w} = \frac{\rho_{d0} f_d}{\rho_s} df_{ms} + \frac{d(m_{sw0} f_{mw})}{V_0 \rho_w}$$

(5-51)

式中　　ρ_s——可降解固相密度（kg/m³）；

ρ_w——孔隙水的密度（kg/m³）；

ρ_{d0}——初始时刻的干密度（kg/m³）；

f_d——可降解固相占固相质量的百分比；

f_{mw}——t 时刻胞内水质量的剩余程度（m_{sw}/m_{sw0}）；

m_{sw0}——初始胞内水质量（kg）；

m_{sw}——t 时刻胞内水质量（kg）；

f_{ms}——t 时刻可降解固相质量的剩余程度（m_{sd}/m_{sd0}）；

m_{sd0}——初始可降解固相质量（kg）；

m_{sd}——t 时刻可降解固相质量（kg）；

V_0——固废的初始总体积（m³）；

V_s——固废中可降解的固相体积（m³）。

基于孔隙水质量守恒，孔隙水运移控制方程如下：

$$\frac{\partial(\rho_w V_w/V_0)}{\partial t} = -\frac{\partial(\rho_w v_w)}{\partial z} + f_w$$

(5-52)

式中　　v_w——孔隙水的流速（m/s）；

f_w——孔隙水源项 [kg/（m³·s）]；

ρ_w——孔隙水的密度（kg/m³）；

V_0——固废的初始总体积（m³）；

V_w——固废中孔隙水的体积（m³）。

基于达西定律，孔隙水流速为

$$v_w = -\frac{1}{\gamma_w} k_w \frac{\partial u_{sw}}{\partial z}$$

(5-53)

式中　　k_w——饱和渗透系数（m/s）；

u_{sw}——超静孔压（kPa）。

饱和城市固体废弃物单元体总体积变化等于孔隙水体积和固相颗粒体积变化之和，因此有

$$\frac{dV_w}{V_0} + \frac{dV_s}{V_0} = -d\varepsilon$$

(5-54)

式中　　ε——压缩应变。

与传统土体不同的是，降解引起固相质量损失，从而改变城市固体废弃物的压缩特性，饱和城市固体废弃物的应变增量可以表示为

$$d\varepsilon = S_{\sigma'} d\sigma' + S_t dt$$

(5-55)

式中　σ'——有效应力（kPa）；

　　　$S_{\sigma'}$——与有效应力相关的压缩系数（kPa^{-1}）；

　　　S_t——应力水平保持不变时，降解导致骨架抵抗变形能力衰变而产生应变所对应的压缩系数（s^{-1}）。

式（5-55）中 σ' 可表示为

$$\sigma' = \sigma - u_{sw} = \sigma'_c + q - u_{sw} \tag{5-56}$$

式中　σ'——先期固结压力（kPa）；

　　　σ——总应力（kPa）。

将式（5-51）～式（5-53）和式（5-55）、式（5-56）代入式（5-54）得

$$\frac{\partial u_{sw}}{\partial t} = \frac{k_w}{S_{\sigma'}\rho_w g}\frac{\partial^2 u_{sw}}{\partial z^2} + \frac{1}{S_{\sigma'}\rho_w g}\frac{\partial u_{sw}}{\partial z}\frac{\partial k_w}{\partial z} + \frac{\rho_{d0} f_d}{S_{\sigma'}\rho_s}\frac{\partial f_{ms}}{\partial t} + \frac{m_{sw0}}{S_{\sigma'}V_0\rho_w}\frac{\partial f_{mw}}{\partial t} + \frac{f_w}{S_{\sigma'}\rho_w} + \frac{S_t}{S_{\sigma'}} \tag{5-57}$$

式中　ρ_s——可降解固相密度（kg/m^3）；

　　　ρ_w——孔隙水的密度（kg/m^3）；

　　　ρ_{d0}——初始时刻的干密度（kg/m^3）；

　　　k_w——饱和渗透系数（m/s）；

　　　u_{sw}——超静孔压（kPa）；

　　　f_d——可降解固相占固相质量的百分比（%）；

　　　f_{mw}——t 时刻胞内水质量的剩余程度（m_{sw}/m_{sw0}）；

　　　f_{ms}——t 时刻可降解固相质量的剩余程度（m_{sd}/m_{sd0}）；

　　　m_{sd0}——初始可降解固相质量（kg）；

　　　m_{sd}——t 时刻可降解固相质量（kg）；

　　　σ'——有效应力（kPa）；

　　　$S_{\sigma'}$——与有效应力相关的压缩系数（kPa^{-1}）；

　　　S_t——应力水平保持不变时，降解导致骨架抵抗变形能力衰变而产生应变所对应的压缩系数（s^{-1}）；

　　　V_0——初始总体积（m^3）；

　　　g——重力加速度（m/s^2）。

式（5-57）为饱和城市固体废弃物一维降解固结普遍模型，等式右边依次代表了水力梯度沿深度变化、饱和渗透系数沿深度变化、可降解固相水解、胞内水释放、孔隙水源项或汇项及降解导致压缩性衰变对降解固结特性的影响。

为得到饱和城市固体废弃物一维降解固结简化模型，基于上述城市固体废弃物的降解、压缩和渗透特性研究成果，进一步引入如下假定：①不考虑饱和渗透系数 k_w 随深度变化而引起的流量变化；②不考虑有效应力沿深度变化引起的压缩性变化，只考虑降解对压缩性的影响；③次压缩速率由胞内水释放速率控制，即 $c=c_w$；④固结过程中，固结系数为常量。式（5-57）可退化为

$$\frac{\partial u_{sw}}{\partial t} = c_v\frac{\partial^2 u_{sw}}{\partial z^2} + \frac{1}{S_{\sigma'}}\frac{\rho_{d0}}{\rho_s}\frac{\partial f_{ms}}{\partial t} + \frac{S_t}{S_{\sigma'}} \tag{5-58}$$

式（5-58）右边各项依次代表了水力梯度沿深度变化、可降解固相水解及降解导致压缩性衰变对降解固结特性的影响。当不考虑可降解固相水解和压缩性衰变时，

式（5-58）可退化为太沙基一维固结方程。

假定填埋层顶部边界为透水边界，底部边界为不透水边界。

$z=0$：

$$u_{sw}=0 \tag{5-59}$$

$z=H$：

$$\frac{\partial u_{sw}}{\partial z}=0 \tag{5-60}$$

荷载施加后的瞬间，荷载完全由孔隙水承担，此时超静孔压沿深度均布：

$t=0$：

$$u_{sw}=q \tag{5-61}$$

基于 Olson 提出的考虑加载过程的太沙基一维固结问题求解方法和 Robert 提出的应用太沙基扩散方程求解土体卸载问题的方法，可得到式（5-58）的解析解：

$$u_{sw}=\int_0^t \sum_{m=1}^\infty \frac{2}{M}\sin\frac{Mz}{H}\exp^{-\frac{M^2 c_v (t-\tau)}{H^2}}\left(\frac{S_t}{S_{\sigma'}}+\frac{\rho_{d0}}{S_{\sigma'}\rho_s}\frac{\partial f_{ms}}{\partial\tau}\right)d\tau+\sum_{m=1}^\infty \frac{2q}{M}\sin\frac{Mz}{H}e^{-\frac{M^2 c_v t}{H^2}} \tag{5-62}$$

$$M=\frac{\pi}{2}(2m-1)\quad(m=1,2,3,\cdots) \tag{5-63}$$

课程思政：环保责任感和使命感

城市固体废弃物的现代卫生填埋场的建设属于社会公益性环境保护基础设施，是确保当下和子孙后代身体健康的大事，是利国利民的大事。不忘初心，牢记使命，做好城市固体废弃物的现代卫生填埋场设计、建设施工使命和责任重大。

填埋场就是在设有良好防渗性能衬垫的场地上，将固体废弃物按一定厚度的薄层，加以压实，并加上覆盖层。场地必须具有合适的水文、地质和环境条件，进行专门的规划、设计，严格施工和科学管理。为防止周围环境被污染，必须设置一个渗滤液收集和处理系统，还要提供气体的回收系统，并对填埋过程中产生的水、气和附近的地下水进行监测，能达到抵御百年一遇以上洪水的设计标准。固体废弃物进行填埋处置主要有两个方面的功能，即储留固体废弃物、隔断固体废弃物污染。教学过程中不仅注重讲解现代卫生填埋场方法与理论，更需要让学生了解这项工作的重要性，并牢记环保责任感和使命感，有造福人类的家国情怀。

6 放射性有害废料的处置

核废料主要分为高放射性、中放射性、低放射性三类。高放射性核废料主要包括核燃料在发电后产生的乏燃料及其处理物。中低放射性核废料一般包括核电站的污染设备、检测设备、运行时的水化系统、交换树脂、废水、废液和手套等劳保用品，占到所有核废料的 99%。中低放射性核废料危害较低，高放射性核废料则含有多种对人体危害极大的高放射性元素。高放射性元素的半衰期长达数万年到十万年不等。因此，各种核废料处置方法是不一样的。

如何处理核废料一直是核工业面临的一个难题。例如，美国就已经在该问题上进行了长达 20 年的研究，并耗费了上百亿美元的支出。美国在 1987 年首次提出了在内华达州山脉中的深层地质结构中存放核废料的计划，但因其建造要求特殊、技术复杂，截至目前，在国际上并无一座成型的永久性存放核废料的库。

中国核工业系统积存了几万立方米的中、低放射性固体废弃物，目前每年会产生约 150t 高放射性废料。中国核废料存储空间上的压力会在 2030 年前后出现，那时仅核电站产生的高放射核废料，每年就将高达 3200t。目前，中国已建有两座中低放射性核废料处置库，并准备再建两座，但还没有一座高放射性核废料处置库；已建成两座中低放射核废料处置库，分别位于甘肃玉门和广东大亚湾附近的北龙。

高放射性废弃物是核电生产中的必然产物，由于高放射性废弃物具有长期而特殊的危害性，如果处置不当，不仅将严重危及人类生存环境，也将严重制约核电事业的发展。例如，2013 年 3 月 22 日，美国华盛顿州汉福德核禁区至少 6 个装有核废料的地下存储罐发生放射性和有毒废料泄漏。场区的 177 个储罐装有 2×10^8 L 高放射性核废料，这些储罐早已超过 20 年的使用期，其中不少先前发生过泄漏，估计共泄漏 3.78×10^6 L 升放射性液体。美国政府如今每年需要花费 20 亿美元清理该场区，这个数字占全美全部核清理预算总额的 1/3。要在该场区建设新的核废料处理工厂，预计耗资将超过 123 亿美元。再如前苏联出于成本等因素考虑，将核武器工厂产生的高放射性废料直接排入附近的河流湖泊中，造成严重的生态灾难。位于著名的原子能城车里雅宾斯克旁边的加腊苏湖曾经是野生动物的乐园，如今却因受到核废料污染变成了一潭死水，据俄罗斯环保专家称，该湖的生态环境在未来十几万年内都无法得到恢复。2006 年日本福岛核电厂发生泄漏事故后，除了核电站运行安全外，核能应用所产生的核废弃物的最终去向也成为公众关注的焦点之一。目前，国际上普遍接受的、唯一可行的高放射性废弃物处置方式是深地质处置，业界对深地质处置的安全性和现实性已基本达成了共识。

6.1 放射性废弃物管理的目标和原则

6.1.1 放射性废弃物的分类和特点

铀矿石开采和水冶、铀的提纯和浓集、反应堆燃料元件制造、反应堆运行直至乏燃料后处理的整个核燃料循环系统，放射性物质在工业、农业、科学研究及医学等各领域中的应用，都会产生含有放射性核素或被放射性核素沾染而预期不再进一步利用的废弃物。当这类废弃物的放射性核素浓度或比活度大于审管部门所规定的清洁解控水平时，即应作为放射性废弃物加以妥善管理。

从物理观点考虑，放射性核素浓度或比活度等于或低于清洁解控水平的废弃物仍然是放射性的，只是因其对公众健康和环境的辐射危害很低而可以解除核审管控制，这类免管废弃物可按一般非放射性废弃物加以管理。

6.1.1.1 放射性废弃物的分类

基于 IAEA 推出的放射性废弃物安全标准，依据颁布了的放射性废弃物分类标准 (2018)，采用的核废弃物分类构架如下：

（1）按最终处置的要求分类

按最终处置的安全要求，将固体废弃物分为高放废弃物、长寿命中低放废弃物（包括 α 废弃物）、短寿命中低放废弃物（简称为中低放废弃物）和免管废弃物（图 6-1）。表 6-1 所示为固体废弃物分类的定量依据。

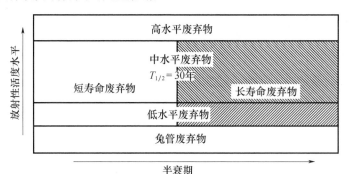

图 6-1 放射性废弃物分类框架

表 6-1 固体放射性废弃物分类依据

废弃物类型	特 性	处置方式
免管废弃物	放射性比活度等于或小于清洁解控水平①	不按放射性废弃物处置要求对待
中低放废弃物	比活度大于清洁解控水平，释热率小于 $2kW/m^3$	近地表处置或地质处置
短寿命废弃物	单个废弃物包装体中长寿命 a 核素比活度不大于 $4\times10^6Bq/kg$，多个包装体平均值不大于 $4\times10^5Bq/kg$	近地表处置或地质处置
长寿命废弃物	长寿命放射性核素比活度大于上述规定的限值	地质处置
高放废弃物	释热大于 $2kW/m^3$，长寿命放射性核素比活度大于上述规定的限值	地质处置

①清洁解控水平系按公众成员年有效剂量小于 0.01mSv 的豁免水平导出的。

固体废弃物的清洁解控水平可参阅表 6-2。

表 6-2 固体废弃物核素比活度的清洁解控水平

核素组	核 素	比活度豁免水平 $\dot{A}_1$（Bq/g）
高能 β-γ 辐射体	^{22}Na，^{60}Co，^{137}Cs	0.1～1.0
其他 β-γ 辐射体	^{54}Mn，^{106}Ru，^{131}I	1.0～10^2
α 辐射体	^{239}Pu，^{241}Am	0.1～1.0
碳	^{14}C	10^2～10^3
短寿命 β 辐射体	^{32}P，^{35}S，^{45}Ca	10^3～10^4

固体废弃物中含多种放射性核素，应按式（6-1）要求控制免管：

$$\sum_i \dot{A}_i / \dot{A}_{I,i} \leqslant 1.0 \tag{6-1}$$

式中 $\dot{A}_i$——废弃物所含核素 i 的比活度（Bq/g）；

$\dot{A}_{I,i}$——核素 i 的清洁解控水平（Bq/g）。

液态废弃物满足一定条件也可予以免管而排入城市下水道系统。

放射性废弃物经必要的去污或净化处理后，其核素浓度、比活度或活度等于或小于清洁解控水平时，可由审管部门核准，解除任何进一步审管控制，予以免管。

（2）按处置前管理要求分类

综合考虑废弃物处理、整备及处置要求，对气载废弃物、废水（废液）及固体废弃物的定量分类依据见表 6-3～表 6-5。

（3）放射性废弃物的非定量分类

除上述两个定量分类系统外，为了更明确地表明放射性废弃物的某些特征，还可按以下非定量依据进行分类：

① 按废弃物的产生来源，可分为矿冶废弃物、核电厂废弃物、乏燃料后处理废弃物、退役废弃物及城市废弃物等；

② 按废弃物采用的处理、整备方法，可分为可燃废弃物、可压缩废弃物等；

③ 按废弃物某些特殊的物理性质，可分为挥发性废弃物、有机废弃物、生物废弃物等。

表 6-3 气载放射性废弃物的分类

级别	名称	放射性核素浓度 C（Bq/m³）
Ⅰ	低放	$C \leqslant 4 \times 10^7$
Ⅱ	中放	$C > 4 \times 10^7$

表 6-4 放射性废水（废液）的分类

级别	名称	放射性核素浓度 C（Bq/L³）
Ⅰ	低放	$C \leqslant 4 \times 10^6$
Ⅱ	中放	$4 \times 10^6 < C \leqslant 4 \times 10^{10}$
Ⅲ	高放	$C > 4 \times 10^{10}$

表 6-5 非 α 固体放射性废弃物的分类

级别	名称	放射性比活度 $\dot{A}$（Bq/kg）			
		$T_{1/2}{\leqslant}60d$①	$60d{<}T_{1/2}{\leqslant}5$年②	5 年${\leqslant}T_{1/2}{<}30$ 年③	$T_{1/2}{>}30$ 年
Ⅰ	低放	$\dot{A}{\leqslant}4{\times}10^6$	$\dot{A}{\leqslant}4{\times}10^6$	$\dot{A}{\leqslant}4{\times}10^6$	$\dot{A}{\leqslant}4{\times}10^6$
Ⅱ	中放	$\dot{A}{>}4{\times}10^6$	$\dot{A}{>}4{\times}10^6$	$4{\times}10^6{<}\dot{A}{\leqslant}4{\times}10^{11}$（或释热率不大于 2kW/m³）	$\dot{A}{>}4{\times}10^6$（或释热率大于 2kW/m³）
Ⅲ	高放	—	—	$\dot{A}{>}4{\times}10^{11}$（或释热率大于 2kW/m³）	$\dot{A}{>}4{\times}10^{10}$（或释热率大于 2kW/m³）

①包括 ^{125}I（$T_{1/2}{=}60.14$d）；②包括 ^{60}Co（$T_{1/2}{=}5.27$ 年）；③包括 ^{137}Cs（$T_{1/2}{=}30.17$ 年）。

6.1.1.2 放射性废弃物的特点

放射性废弃物中所含核素的衰变及随之产生的电离辐射是其原子核本身固有的特性，其辐射强度（活度）只能随时间的推移按指数规律逐渐衰减，除了尚在研究之中的分离-嬗变技术之外，任何物理、化学、生物处理方法或环境过程都不能予以消除。因此，放射性废弃物在其所含核素的衰变过程中，始终存在着对公众健康和环境造成辐射危害的潜在危险（风险）。

有鉴于此，放射性废弃物管理的根本任务在于为废弃物中核素的衰变提供合适的时间和空间条件，将其对公众可能造成的辐射危害始终控制在许可水平以下。基本途径是将气载和液体放射性废弃物做必要的浓缩及固化处理后，在与环境隔绝的条件下长期安全地存放（处置）。净化后的废弃物则可有控制地排放，使之在环境中进一步弥散和稀释，固体废弃物则经去污、整备后处置，污染物料有时可经去污后循环再利用。

放射性废弃物中同时也含有多种非放射性污染物质，应该指出的是，一般情况下放射性核素的质量浓度远低于非放射性污染物的浓度，但其净化要求极高。另外，由于放射性核素与其稳定同位素的化学性质基本相同，因此，去除废弃物中稳定性元素的常规处理方法亦可用于去除放射性同位素，例如，水质软化处理中，稳定性钙及 ^{45}Ca 同位素均可被有效地去除。该方法还可用于化学性质与钙相近的放射性锶、钡所污染废水的净化处理。

高放射性废弃物中常含有各种用途广泛的裂变产物同位素，如加以浓缩回收，既可降低废弃物的活度水平，又可用以制造辐射源，如 ^{137}Cs 可取代 ^{60}Co 及 ^{226}Ra 制成密封式辐射源，^{147}Pm、^{3}He 可用作发光粉的激发能源。

废弃物处理过程中产生的各种浓缩物（沉渣、污泥、废离子交换树脂及其固化体）和乏燃料元件等中、高放射性废弃物，会对人体造成外照射，核素的衰变会释放出大量的热量，有的物质会因辐射分解而产生有害气体。这类废弃物在处理、整备、运输、储存、处置过程中要考虑必要的屏蔽防护及远距离操作的设备。工作场所或设备应具备必要的通风、散热、冷却等设施。

6.1.2 放射性废弃物管理的目标和基本原则

6.1.2.1 放射性废弃物管理的目标

作为辐射环境管理中污染源控制的重要措施，放射性废弃物管理应根据最优化分析的结果，采用妥善的方式实施管理，其目标是防止废弃物中所含的放射性核素以不可接受的量释入环境，使公众和环境在当前或未来都能免受任何不可接受的辐射危害，使之保持在许可水平以下和考虑了经济和社会因素之后可合理达到的尽可能低的水平。

根据这一目标，放射性废弃物管理必须遵循辐射防护的基本原则。伴有放射性废弃物产生的任何核设施都必须具备有效的废弃物管理设施，确保废弃物对公众与环境造成的危害所相应的代价与废弃物管理代价之和远小于核设施运行所带来的利益；应结合防护最优化和个人剂量限制和约束的原则，以有关的辐射环境管理标准为依据，采用合适的模式和参数，通过环境影响评价，确定环境对流出物释放或固体废弃物处置的可接受量（环境容量），使公众及环境在当前和未来都能免受任何不可接受的危害；在以上前提下，也应力求降低废弃物管理的经济代价。

长寿命放射性废弃物对公众与环境造成的辐射危害及风险将长期存在，因此，废弃物管理不仅要控制当代人的受照剂量，还必须控制后代受照的可能和剂量，后代可能受到的照射剂量同样不应超过目前适用的限值。

6.1.2.2　放射性废弃物管理的基本原则

放射性废弃物管理应以安全为目的，以处置为中心。

废弃物管理设施或实践应保证操作人员和公众所受到的照射剂量不超过相应的剂量限值或约束值，并应在考虑经济和社会因素的条件下，使之保持在可合理达到的尽可能低的水平。

废弃物管理应贯彻保护后代的原则，即不增加后代对当前产生的放射性废弃物的管理责任和负担，对后代个人的防护水平按目前的标准控制。

一切伴有放射性废弃物产生的设施或实践，均应设立相应的放射性废弃物管理设施，并保证其与主体工程同时设计、同时施工、同时投入运行。

废弃物管理应遵循"减少产生、分类收集、净化浓缩、减容固化、严格包装、安全运输、就地暂存、集中处置、控制排放、加强监测"的方针。

任何废弃物管理设施或实践均应事前进行环境影响评价，放射性物质向环境排放的总量和浓度必须低于相应的排放管理限值。

废弃物管理应实施优化管理和废弃物最少化原则。应保持废弃物管理设施在使用寿期内的安全。

6.1.3　放射性废弃物管理的基本步骤

放射性废弃物管理涉及废弃物产生量和成分的控制、废弃物的预处理、废弃物的处理、废弃物的整备、废弃物的储存直至最终处置，是由若干阶段构成的一个完整的过程和体系。图 6-2 为放射性废弃物管理的基本步骤。废弃物管理设施的规划、设计、建造、运行、关闭和退役，都应妥善考虑各阶段各项管理步骤之间的相互关系。

6.1.3.1　废弃物产生量和成分的控制

控制废弃物的产生量和污染物成分，是安全地管理放射性废弃物的基础，核设施运行应通过最优化分析，选择最佳的工艺和材料，遵循清洁生产的原则，尽量减少废弃物产生量，并使之易于经济地处理。应严格控制生产过程中各种试剂、材料及添加剂的使用，防止各类废弃物的混杂；严格控制设备、地面等表面的清洗去污方法及试剂的使

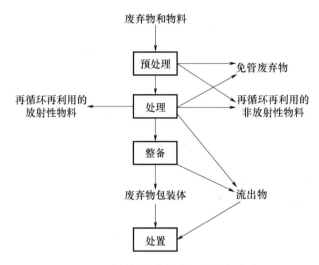

图 6-2 放射性废弃物管理的基本步骤

用，尽可能使废弃物成分简单而易于处理；应选用处理效果好、二次废弃物量少、操作维护简便、投资和运行费用较低的废弃物处理方案和设备。

6.1.3.2 废弃物的预处理

废弃物的预处理包括分类收集、废水的化学调制和固体废弃物的表面去污，有时还包括废弃物在相当一段时期内的中间储存（暂时储存）。预处理为废弃物的进一步分类提供了条件，根据废弃物的产生来源、按工艺参数及监测数据确定的放射性核素浓度或比活度、废弃物的物理状态和化学组成，确定各类废弃物的管理方案。核素浓度或比活度等于或低于清洁解控水平的废弃物，经批准后可以作为非放射性废弃物进行管理。

废弃物的收集应确保不扩大污染，并避免交叉污染。非放射性废弃物与放射性废弃物应分别收集，以减少必须进行专门处理的放射性废弃物数量；废弃物应与其他固体废弃物分别收集，以减少具有特殊处置要求的固体废弃物量；短寿命放射性废弃物经一定时期的储存衰变后可予免管，应与其他废弃物分别收集，以降低管理成本；拟采用不同方法处理、处置的各类废弃物也应分别收集；被放射性核素沾染的试验动物尸体也应采用专门装置和设施收集保存，避免腐烂。各类废弃物应有专用的收集设施，并应具有必要的检测和监督手段。

6.1.3.3 废弃物的处理

为满足安全和（或）经济的要求，可采用物理、化学或生物学方法改变废弃物的性质，目的在于减小废弃物的体积，从废弃物中去除放射性核素，改变废弃物的化学组成。处理方法有可燃性废弃物的焚烧，松散性固体废弃物的压实，湿固体的脱水及干化，气载废弃物的过滤、吸附和液体废弃物的蒸发、离子交换、过滤、絮凝及沉降，污染物料的去污等，许多情况下需要几种方法配合使用，以提高净化去污效果。

放射性废弃物处理效果的评价，不仅要考虑处理后废弃物中所含核素浓度或比活度的降低程度，还应考虑处理后浓缩物相应于处理前废弃物体积减小的程度。废弃物处理应尽可能选择去污比（比污效率）高、减容比（体积浓缩倍数）大的处理方法。

（1）去污比（净化系数）DF。处理前后废弃物中所含核素浓度或比活度的比值称

为去污比（净化系数），即

$$DF = \frac{C_b}{C_a} \left(\text{或} \frac{\dot{A}_b}{\dot{A}_a} \right) = 10 \qquad (6\text{-}2)$$

式中 DF——去污比（净化系数），常以核素浓度或比活度降低的数量级 n 表示；

    C_b——处理前废弃物中核数的浓度（对气载废弃物为 Bq/m³，对液体废弃物为 Bq/L）；

    C_a——处理后废弃物中核素的残留浓度（Bq/m³ 或 Bq/L）；

    $\dot{A}_b$——处理前（固体）废弃物的比活度（Bq/kg）；

    $\dot{A}_a$——处理后（固体）废弃物的残留比活度（Bq/kg）。

（2）去污效率 K。处理过程对废弃物中所含核素总活度的去除百分率称为去污效率。

$$K = \frac{A_b - A_a}{A_b} \times 100\% \qquad (6\text{-}3)$$

式中 K——去污效率（%）；

    A_b——处理前废弃物中核素的总活度（Bq）；

    A_a——处理后废弃物中核素的残留活度（Bq）。

当处理过程减容比很大，处理后浓缩物体积很小，处理前后废弃物体积改变不大时，有

$$K \approx \frac{\dot{A}_b - \dot{A}_a}{\dot{A}_b} \times 100\%$$

或

$$K \approx \frac{C_b - C_a}{C_b} \times 100\% \qquad (6\text{-}4)$$

表 6-6 为去污比 DF 与去污效率 K 之间的换算关系。

表 6-6 去污比 DF 与去污效率 K 之间的换算关系

DF	K（%）	DF	K（%）	DF	K（%）
2	50	20	95	5×10^2	99.8
5	80	50	98	1×10^3	99.9
10	90	1×10^2	99	1×10^4	99.99

（3）减容比（体积浓缩倍数）。处理前废弃物体积与处理后浓缩物体积之比值称为减容比。

$$CF = \frac{V_b}{V_c} \qquad (6\text{-}5)$$

式中 CF——减容比；

    V_b——处理前废弃物的体积（m³ 或 L）；

    V_c——处理后浓缩物的体积（m³ 或 L）。

6.1.3.4　废弃物的整备

废弃物整备的目的是将放射性废弃物转化为适合于装卸、运输、储存和处置的形态。整备方法有废弃物的固化（埋置或包容）、装入容器及加外包装。通常的固化方法包括中放射性废液的水泥或沥青固化和高放射性废液的玻璃固化等，固化后的废弃物装入钢桶或厚壁工程容器中进行储存或处置。许多情况下，整备过程是和处理过程连续一次完成的。

6.1.3.5　废弃物的储存

在某些情况下，出于不同的目的，放射性废弃物需在专用设施内暂时存放一段相当长的时期。短寿命低放射性废弃物经储存衰变后，可予以解控，作为非放射性废弃物处置；反应堆乏燃料元件从堆中卸出后，在冷却池中存放 5～10 年，待短寿命裂变产物核素衰变完，释热率明显降低后进行后处理或进行最终处置；许多国家后处理高放射性废液玻璃固化工厂尚未投入运行，这些废液也都暂时存放在地下储槽内；在高放射性废弃物地质处置库还未建造使用之前，乏燃料元件及其他高放射性固体废弃物目前还都处于中间储存状态。相对于最终处置的永久性不可回取的储存而言，这类中间储存又称为暂时储存或可回取的储存。

6.2　放射性废水的管理

铀矿石开采和水冶、铀的精制和 ^{235}U 的浓缩、燃料元件制造、反应堆运行、乏燃料暂存和后处理、同位素生产和使用，都会产生放射性废水或废液。除乏燃料后处理第一循环萃余残液为高放射性废液外，一般均为中、低放射性废水。

6.2.1　中、低放射性废水的净化处理

6.2.1.1　储存衰变

有些放射性核素的半衰期较短，如核医学诊断、治疗常用的 ^{32}P（14.3d）、^{131}I（8.04d）、^{198}Au（2.69d）、^{99}Mo（2.75d）、^{99}Tc（6.02h），反应堆运行产生的某些裂变产物及活化产物核素如 ^{92}Sr（2.71h）、^{93}Y（10.1h）、^{97}Zr（16.9h）、^{132}Te（3.26d）、^{133}I（20.8h）、^{139}Ba（1.38h）、^{142}La（1.54h）等。含这类核素的废水可在储槽中存放一段时间，待这类短寿命核素衰变到相当低的水平时，可排入下水道或有控制地排入地面水体。

这一方法简单易行，效果可靠，但要有相当容量的储槽，其净化效果取决于废水中所含核素半衰期的长短及废水的滞留储存时间。由放射性活度指数衰减规律可知，经过 10 个半衰期后，核素的活度将降至其初始活度的 1/1000 以下。因此，采用这一方法时，废水在储槽内的滞留储存时间一般按其所含寿命最长的核素半衰期的 10 倍考虑。

当废水中同时含有半衰期较长的放射性核素时，这一方法可作为预处理方法使用，废水在储槽中滞留储存一定时间，待短寿命核素大部分衰变后，再对其他长寿命核素进行净化处理。

6.2.1.2　絮凝沉淀和过滤

放射性核素及其他污染物质通常以悬浮固体颗粒、胶体或溶解离子状态存在于废水

中。其中，除较大的悬浮物颗粒之外，一般都不能用简单的静止沉降或过滤方法除去。向废水中投加明矾、石灰、铁盐、磷酸盐等絮凝剂，在碱性条件下所形成的水解产物是一种疏松而具有很大表面积和吸附活性的氢氧化物絮状物（矾花），缓慢搅拌条件下，矾花不断凝聚长大，废水中细小的固体颗粒、胶体及离子状态的污染物质均可被其吸附载带，除去这些矾花，即可达到净化废水的目的。

废水的酸碱度对絮凝净化效果影响很大，随着 pH 的上升（废水碱度的提高），水中一系列杂质阳离子（包括某些高价阳离子）本身均能形成氢氧化物沉淀。同时，由于碱度提高，矾花表面负电荷增加，对仍处于溶解状态的阳离子的吸附能力也随之增加，去污效果随之明显提高（图 6-3）。

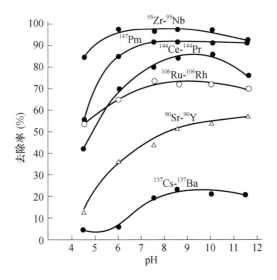

图 6-3　pH 对聚合铝去除水中各种放射性核素效率的影响

放射性废水中数量最多的是酸性废水。设备、地面去污用的洗液多为柠檬酸、盐酸、硝酸及乙二胺四乙酸钠（Na-EDTA）等溶液，其废液亦有较强的酸性；某些实验室及废弃物处理过程本身也会产生一定数量的酸性废水。为了达到良好的絮凝去污效果，通常须采用中和法预先对废水进行化学调制。常用的中和剂有 $NaOH$、Na_2CO_3、NH_4OH、生（熟）石灰、石灰石和重碳酸盐等，其中 $NaOH$、Na_2CO_3 及 NH_4OH 的反应性好，使用方便，不产生污泥，可用于任何酸性废水的中和，但成本较高。石灰是最常用的中和剂，同时又起到絮凝剂的作用。

各种絮凝剂对放射性核素的去除有明显的选择性，当废水中存在多种核素时，必须考虑几种絮凝剂的复合使用和合理配比，针对废水的水质情况，通过试验确定。

当废水中含有碘、铯、钌等以阴离子或两性离子状态存在的放射性核素时，上述絮凝剂不能有效地将它们去除。此时，可向废水中投加适量的粉末活性炭将其吸附，或采用特殊的化学试剂使之形成沉淀，这些活性炭粉末或沉淀物可被絮凝剂水解形成的矾花捕集载带而得以去除。

废水中混有各种水生物、润滑剂等有机杂质时，絮凝处理效果将明显下降，甚至完全失效。此时，加入适量的 $KMnO_4$ 等氧化剂破坏有机物，可提高去污效果。此外，废水温度、絮凝剂与废水的混合程度、搅拌速度、反应时间的长短等因素对去污效果都有一定的影响。

聚丙烯酰胺等高分子助凝剂是一类水溶性线型大分子化合物，相对分子质量通常在$10^6 \sim 10^7$，适量投放在废水中可促进矾花的形成和长大，明显提高去污效果；减少絮凝剂的用量，从而减少污泥量。

图 6-4 为用于废水絮凝处理的连续式加速沉淀池的结构。废水在这类沉淀池中的接触、滞留和澄清时间为 1.5～2h。

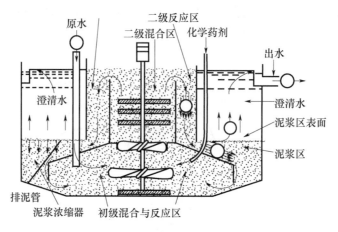

图 6-4　加速沉降池的结构

絮凝沉淀法产生的矾花沉渣（污泥）为总处理水量的 2% 左右，其活度水平高，含水量在 90% 以上。常用过滤法使之脱水并进一步减容，经水泥固化后储存或处置。

废水经絮凝沉淀处理后，水中大部分核素已随矾花沉渣得以去除，但仍难免有细小的颗粒残留在水中，影响去污净化效果，因此，澄清水常需进一步采用压力过滤器进行过滤，以提高净化效果。核事故后水源受到污染时，可采用城市自来水厂的沉淀、过滤设备进行净化处理。

6.2.1.3　离子交换

经絮凝沉淀处理后，废水中残留的放射性物质多为溶解离子状态，必要时可采用离子交换法进一步净化。

离子交换法在放射性废水处理中应用十分广泛，某些天然材料（如沸石）对废水中放射性离子分离去除的机制是其对离子的吸着作用，它包括吸附及离子交换两个过程。对高放射性废液，人工合成的离子交换树脂因抗辐射性能差而不宜采用，但某些天然无机交换材料如黏土和一些硅酸盐矿物都具有良好的交换性能。在处理中、低放射性废水时，离子交换树脂对去除含盐类杂质较少的废水中可溶性放射性离子具有特殊的作用，因而常用作基本的处理方法。离子交换法常用于反应堆回路水的净化，处理成分单纯的实验室废水。它还广泛用于分离回收各种放射性核素。离子交换法处理废水常用的动态操作系统是以树脂作为滤层的滤柱式操作，其形式有阳、阴交换柱串联或混合交换柱等。离子交换树脂吸着饱和后，用适当的酸、碱溶液或盐溶液淋洗、再生后复用，再生废液经蒸发浓缩、固化后储存或处置。

废水中的悬浮物会使离子交换柱堵塞，造成水在柱内呈不均匀流动，出现"沟流"

现象，使树脂的有效交换容量大为降低，为此，应采用过滤装置预先除去废水中的悬浮物。

废水的酸碱度对交换作用有一定的影响，一般来说，废水 pH 较低时，裂变产物核素处于离子状态，因而交换效率较高；碱性条件下，高价离子生成氢氧化物沉淀，如先行滤除后进行交换处理，可达到很高的净化效果。

废水中存在络合物时，宜使用混合树脂床。有机溶剂及油类杂质会使树脂"中毒"而降低交换能力，并使树脂再生不完全。肥皂会堵塞树脂表面的孔隙，油类会在树脂表面形成憎水性膜层，为此，应采用活性炭除油器一类装置对废水进行预处理。

废水中可溶性非放射性杂质离子也能被树脂交换吸着，这就大大降低了对放射性离子的去除效率，因此，可在离子交换柱之前设置电渗析、反渗透等装置先行除去非放射性离子，以提高交换柱对放射性核素的去污效果，延长树脂层的再生周期。

6.2.1.4　蒸发

废水在蒸发器内加热沸腾，水分逐渐蒸发，形成水蒸气，而后冷凝成水，废水中所含非挥发性放射性核素及其他各种化学杂质大部分残留在蒸发浓缩液中，冷凝水的污染程度大为降低，一般可予排放，蒸发浓缩液则进一步固化。

蒸发处理可以去除废水中大多数非挥发性污染物质，在废水净化处理工艺中去污效果最好而且最为可靠，对各种成分的废水处理适用性相当广泛。在联合采用蒸发设备和二次蒸气净化设备的流程系统中，对非挥发性放射性核素的最佳去污比可达 $10^6 \sim 10^7$，废水中如含有氚、碘、钌等挥发性核素，去污效率将大为下降。

蒸发器本身的去污效率随蒸发速率的增大而下降，但旋风分离器及填料塔等二次蒸气净化设备要求有相当大的气流速度才能有效地去除二次蒸气中夹带的液滴，因此，随蒸发速率的增大，蒸发系统总的去污效率将逐渐增大，超过某一极限速率后，去污效率即急剧下降。

蒸发器内浓缩液中含盐浓度越高，蒸发过程中液滴飞溅越多，去污效率越低，因此，蒸发中的体积浓缩倍数不可过大，一般为 10～50 倍。

蒸发时如出现泡沫，去污效率亦将明显降低，装设泡沫破碎器或向蒸发器中投加适量的化学抗泡沫剂，能有效地消除泡沫，提高去污效果。

废水中 Ca^{2+}、Mg^{2+} 浓度较高时，蒸发器传热管壁上将结垢而使传热效率降低，并导致蒸发过程中液滴的飞溅，降低净化效果。在废水中投入适量的硫酸钙晶种、硫酸镁溶液或 EDTA 一类有机化合物，蒸发过程中加强对蒸发液的搅拌或采用强制循环措施，都能有效地防止结垢。蒸发器结垢严重时，须采用机械刷洗或用稀盐酸溶液清洗。

废水中如含有某些有机溶剂（如萃取剂 TBP、稀释剂氢化煤油等）或硝酸，高温下可能发生爆炸，因此，蒸发器设计和使用时都应注意防止爆炸，必要时废水应预先去除这类杂质后再行蒸发。

蒸发之后再进行离子交换，是一种相当可靠而有效的净化方法，但蒸发处理成本很高，一般只适用于数量较少的中放射性废液的净化处理，而且只有在有可靠热源供应时才可选用。

6.2.1.5　电渗析与反渗透

电渗析装置采用的选择性渗透膜是一类离子交换膜。在电解质溶液中，阳离子交换膜上的活性基团发生电解，其正电荷扩散到溶液中，膜上形成负电场，因此，可以吸附溶液中的阳离子而排斥阴离子。在外加直流电场的作用下，吸附在膜表面上的阳离子即可穿透，而溶液中的阴离子则不能通过。反之，阴离子交换膜则只允许阴离子穿透，而阳离子则不能通过。如将两种膜间隔排列插入电解质溶液中，在直流电场作用下，相邻两膜之间便间隔地形成了淡化区和浓集区，将淡化液（除盐水）和浓缩液分别排除，电渗析过程即可持续进行。除盐后的淡化液可用离子交换法做进一步的净化处理，浓缩液经进一步浓集后固化储存或处置。

电渗析装置用于废水除盐相当有效，作为离子交换的前级处理使用，可大大提高树脂对放射性核素的吸着交换容量，延长树脂的再生周期。同时，电渗析对废水中的放射性离子也有相当的去污效果，但对胶体状态的核素去污效果极差。

反渗透装置采用的醋酸纤维膜是一类半渗透膜，将其插放在溶液中，由于渗透压的作用，水分子可由溶液杂质浓度较低的一侧透过膜到达浓度较高的一侧，使膜两侧的杂质浓度趋于平衡。如在高浓度一侧施加一个大于渗透压的压力，就会出现反渗透现象，水分子将由高浓度一侧向低浓度一侧渗透，使高浓度区杂质浓度越来越高，低浓度区溶液即可得以净化。为能承受较大的压力，反渗透膜常制成螺旋管或中空纤维管形。

反渗透装置能有效地去除水中的盐类杂质，在纯水制备及废水处理中都得到了广泛的应用。用作离子交换装置的前道预处理工艺，对放射性废水中非放射性杂质及放射性核素离子均有相当的净化去污效果。

6.2.2 低放射性废水的排放

低放射性废水经净化处理后，应排入专设的排放槽，根据主工艺参数和取样测量结果，确定槽内废水所含核素的种类、总量和浓度。核素总量和浓度如低于排放管理限值，可有控制地排入地面水体；如符合免管要求，可排入下水道系统中。

6.2.2.1 向地面水体排放的控制原则

为控制废水排放对公众造成的照射剂量，核设施向地面水体排放放射性废水时，各类核素的排放总量不应超过相应的归一化排放量管理限值，并应进一步根据废水排放后在受纳水体中的稀释、弥散、迁移，公众对水体的利用情况（饮水、灌溉、水生物的食用）及相应的照射途径，按排放控制标准所规定的原则，采用适当的模式和参数，通过辐射环境影响评价，确定核素排放量与关键人群组年有效剂量之间总的转换因子 $R_{i,k}^*$。然后根据审管部门核准的对核设施废水排放规定的剂量管理限值，确定废水的许可排放量限值。

放射性废水向江河和海洋排放时，排放口位置、排放量限值（排放废水中核素的总活度和浓度）必须得到审管部门的批准认可。排放地域应避开经济鱼类产卵区、水生生物养殖场、盐场、海滨游泳和娱乐场所等。含半衰期大于 30 年的长寿命放射性核素的废水严禁向封闭式湖泊排放。

6.2.2.2 免管排放的控制原则

当一个核设施每月排放的低放射性废水中所含某种核素的总活度不超过表 6-7 中给出的许可限值 A_1，一次排放总活度不超过 $0.1A_1$，也不超过 1×10^7 Bq 时，可予以免管而排入城市下水道系统中。

表 6-7 某些放射性核素免管排放的月排放限值   Bq

核素	A_1	核素	A_1	核素	A_1	核素	A_1
^{3}H	3×10^9	^{90}Y	2×10^7	^{210}Po	2×10^4	^{228}Th	4×10^2
^{14}C	9×10^3	^{95}Zr	5×10^6	^{226}Ra	2×10^4	^{232}Th	4×10^1
^{32}P	1×10^7	^{99}Tc	3×10^9	^{59}Fe	1×10^7	^{238}U	2×10^3
^{35}S	8×10^7	^{106}Ru	4×10^5	^{60}Co	1×10^6	^{239}Pu	2×10^2
^{45}Ca	3×10^7	^{140}Ba	2×10^7	^{65}Zn	1×10^7	^{241}Am	2×10^2
^{89}Rb	1×10^9	^{144}Ce	5×10^5	^{131}I	1×10^6	^{242}Cm	1×10^4
^{89}Sr	5×10^6	^{204}Te	6×10^7	^{134}Cs	3×10^6	^{244}Cm	4×10^2
^{90}Sr	1×10^5	^{210}Po	9×10^3	^{137}Cs	4×10^6	^{252}Cf	1×10^3

免管废水应在固定排放点处排放，排放后需用水冲洗排放口，以免污染物积累，排放口应设置相应的标志。

当废水中含有多种放射性核素时，免管排放应按下述原则控制：

每月排放的各种核素的总活度应满足

$$\sum_i \frac{A_i}{A_{1,i}} \leqslant 1.0 \tag{6-6}$$

一次排放的活度不超过 1×10^7 Bq，且满足

$$\sum_i \frac{A_i}{A_{1,i}} \leqslant 0.1 \tag{6-7}$$

式中 A_i——核素 i 的排放活度（Bq）；

    $A_{1,i}$——核素 i 的许可免管月排放限值（Bq）。

6.2.3 放射性废液的储存

乏燃料后处理流程中，第一循环所产生的高放射性废液中含有大量的裂变产物、残留的钚及铀同位素和相当量的超铀元素，其活度水平很高，其中 ^{90}Sr、^{137}Cs、$^{238\sim242}$Pu、^{241,242}Am、$^{242\sim244}$Cm 等核素的半衰期为 13～380000 年，对公众的辐射危险将长达几百年甚至几十万年。

在高放射性废液玻璃固化工厂投入运行之前，大多数国家都将乏燃料后处理高放射性废液经蒸发浓缩后储存在地下的不锈钢储槽内，为了确保储存安全，保证废液不致泄漏，需要采取以下几项防护措施：

（1）采用由不锈钢废液储罐、混凝土罐体的钢质内覆面、混凝土罐体、吸附材料及罐体外黏土回填层组成的"多重屏障"防护体系，保证对废液泄漏起到安全可靠的屏蔽作用。

（2）储罐内设置冷却系统，使废液中核素衰变释放的热量得以带出，将废液温度保持在沸点以下，并减轻对罐体的热腐蚀；设置排气系统，防止因罐内氢气积累而发生爆炸。

（3）设置废液泄漏监测系统、泄漏废液的抽吸转运系统及备用储槽，杜绝废液向环

境泄漏。

（4）设置搅拌与取样系统，使槽内废液不发生固相沉积，随时取样监视废液的状态，必要时可及时采取对策。

（5）按一级核设施厂址要求选定储存库址。

后处理流程中第二、三循环产生的中、低放射性废液经蒸发浓缩后储存于地下双层碳钢储槽内。

虽然采取了以上各种安全措施，但中高放射性废液的储存仍存在着许多安全隐患，最好的措施是尽早进行固化。

6.2.4　放射性废弃物的固化或固定

拟固化或固定的废弃物包括中、高放射性浓缩废液，中、低放射性泥浆，废树脂，水过滤器芯子，焚烧炉灰渣等。某些废弃物固化前应经脱水，固化或固定后的产物应予以包装，以便于废弃物的储存、运输和处理。

6.2.4.1　废弃物的脱水减容

离心机、烘干机、脱水槽、预涂层过滤器、机械过滤器及擦膜式薄膜蒸发器等都可用于泥浆的脱水减容，浓缩液则常用流化床干燥器及擦膜式薄膜蒸发器进行干化。

6.2.4.2　中低放射性废弃物的固化

固化的目标是使废弃物转变成适宜于最终处置的稳定的废弃物，固化材料及固化工艺的选择应保证固化体的质量，应能满足长期安全处置的要求，应满足进行工业规模生产的需要，对废弃物的包容量要大，工艺过程及设备应简单、可靠、安全、经济。固化体应满足以下几项要求：

（1）放射性核素的浸出率低；

（2）游离液体量不超过废弃物体积的 1%；

（3）具有良好的化学、生物、热和辐射稳定性；

（4）具有足够的机械强度；

（5）比表面积小、整体性好。

中、低放射性废弃物常采用水泥固化、沥青固化等工艺进行固化。

（1）水泥固化适用于中、低放射性废水浓缩物的固化，泥浆、废树脂等均可拌入水泥而予以固化，水泥与废弃物的配比约为 $1:1$，要求搅拌均匀，待凝固后即成为固化体。水泥固化设备简单，经济代价小，操作方便，但增容大，核素的浸出率较高。锶、镉、钚离子与水泥结合比较牢固，铯、钌离子则易为雨水、地下水或海水浸出。

（2）沥青固化适用于中、低放射性废水浓缩物的固化，沥青固化体核素浸出率较低，减容大，经济代价小，固化温度宜为 $150\sim230℃$，否则固化体可能燃烧。硝酸盐及亚硝酸盐废液不宜采用沥青固化。

6.2.4.3　高放射性废液的玻璃固化

高放射性废液的玻璃固化已经实现工业化规模应用，玻璃固化体具有良好的抗浸出、抗辐射和抗热性能，但玻璃固化技术复杂、成本高，因此，对高放射性废弃物管理的最佳策略仍处于探索阶段。

6.3 浅地层处置

6.3.1 概述

自从 1942 年人类实现了第一次自控链式反应以来，核工业得到迅速发展。随着核工业的发展，放射性废弃物也越来越多。核工业主要包括核燃料的制备、热核材料的加工与生产、各类反应堆的建造和辐射后的燃料处理及核武器的研制等工业过程。目前，作为核燃料的裂变物质为 U^{235}、U^{233} 和 Pu^{139}。铀是天然存在的，U^{233} 和 Pu^{239} 只能人工生产。由于铀矿品位低，无论采用何种开采方式，固体废弃物量都很大。美国华盛顿州某露天铀矿每开采 1t 铀矿石，废石量达 3t。铀矿加工过程中产生的固体废弃物主要是提取铀以后的尾矿，由于铀矿品位低，尾矿里与原矿数量几乎相等，化学成分与原矿石相差不大，尾矿中保留了原矿石中总放射性的 70%～80%；经核燃料辐照后产生的裂变产物主要有被放射性物质污染的设备、材料、废弃的过滤器等；反应堆内非核燃料物质经辐照后产生的活化产物主要包括废离子交换树脂过滤器、过滤器上的泥浆、蒸发器残渣、燃料元件碎片等，这些都含有大量的放射性。因此，放射性废弃物的处理处置是环境保护的重要课题。

关于固体废弃物的处置，目前以放射性固体废弃物的处置较为成熟，其中，中低放射性废弃物处置已有几十年的实践经验，某些设施和技术已用于一般固体废弃物特别是有毒有害固体废弃物的最终处置方面。

日本把放射性固体废弃物处置方法归纳为四大类型。

1. 扩散型

有自然扩散可能性的气态、液态放射性废弃物通过稀释扩散进行处置。如核电站或核研究中心的放射性废气和废水当其放射性浓度低于法令规定的限值时向环境释放，但不适用于固体放射性废弃物处置。

2. 管理型

对放射性水平低且几乎不含极长半衰期放射性核素的放射性固体废弃物，在能够有意识地依靠其衰减效果而使放射性水平降到不需要安全保障的这段期限内，通过与放射性水平相适应的阶段性管理而进行的处置，如中低放射性固体废弃物的浅地层处置是典型的管理型处置。

3. 隔离型

对来自使用过的核燃料的后处理所产生的高放射性废弃物，由于其产生量很少，放射性很高，而且还含有相当数量的长半衰期核素，在其放射性衰减使环境污染或放射性影响的担忧充分减轻之前，有必要使其与生活环境长期地充分隔离开并在稳定的场所安全地隔离。这种隔离型处置的例子是高放射性废弃物的深地层处置和放射性废弃物的海洋处置。

4. 再利用型

对极低水平的放射性固体废弃物，在不需要安全保障的限度内，力图考虑再利用。例如，核反应堆等的退役解体所产生的大量混凝土类废弃物用作造地时的填埋材料，或把极低放射性水平的金属配管类材料作为原料再利用。在这里我们主要讨论管理型——中低放射性废弃物的处置方法。

6.3.2 放射性固体废弃物的定义与分类

6.3.2.1 放射性固体废弃物的定义

放射性固体废弃物是指任何含有放射性核素或被其沾污、其比活度超过国家规定限值的废弃物。根据放射性废弃物分类标准，固体废弃物中放射性比活度大于 7.4×10^4 Bq/kg 的或仅含天然 α 辐射体、比活度大于 3.7×10^5 Bq/kg 的为放射性固体废弃物。放射性固体废弃物中，超铀核素（原子序数大于 92、半衰期大于 20 年的 α 辐射的放射性核素）的放射性、比活度大于或等于 3.7×10^6 Bq/kg 的为超铀废弃物；表面放射性污染水平超过国家关于放射性物质表面污染控制水平规定值，而比活度小于或等于 7.4×10^4 Bq/kg 的固体废弃物称为放射性污染废弃物。

6.3.2.2 放射性固体废弃物的分类

放射性固体废弃物按来源分为以下三类：

（1）铀矿开采、选矿及水洗过程产生的尾矿。这类废弃物一般数量大、放射性比活度低，通常就地堆存或回填矿井。

（2）核燃料辐照后产生的裂变产物。它是放射性废弃物产生量最多的环节，主要有被放射性污染的设备、材料、废弃的过滤器、废液处理时形成的泥浆和废弃的防护用品等。

（3）反应堆内非核燃料物质经辐照后产生的活化产物。主要包括废离子交换树脂、过滤器上的泥浆、蒸发器残渣、燃料元件碎片及废弃的防护用品等。

除按来源分为以上三类外，还有两种分类方法：

（1）除超铀废弃物外，放射性废弃物按其所含最长的放射性核素的半衰期（$T_{1/2}$）长短分为四种：① $T_{1/2}\leqslant60d$；② $60d\leqslant T_{1/2}\leqslant5$ 年；③ 5 年 $< T_{1/2}\leqslant30$ 年；④ $T_{1/2}>30$ 年。

（2）按放射性比活度水平分三级：第 I 级为低放射性废弃物；第 II 级为中放射性废弃物；第 III 级为高放射性废弃物。

6.3.3 浅地层处置

1. 浅地层处置的定义

浅地层处置是指地表或地下处置。具有防护覆盖层的、有工程屏障或设有工程屏障的浅埋处置，埋藏深度一般在地面下 50m 以内。浅地层处置场由壕沟之类的处置单元及周围缓冲区构成。通常将废弃物容器置于处置单元之中，容器间的空隙用砂子或其他适宜的土壤回填，压实后覆盖多层土壤，形成完整的填埋结构。这种处置方法借助上部土壤覆盖层，既可屏蔽来自填埋废弃物的射线，又可防止天然降水渗入。如果有放射性核素泄漏释放，可通过缓冲区的土壤吸附加以截留。

2. 浅地层适于处置废弃物的种类

根据处置技术规定，适于浅地层处置的废弃物所含核素及其物理性质、化学性质和包装容器必须满足以下条件：

（1）含半衰期大于 5 年、小于或等于 30 年放射性核素的废弃物，比活度不大于 $3.7 \times 10^{10} Bq/kg$；

（2）含半衰期小于或等于 5 年放射性核素的废弃物，比活度不限；

（3）在 $300 \sim 500$ 年内，比活度能降到非放射性固体废弃物水平的其他废弃物；

（4）废弃物应是固体形态，液体废弃物需先进行固化或添加足够的吸收剂，固体废弃物允许含少量的非腐蚀性水，但其容积不得超过 1%；

（5）废弃物应具有足够的化学、生物、热和辐射稳定性；

（6）比面积小，弥散性低，且放射性核素的浸出率低；

（7）废弃物不得产生有毒、有害气体；

（8）废弃物包装容器必须具有足够的机械强度，以满足运输和处置操作要求；

（9）包装容器表面的剂量当量率应小于 $2mSv/h$；

（10）废弃物不应含有易燃、易爆、危险物质，也不含易生物降解及病毒等物质。

为使处置的废弃物满足上述条件，必须根据废弃物的性质在处置前进行去污、包装、切割、压缩、焚烧、熔融、固化等预处理。

浅地层处置的设计规划程序与卫生土地填埋场地的设计规划程序大体相同，不再赘述。

3. 浅地层处置的场地选择

（1）场地选择原则

浅地层埋藏处置场地的选择要遵循两个基本原则：一是防止污染——安全原则；二是经济合理——经济原则。同时，要从水文、地质、生态、土地利用和社会经济等几个方面加以考虑。场地选择要求如下：

① 处置场应选择在地震烈度低及长期地质稳定的地区；

② 场地应具有相对简单的地质构造，断裂及裂隙不太发育；

③ 处置层岩性均匀、面积广、厚度大、渗透率低；

④ 处置层的岩土具有较高的离子交换和吸附能力；

⑤ 场地应选择在工程地质状况稳定、建造费用低和能保证正常运行的地区；

⑥ 场地的水文地质条件比较简单，最高地下水位距处置单元底部应有一定的距离；

⑦ 场地边界与露天水源地的距离不少于 500m；

⑧ 场地宜选择在无矿藏资源或有资源而无开采价值的地区；

⑨ 场地应选择在土地贫瘠，对工业、农业、旅游、文物及考古等使用价值不大的地区；

⑩ 场地应选择在人口密度低的地区，与城市有适当的距离；

⑪场地应远离飞机场、军事试验场地和易燃易爆等危险品仓库。

（2）场地选择步骤

场地的选择需要一个连续、反复的评价过程。在此期间要不断排除不适宜的地址，并对可能的场址进行深入调查，在选出可使用的场址后应做详细评价工作，以论证所做的结论是否确切。场地的选择一般分区域调查、场址初选和场址确定三步进行。

区域调查的任务是确定若干可能建立处置场的地区，并对这些地区的稳定性、地震、地质构造、工程地质、水文地质、气象条件和社会经济因素进行初步评价。

场址初选是在区域调查的基础上进行现场勘察和勘测，通过对勘察资料的分析研究，确定 3~4 个候选场址。

场地确定是对候选场址进行详细的技术可行性研究和分析，以论证场址的适宜性，并向国家主管部门提出详细的选址报告，最终批准确定一个正式场地。

浅地层埋藏法是处置中低放射性废弃物的较好方法，尤其在我国，考虑到处置技术的发展趋势和我国的经济承受能力，中低放射性废弃物宜选用浅地层埋藏处置方法。

6.4　高放射性废弃物深地质处置

深地质处置就是把高放射性废弃物埋藏在距地表深为 500~1000m 的地下深处，使之永久与人类生存环境隔离。埋藏高放射性废弃物的地下工程即为高放射性废弃物处置库。

高放射性废弃物处置库一般采用的是"多重屏障系统"设计，即把废弃物储存在废弃物容器中，外面包裹回填材料，再向外为围岩。一般把地下设施及废弃物容器和回填材料称为工程屏障，把周围的地质体称为天然屏障。

在这样的体系中，地质介质起着双重作用，既保护源项，也保护生物圈。具体来说，它保护着工程屏障不使人类闯入，免受风化作用；在相当长的地质时期内为工程屏障提供和保持稳定的物理和化学环境；对高放射性废弃物向生物圈迁移起滞留和稀释作用。各屏障之间具有相互加强的作用，其中天然屏障对长期圈闭的作用至关重要。

6.4.1　高放射性废弃物的产生及特点

在核燃料循环的每一环节都有核废弃物产生，但是，高放射性废弃物主要来自化工后处理厂和反应堆的乏燃料。其特点是放射性水平高，所含的某些放射性核素可产生显著的衰变热，而且多数是半衰期长、主要释放 α 射线的核素（大部分是锕系元素）。这种废弃物的储存、处理和处置方式必须充分适应其特点。

后处理厂排出的高放射性废液，首先进行蒸发、浓缩减容，以便冷却和储存。通常待放射性降低 1 个数量级后进行固化。固化的目的是使高放射性废液中所含的核素转变成稳定形态，封闭隔离在稳定的介质中，以便阻止核素泄漏和迁移，使之适宜于处置。目前已被采用的固化介质以浸出率很低的硼硅酸盐系的玻璃为主。同时，其他一些可能代用的固化介质如陶瓷、合成矿物、结晶化玻璃也正在研究中。刚刚固化的固化体，其衰变热量很大，放射性水平也高，如果立即放入处置设施，则可能使包装容器和周围岩体性能受到破坏，因此，将固化体暂时放在暂存设施内冷却，如暂存在水冷式或空气冷却的设施里冷却。冷却所需时间长短因最终处置库围岩性质及玻璃固化体中放射性核素含量而异，短则 20 年，长则 50 年左右。

我国目前的高放射性废弃物以液态为主，现存在不锈钢大罐中，等待玻璃固化。国内现已引进高放射性废液玻璃固化的全套工程冷台架设施，待冷试验运行后即可进行固化厂房的设计和建设。热的玻璃固化体可望在今后的十余年内产生，暂存 30~50 年后即可按要求进行最终地质处置。

6.4.2 天然屏障及其功能

高放射性废弃物为什么必须在深地质介质中处置？原因在于目前所能建造的地表建筑物的服役年限都远远短于长寿命放射性核素的半衰期。在深部地质介质中建造的处置库能够保证放射性核素的长期圈闭，并且能够适宜于高放射性废弃物长期圈闭的地质介质在地壳中的分布十分广泛。

深部地质介质之所以具备长期圈闭的功能，原因之一是这种介质本身就构成了阻止核素迁移的天然屏障，既可以有效地限制核素的迁移，又可以避免人类的闯入。说到屏障，它不仅是良好的物理屏障，而且是有效的化学屏障。因为核素在随地下水流动的过程中，将与介质发生各种作用，如吸附作用、沉淀作用等，这种作用可以有效地降低核素的迁移速度。

同时，深部地质介质的演化十分缓慢，只要避开某些地区如现代火山地区和强烈构造活动地区等，就能够保证放射性核素在限定期内有效圈闭。

此外，建造处置库所开凿的岩体体积只能占整个岩体体积的很小部分，这就是说，处置库的建造不会严重影响围岩的整体圈闭功能。

处置库的岩石类型是关系到处置库能否长期安全运行及有效隔离核废弃物的重要条件，具有举足轻重的意义。多年来，世界各国对处置库的可能围岩进行了详细研究，通过对比，对花岗岩、黏土、岩盐的适宜性达成了共识。当然，一个国家最终选择什么样的岩石作为处置库围岩，还要根据该国的地质条件和国情而定，如美国选择内华达州的凝灰岩、得克萨斯州的岩盐和华盛顿州的玄武岩作为高放射性废弃物处置库的围岩，并进行了大量研究。

我国地域辽阔，适宜于处置库建造的地质环境、岩石类型繁多，因此，在围岩选择中具有很大的回旋余地。通过多年研究和对比，现已确定以花岗岩作为我国高放射性废弃物处置库的围岩。

选择高放射性废弃物处置库围岩要考虑很多因素，概括地说，围岩的矿物组成和化学成分、物理特征能有效地滞留放射性核素；岩石在水力学方面具有低渗透特征，能有效地阻止核素的迁移；岩石的力学性质有利于处置库的施工建造及安全运行等。国家国防科工局从"十二五"计划开始，在全国筛选出约 12 个预选地段，然后对各预选地段进行平行性场址评价，最终筛选出 3 个符合要求的处置库场址。核工业北京地质研究院在甘肃北山预选区已有的旧井、新场—向阳山和野马泉 3 个地段的基础上，又筛选出沙枣园和算井子地段；在新疆筛选出雅满苏岩体、天湖岩体、阿奇山 1 号岩体和 2 号岩体、卡拉麦里岩体；在内蒙古阿拉善筛选出宗乃山—沙拉扎山岩体、塔木素和诺日公地段。最后由国家主管部门确定 1 个最终处置库场址。

6.4.3 工程屏障及其功能

如上所述，处置库的地下设施、废弃物容器及回填材料统称为工程屏障，它与周围的地质介质一起阻止核素迁移。

废弃物容器是防止放射性核素从工程屏障中释放出去的第一道防线。目前，世界各国在废弃物容器的设计上大同小异，所选用材料多为耐热性、抗腐蚀性能良好的不锈钢材料。为了寻求更优质的材料，人们在研究氧化锆等陶瓷材料和其他合金材料。容器的形状多为圆柱体，一般认为，容器保持完好的时间可持续千年以上。

回填材料作为高放射性废弃物处置库中的工程屏障充填在废弃物容器和围岩之间，也可以用它封闭处置库，充填岩石的裂隙，对地下处置系统的安全起着保护作用。回填材料应具备的性能是：对放射性核素具有强烈的吸附能力，阻止和减缓放射性核素向外泄漏；具有良好的隔水功能，延缓地下水接触废弃物容器，降低核素向外泄漏的速度；具有良好的导热性和机械性能，以便使高放射性废弃物衰变热量及时向周围地质体扩散，并对废弃物容器起支护作用，防止机械破坏和位移。

虽然玻璃固化体中的核素封闭于多重屏障系统内，但不管该系统的设计多么完美，都不能永远地阻止核素向生物圈迁移。因为再坚固的设施也不可能永远存在。一旦工程屏障损坏，核素就将随地下水一起向地质介质中迁移，通过地质介质，最终到达生物圈。核素从处置库向生物圈迁移的过程可能是：虽然处置库一般建在地下水贫乏且渗透性很低的岩体中，但深度一般在 $500\sim1000m$ 的地下深处。这个深度一般均属于饱水带，在处置库运行的初期，地下水将从周围压力较高的地区向处置硐室低压区运动，而地下水最先接触的将是回填材料。穿过回填层的水随后与废弃物容器接触，一旦容器破损或腐蚀，地下水便直接与玻璃固化体接触，于是水与固化体间的相互作用便开始了。固化体中的核素或溶于地下水或以微粒的形态转移到水中。与此同时，整个处置库便达到完全饱水的程度，于是处置库硐室中的水压力与围岩体中的水压力达到平衡状态，从这一平衡点开始，地下水的运动将不再是由周围岩体流向处置库，而是开始受控于处置库地区的地下水流场。一般由补给区流向排泄区，于是转移到地下水中的核素便通过破损的容器沿水流方向返回到回填层中。在回填层中，某些核素被吸附或生成沉淀，但回填材料的吸附容量是有限的，很快核素将随地下水一起穿过回填层进入地质介质中，在天然屏障中开始向生物圈的迁移历程。

可见，良好的工程屏障将大大延迟核素向地质介质、向生物圈迁移的时间，对保证处置库的安全运行是十分必要的。由此，可将工程屏障的功能概述如下：

（1）使大部分裂变产物在衰变到较低水平的相当长的时期内（1000 年左右）能够得到有效包容；

（2）防止地下水接近废弃物，减少核素的衰变热量对周围岩石的影响，防止和减缓玻璃固化体、岩石和地下水的相互作用；

（3）尽可能延缓和推迟有害核素随地下水向周围岩体迁移。为了实现这些功能，目前，许多国家都在对工程屏障的各个方面进行研究，也正在研究如何把它们作为整体系统、综合、有效地发挥其功能。

我国在处置库工程屏障和处置工程技术研究方面已进入新的阶段，主要对内蒙古高庙子膨润土开展了较系统工作，并开始对废弃物罐材料的筛选和腐蚀行为进行研究，对玻璃固化体的性能也开展了研究，提出了处置容器的初步方案。在处置工程技术方面，相关人员开展了处置库和地下实验室的调研和概念设计工作，还对甘肃北山花岗岩的力学特性、地下硐室稳定性等开展了研究。对高庙子膨润土的研究包括矿物学特性、微观结构特征、热传导特性、膨胀特性、力学特性、饱和渗透特性、非饱和渗透特性、土水特性、压实特性、多场耦合特性、添加剂、老化特性、膨润土-水反应、膨润土-金属材料反应、数值模拟等。对岩石力学的研究主要包括热-水-力耦合条件下处置库围岩（花岗岩）长期稳定性、花岗岩的细观破坏试验、渗流特性等。

中国核电工程有限公司李宁等进行了处置容器设计方案研究，提出了 BV 型和 BG 型处置容器设计方案设想，包括 BV55V 型、BV55H 型和 BV84T 型等，对这些方案将进行进一步的深入研究。中国科学院金属研究所董俊华等对处置容器材料筛选和腐蚀行为进行了研究，研究了处置环境中低碳钢、低合金钢等的腐蚀行为，探讨了不同阴离子对金属腐蚀行为的影响。北京科技大学高克玮、刘泉林等研究了碳钢和低合金钢在地下水模拟溶液中的耐蚀性能。

6.4.4 我国高放射性废弃物地质处置研究进展

核工业北京地质研究院在 1985 年启动了一个高放射性废弃物地质处置研究课题，1985 年作为我国高放射性废弃物地质处置研究开发的起点载入史册。1985—2000 年的 15 年间，我国开展了国外高放射性废弃物地质处置的跟踪调研、我国高放射性废弃物地质处置规划草案研究、处置库场址区域筛选、北京地下实验室场址筛选、工程屏障研究、核素迁移研究和安全评价调研等。

进入 21 世纪，我国高放射性废弃物地质处置研究开发工作进入了一个稳步发展的全新阶段，高放射性废弃物地质处置研究逐渐受到国家重视并被列入国家规划，国家投资有较大增长，技术实力显著增强。在这一阶段的后期，高放射性废弃物地质处置科研从选址、场址评价逐渐进入为地下实验室建设做准备的阶段。

21 世纪，我国高放射性废弃物地质处置研究开发可概括为 3 个阶段：第 1 阶段（1999—2005 年），高放射性废弃物地质处置研究实质性启动。这一阶段的特点是研究经费开始增长，研究手段有所改善，研究队伍逐渐扩大和稳定，研究课题（尤其是选址和场址评价课题）开始实质性启动，成果质量明显提高。第 2 阶段（2006—2012 年），处置库预选区筛选阶段。2006 年 2 月联合发布《高放废物地质处置研究开发规划指南》为起始标志，这一期间，国防科学技术工业委员会批复了"十一五"20 多个单位申报的 17 个高放射性废弃物地质处置研究开发项目。除批复的甘肃北山选址和场址评价项目外，国防科学技术工业委员会还启动了在新疆雅满苏、天湖、阿奇山和内蒙古塔木素、诺日公的选址和场址评价项目。第 3 阶段（2013 年至今），地下实验室准备阶段。这一阶段以 2013 年国家国防科工局批复第 1 个与地下实验室有关的项目——"高放废物地质处置地下实验室安全技术评价研究"为标志。此后，2015 年国家国防科工局批复"高放废物地质处置地下实验室前期工程科研"项目，开始了地下实验室的选址和工程设计。最具里程碑意义的是，2019 年 5 月 6 日国家国防科工局批复中国北山高放射性废弃物地质处置地下实验室工程建设立项建议书，标志着我国高放射性废弃物地质处置正式进入地下实验室阶段。

我国于 2003 年颁布《放射性污染防治法》，其第四十三条规定"高水平放射性固体废弃物实行集中的深地质处置"。这是我国在法律上第一次明确规定高放射性废弃物安全处置的要求。2011 年我国颁布了新的《放射性废物管理条例》。该条例对放射性废弃物处置提出了一系列的具体要求。第二十三条规定"高水平放射性固体废弃物和 α 放射性固体废弃物深地质处置设施关闭后应满足 1 万年以上的安全隔离要求"。2018 年开始施行《中华人民共和国核安全法》，其第三章明确提出了放射性废弃物安全要求。其第四十条规定，放射性废弃物应实行分类处置。高水平放射性废弃物实行集中深地质处置，由国务院指定的单位专营。

2011 年，日本福岛核电站发生严重核事故，我国政府在重新审视核能发展规划和核安全之后，于 2012 年 10 月公布了《核安全和放射性污染防治"十二五"规划及 2020 年远景目标》，并调整了核电发展规划，公布了调整后的《核电中长期发展规划 (2011—2020 年)》。这两个规划中均再次明确提出了 2020 年建成我国高水平放射性废弃物地质处置地下实验室的远景目标。2013 年，国家核安全局公布了《高水平放射性废物地质处置设施选址》(核安全导则 HAD 401/06—2013)。该导则提出了高放废物地质处置设施的选址目标、阶段划分、选址准则和所需资料的要求。

进入 21 世纪以来，我国在高放射性废弃物地质处置的基础理论与技术层面、法律法规、技术标准等方面取得了长足发展，大大缩短了我国高放射性废弃物地质处置研究领域与发达国家的距离，并为今后工作提供了必要的人才和技术储备。

6.5 高放射性废弃物处置库选址及其标准

高放射性废弃物处置库选址是整个处置工程的重要环节，是深部处置库开发中最关键的部分。目前世界上许多国家的选址工作都已相继开展，其中美国起步较早，德国、瑞典、加拿大、比利时、英国、法国、日本等国家也在选址方面做了大量工作。

选址工作的基本目标是选择一个适合于进行高放射性废弃物处置的场址，并证明该场址能够在预期的时间范围内确保放射性核素与周围环境之间的隔离。使放射性核素对人类环境影响保持在立法机关规定的可接受的水平以下。

一般来说，选址工作可分为 4 个阶段进行：方案设计与规划阶段；区域调查阶段；场址性能评价阶段；场址确认阶段。

从某一阶段向下一阶段的过渡没有明显的界线，因为选址活动有许多工作相互重叠。此外，在每个阶段的工作中，均应考虑下一步更深入的工作。一般来说，随着整个选址工作的不断深入，资料的数量和精度都会不断地增加和提高，从而不断接近选择合适场址的总体目标。

方案设计与规划阶段的目标是确定选址工作进程的整体规划，并利用现有资料，确定出可供区域调查的候选岩石类型和可能的场址区。该阶段工作的另一部分内容是明确对处置设施所在场址的前景有影响的各种因素。这些因素应该从长期安全性、技术可行性及社会、政治和环境等方面加以确定。

区域调查阶段的目标是在综合考虑前一阶段确定的选址因素基础上，圈定出可作为处置场址的地区。可以通过对有利地区的初步筛选来进一步圈定小区，该阶段一般包括两个步骤：

(1) 区域分析 (区域填图)，以圈定潜在适宜场址所在的靶区；

(2) 筛选潜在场址以供进一步评价。

场址特征评价阶段的目标是对某一个或若干个潜在场址进行研究和调查，从不同角度特别是从安全角度证明这些场址能否被接受。该阶段应取得场址初步设计所需的信息。

场址特征评价阶段要求掌握具体的场址资料，以确定处置场中与处置设施具体位置有关的场址特征和参数变化范围。这就需要进行场址勘察和调查，以便获得场址的实际地质、水文地质及环境条件等资料，其他与场址特征评价有关的资料如运输线路、人口统计及社会学的某些问题，也应一并收集。

该阶段的最终成果是圈定一个或若干个优选场址，以供进一步研究。因此，应就工作的全过程提交报告并附上所有资料（包括初步安全评价在内的场地分析工作在内的所有文件）。

场址确认阶段的任务是就优选的场址进行详细的场址调查，其目的是证实优选场址的可靠程度，提供详细设计、安全分析、环境影响评价及申请许可证所必需的具体场址补充资料。

此阶段还应按国家有关部门的规定进行环境评价。评价的内容可以十分广泛，其中包括拟建处置设施对公众健康、安全及环境的影响等。也可以讨论如何避免或减少上述影响及该处置设施产生的其他局部和区域性影响。

一旦确认处置场址合适，就应该向有关的立法机构提出建议，提交的建议书应包括根据调研、特性评价和场址，确认工作所做安全评价的结果。立法机构将审查场址确认研究结果，并做出场址适宜性方面的决策。如果所确认的场址能够满足所有必需的要求，则可进行处置库建造的批准文件（许可证等）的办理或下达。

总之，选址工作直接关系到未来处置库的安全性、实用性和经济性。这项工作涉及地质、地震、气象、水文、环境保护、自然地理、社会活动等多方面，是一项综合性很强的工作。随着选址工作的开展和深入，许多国家开始意识到这一工作必须有章可循，才能保证选址工作的顺利进行。因此，选址标准的制定工作也应运而生。由于各国的具体条件不同，很难制定出世界上通用的标准，于是许多国家便根据本国的条件制定出各自的标准。下面是国际原子能机构（1AEA）1994年制定的选址导则，可供各国在选址工作中参考。

（1）地质条件：处置库的地质条件应有利于处置库的整体特征，其综合的几何、物理和化学特征应能在所需的时间范围内阻止放射性核素从处置库向环境中迁移。

（2）未来的自然变化：在未来的动力地质作用（气候变化、新构造活动、地震活动、火山作用等）的影响下，围岩和整个处置系统的隔离能力应该达到可接受程度。

（3）水文地质条件：水文地质条件应有助于限制地下水在处置库中的流动，并能在所要求的时间内保证废弃物的安全隔离。

（4）地球化学：地质环境和水文地质环境的物理化学特征和地球化学特征应有助于限制放射性核素由处置设施向周围环境释放。

（5）人类活动影响：处置设施选址应考虑到场址所在地及其附近现有的和未来的人类活动。这类活动会影响处置库系统的隔离能力并导致不可接受的严重后果。这种活动的可能性应该减小到最低限度。

（6）建造与工程条件：场址的地表特征与地下特征应能够满足地表设施与地下工程最优化设计方案的实施要求，并使所有坑道开挖都能符合有关矿山建设条例的要求。

（7）废弃物运输：场址应保证在向场址运输废弃物的途中公众所受的辐照和环境影

响在可以接受的限度之内。

（8）环境保护：场址应选择在环境质量能得到充分保护并在综合考虑技术、经济、社会和环境因素的条件下，不利影响能够减小到可以接受的程度。

（9）土地利用：在选择适宜场址的过程中，应结合该地区未来发展和地区规划来考虑土地利用问题。

（10）社会影响：场址位置应选择在处置系统对社会产生的整体影响能够保持在可接受水平的地点。在某一地区和行政区域设置处置库，在任何可能的情况下应给地方上带来有益的影响，任何不利的影响应降低至最低水平。

课程思政：勇于担当　攻难克坚

谈核色变几乎是人类共性，尤其是日本打算将福岛核废料倒入海中后，核能安全问题再次引起了全世界的思考。核废料的处理问题是一直没有攻克的世界难题，目前世界上公认最安全的做法是深地质处置方法。我们必须高度重视、认真审慎应对这一难题。教学中既要让学生认识核废料处置困难，又要认识到处置技术的迫切性，充分发挥我们的智慧，用好已掌握的知识，牢记自己的初心和使命，为全人类的福祉，勇于攻克核废弃料处置难题。

在教学过程中，让学生意识到每一个环节的失误都可能影响最终结果的准确性或者产生危险，因此实践环节教学要突出"诚实守信""求真务实"，以及科学严谨、精益求精的"工匠精神"等思政元素；鼓励学生积极参加创新、创业大赛和开放实验室活动，培养创造能力、创新思维；加强环保从业的职业教育，树立新时代环保人"功成不必在我、功成必定有我"的担当精神，勇于担当，攻难克坚。

7 人类工程活动引起的环境岩土工程问题

人类与自然本为和谐的共同体，随着经济的发展、城镇化人口与城区扩大，致使工程建设项目不断增加。受制于工程环境认识的不足，设计工程师仅局限于考虑工作本身的技术问题；随着工程建设的密度加大，工程活动对环境的影响逐渐显现出来，甚至产生不可调和的矛盾。这说明人类工程活动对自然环境的影响力越来越大，同时人们对自然环境特性及其演化规律认识不够、对工程活动与自然环境相互作用的后果估计不足。当下绿色可持续发展的理念日益增强，以牺牲环境为代价，片面地追求短期经济效益的工程无法为继。

工程活动对环境的影响是不可避免的，为此应根据具体情况分别考虑工程与环境之间的矛盾。通过实践经验的积累，可归纳为以下几个原则：

（1）环境保护的原则。当环境和工程都不能退让时，工程应该采取各种措施来保护环境。例如，在城建中由于打桩挤土、深基坑开挖、地铁掘进等引起地层的移动造成的影响。措施力求有效而经济，将其影响减小到最低限度。

（2）工程避让的原则。如果环境非常复杂，工程活动可能对四周的环境造成巨大的经济损失和重大的社会影响时，工程项目应该另选场地或改变设计。

（3）环境补偿的原则。当工程活动不可避免地影响或破坏某些环境问题时，待工程建设结束后应重新恢复。例如，被破坏的草坪、毁坏的树木应重新绿化；公用的管道暂时移位的也应重新就位等。换句话说，环境暂时照顾工程建设。

（4）环境治理的原则。某些工程活动对环境的影响是长期的、一时难以估计的或不可避免的。这时应制定环境整治的方案。例如，政府主导制定大规模的治理计划，采用污水集中排放、搬迁工厂等措施来改善环境。

7.1 打桩对周围环境的影响

预制桩及沉管灌注桩等挤土桩，在沉桩过程中，桩周地表土体隆起，桩周土体受到强烈挤压扰动，土体结构被破坏，如在饱和的软土中沉桩，在桩表面周围土体中产生很高的超孔隙水压力，使有效应力减小，导致土的抗剪强度大大降低。随着时间的推移，超孔隙水压力逐渐消散，桩间土的有效应力逐渐增大，土的强度逐渐恢复。探讨受打桩扰动后桩周土的工程特性，对合理进行桩基设计具有重要意义。Casagrande指出，重塑区离桩表面约 $0.5d$（d 为桩的直径，下同），而土的压缩性受到较大影响的区域（压密区）可达

1.5d，具体各区域的大小往往取决于土的种类、状态、桩本身的刚度及设置方法。

在桩贯入土中时，桩尖周围的土体被排挤，出现水平方向、竖直方向的位移，并产生扰动和重塑，有关研究资料表明，由沉桩而引起的地面隆起仅发生在距地表约 4d 深度范围内，在这一深度以下，土体的位移即桩底附近土体的位移仍受到桩尖的影响。本节将通过理论分析研究打桩对周围土体的扰动影响特性。

7.1.1　打桩挤土效应的理论分析

1. 小孔扩张理论

目前对桩的挤土效应多采用小孔扩张理论，如图 7-1 所示。对饱和软土，其塑性区任一点的应力两个方向上的总应力增量。

$$\sigma_r = \left[2\ln\left(\frac{R}{\rho}\right)+1\right]\cdot c_u \qquad (7\text{-}1)$$

$$\sigma_t = \left[2\ln\left(\frac{R}{\rho}\right)-1\right]\cdot c_u \qquad (7\text{-}2)$$

弹性区任一点的应力两个方向上的应力增量。

$$\sigma_r = \left(\frac{R}{\rho}\right)^2 \qquad (7\text{-}3)$$

$$\sigma_t = -\left(\frac{R}{\rho}\right)^2 \qquad (7\text{-}4)$$

塑性区边界上径向位移、塑性区半径 R 及桩土界面的挤压力 P_u 分别为

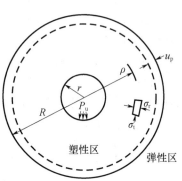

图 7-1　小孔扩张理论示意图

$$u_p = \frac{1-\mu}{E}Rc_u \qquad (7\text{-}5)$$

$$R = r\cdot\sqrt{\frac{E}{2\ (1+\mu)\ c_u}} \qquad (7\text{-}6)$$

$$P_u = \left[\ln\frac{E}{2\ (1+\mu)\ c_u}+1\right]c_u \qquad (7\text{-}7)$$

在以上各式中，各参数的意义如下：

R——塑性区半径；

r——小孔扩张半径，即桩的半径；

P_u——桩土界面径向挤压应力；

σ_r——径向挤压应力；

σ_t——切向挤压应力；

c_u——土的不排水强度；

u_p——塑性区边界上的径向位移；

E——土的弹性模量；

ρ——塑性区半径，$r \leqslant \rho \leqslant R$；

μ——土的泊松比。

对非饱和土，内摩擦角 φ 不为 0，因此不能直接使用上述公式，需进行修正，按照小孔扩张塑性理论可推导以下公式：

其塑性区任一点的应力两个方向上的总应力增量：

$$\sigma_r = \frac{\sigma_c}{\xi-1}\left[\frac{2\xi}{\xi-1}\left(\frac{R}{\rho}\right)^{\frac{1+\xi}{\xi}}-1\right] \tag{7-8}$$

$$\sigma_t = \frac{\sigma_c}{\xi-1}\left[\frac{2}{\xi-1}\left(\frac{R}{\rho}\right)^{\frac{1+\xi}{\xi}}-1\right] \tag{7-9}$$

弹性区任一点的应力两个方向上的应力增量：

$$\sigma_r = \frac{\xi}{1+\xi}\sigma_c\left(\frac{R}{\rho}\right)^2 \tag{7-10}$$

$$\sigma_t = -\frac{\xi}{1+\xi}\sigma_c\left(\frac{R}{\rho}\right)^2 \tag{7-11}$$

塑性区边界上的径向位移及塑性区半径 R 分别为

$$u_p = \frac{1-\mu}{E}\frac{\xi}{1+\xi}\sigma_c R c_u \tag{7-12}$$

$$R = r\sqrt{\frac{E(1+\xi)}{2(1+\mu)\xi c_u}} \tag{7-13}$$

小孔扩张压力即桩土界面的挤压应力 P_u 为

$$P_u = \frac{\sigma_c}{\xi-1}\left[\frac{2\xi}{1+\xi}\left(\sqrt{\frac{E(1+\xi)}{2(1+\mu)\xi\sigma_c}}\right)^{\frac{1+\xi}{\xi}}-1\right] \tag{7-14}$$

在以上各式中：

$$\xi = \frac{1+\sin\varphi}{1-\sin\varphi} = \tan^2\left(45°-\frac{\varphi}{2}\right) \tag{7-15}$$

$$\sigma_c = 2c\tan\left(45°-\frac{\varphi}{2}\right) \tag{7-16}$$

以上各式中，各参数的意义为：

c——黏聚力（kPa）；

φ——内摩擦角（°）。

其余各量意义同前。

2. 强扰动区的范围

由塑性区半径公式可知，当土体确定后，即土的力学指标 E、μ、c、φ 不变，塑性区半径与小孔半径呈线性关系。图 7-2 给出的 R/d 与土的强度指标的关系曲线，图 7-3 给出 R/d 与土的弹性模量的关系曲线。由图可知，当土体的泊松比 μ 一定时，R/d 值随着土体强度指标 c、φ 的增大而逐渐减小，R/d 值随着土体弹性模量的增大而逐渐增大。

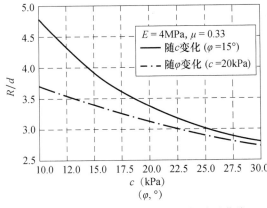

图 7-2 R/d 与土的强度指标关系曲线

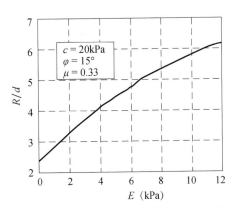

图 7-3 R/d 与土的弹性模量的关系曲线

7.1.2 沉桩挤土效应的数值模拟

随着高层建筑的不断增多，沉桩向深、大方向发展，用有限元方法研究沉桩时土体的侧移、隆起及其对周围构筑物的影响已势在必行，沉桩问题的数值分析方法正日趋完善。我们以四边形单元模拟土体区域，以接触面单元模拟土与桩间的相互作用，以弹塑性模型描述土体本构关系，并考虑初始应力，通过土力学求解，对压入单桩、双桩情况下的沉桩挤土效应进行了数值模拟计算。

1. 沉桩挤土过程的模拟方法

模拟沉桩挤土过程，除应考虑土体本身的弹塑性外，还须考虑桩的连续压入过程。在研究这类问题时，如何正确地对其施工过程进行模拟，将直接影响分析结果的精确性。

（1）基本假定

在进行有限元分析时，基于以下这些假定：①按平面应变问题考虑，利用对称性取半截面分析。此方法模拟单桩或两根的情形与实际情况差别较大，需将弹性模量和挤土位移进行较大折减；模拟群桩则较为合理，只需进行少量折减。②假定所研究的土为饱和软土。③假定桩入土过程是一个分段的、侧向的挤土过程。④土体采用八节点等参单元、弹塑性材料；桩体也采用八节点单元，考虑为线弹性材料；土与桩体之间设接触面单元，以模拟两者之间可能发生的脱离和滑动。

（2）沉桩过程的模拟

由于桩入土的连续性过程较难模拟，可进行简化处理，即将桩的入土过程分成几个工况，每一工况桩体进入一定的深度，再将每一工况中桩体水平向的挤土简化为按一定速率进行的扩张，即进行增量计算。

每次桩体排土引起的应力增量 $\{\Delta\sigma_i\}$ 和位移增量 $\{\Delta\delta_i\}$ 与前次过程所得的应力场 $\{\sigma_{i-1}\}$ 和位移场 $\{\delta_{i-1}\}$ 叠加，得到此时的应力场和位移场，以此类推直到这一工况水平位移等于固定位移，然后进入下一工况。图 7-4 可说明工况循环时的边界约束情况。

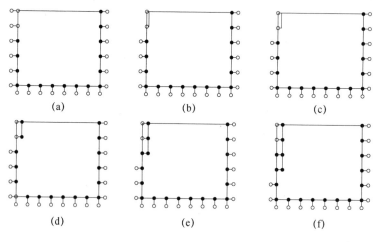

图 7-4 工况循环

(a) 工况 1；(b) 工况 2 第一步；(c) 工况 2 第二步；(d) 工况 2 第一步；(e) 工况 3；(f) 工况 4

（3）初始应力场的计算

土体的破坏性状及大地受到土体内的初始应力的影响，尤其是受到沿可能破坏面上的初始法向应力，以及初始剪应力与初始法向应力之比的影响。因此，应当进行初始应力的计算，为后续工况的循环提供必要的初始应力场。

施工前地层中已存在初始应力场，故应首先在土体内部按增量法施加自重荷载，用弹塑性有限元法求出每一单元的静应力，从而得到第一工况的初始应力场 σ_0。施工中土体产生扰动，会引起初始应力场和位移场的变化。设应力变化为 $\Delta\sigma$，位移变化为 $\Delta\delta$，则此时的应力为 $\sigma = \sigma_0 + \Delta\sigma$。然后将此时的应力场作为下一工况的初始应力场，以此类推，至施工结束。

（4）弹性模量的折算方法

用平面问题分析周围有邻桩的桩体时，必须进行折算。如图 7-5 所示，在距沉桩点 R 处有 n 根桩时，可将由 n 根桩及桩间土所组成的矩形体看作是由另一种等效的均质弹性材料组成的；在距沉桩点 R 处有一根桩时，考虑到桩挤土的影响范围，仍将一定范围内由土和桩所组成的矩形体看作是由一种等效的均质弹性材料组成的。如果假定其轴向刚度等效，则可分别推得等效材料的弹性模量。

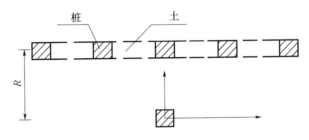

图 7-5　弹模折算示意图

由于桩间土的刚度较混凝土桩小得多，其刚度可忽略不计。根据总刚度等效的原则，推得 n 根桩时的等效弹性模量 $E' = (nA/A')E$，式中 E 为桩体弹模，n 为桩数，A 为桩身横截面面积，A' 为矩形面积。仅有 1 根桩时，仍可根据桩挤土的影响范围按该式进行计算。

（5）挤土位移的折算方法

用平面问题分析桩的挤土问题时，也需进行必要的近似处理。将桩在入土时的挤土位移进行折减，具体折算方法同样需分类进行。由于土体是黏弹塑性介质、具有可压缩性，因而其位移不是简单的迭加，需将实测数据与计算进行拟合，方可得出合理的折算公式。在实际计算中，通过试算，将对挤土位移进行合理的折减。当计算所得到的位移场与实测值相近时，对应的应力场的计算结果才最符合实际。

2. 数值模拟结果分析

将有限元计算结果与相关的模型试验结果进行比较，以验证计算程序的正确性。

（1）模型参数的选取

由于模型试验土样为上海地区典型灰色淤泥质黏土，则土体及桩体参数取值可如表 7-1 所示。

表 7-1　土样与桩体的物理力学指标

材料	表观密度 ρ (g/cm³)	弹性模量 E (kPa)	泊松比 μ	渗透系数 k (m/min)	黏聚力 c (kPa)	内摩擦角 φ (°)	强化参数 H'
土体	17.2	2000	0.3	3×10^{-9}	10.0	9.8	2000
桩体	10	1×10^5	0.3		1×10^7	9.8	2000

接触面计算参数选取如表 7-2 所示。

表 7-2　接触面单元的力学指标

模量系数 k_1	模量指数 n^*	破坏比 R_f^*	黏聚力 c^* (kPa)	内摩擦角 φ (°)
35.9	0.77	0.95	100	9.84

（2）施工过程的模拟

模型试验表明，单桩压入时，将向四个方向进行挤土，挤土位移近似为桩径的1/4，挤土速率为 5mm/min，从扩张开始到结束，共 6.75min。模拟计算时工况的循环步骤应为：①施加自重应力，计算初始应力场。②工况 1，由地面到地下－300mm 水平挤土 11.25mm。③工况 2，由地下－300～－600mm 水平挤土 11.25mm。④工况 3，由地下－600～－900mm 水平挤土 11.25mm。

（3）单桩挤土的计算成果及检验

在计算时，选取计算区域与模型试验（半模试验）区域相同。图 7-6 为模拟在试验槽中压入单桩而划分的有限单元网格及边界约束示意图。除上面以外，其余三边均为不透水边界。

① 土体位移分布规律

图 7-7 为模拟单桩压入时，计算所得的周围土体位移图。由图 7-7 可知，土体即使在离桩轴 10 倍桩径处，也发生隆起；在桩端以上，土体均产生隆起，且随深度的增加几乎呈线性减少；土体的水平位移随离桩壁距离及深度的增加而减小，其变化趋势与试验结果较为吻合。

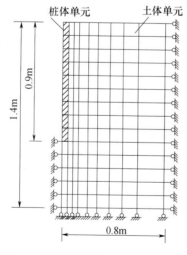

图 7-6　有限元网格划分及边界示意图

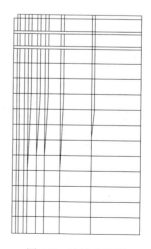

图 7-7　计算位移图

由图 7-7 可知，桩端以下的土体也发生了隆起，这与模型试验结果不一致。因为桩端以下的土体在压桩时受压，所以只可能向下运动，这是计算结果与试验结果的主要差别。与模型试验相比，计算结果得到的桩的挤土范围比模型试验得到的结果大。同时由于模型试验中存在测量误差，所以水平位移的变化规律不如计算结果好。

图 7-8 是计算出的地表隆起与实测值的比较。由该图可知，试验与计算出的地表隆起趋势基本一致，但计算值比实测值大，且实测曲线衰减较快。

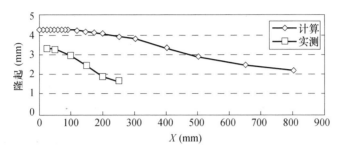

图 7-8　地表隆起的计算曲线与实测曲线

② 土中应力的分布规律

图 7-9 为土体应力等值线图。沉桩时土体应力场的主要规律为：沉桩结束后的土体水平应力场 σ_x 在桩尖处出现严重的应力集中现象，土中应力在桩尖以上主要是压应力，桩尖以下则以拉应力为主，沉桩挤土的影响范围为 $6d$（$d=45mm$）；土体竖向应力场 σ_y 的分布规律与 σ_x 类似，在桩尖处仍出现应力集中，沉桩的影响范围为 $(6\sim7)d$，此范围外等值线则与地面基本平行；剪应力场 τ_{xy} 在桩尖处的应力集中表明该处已进入塑性破坏状态，解出的弹塑性应力解并无实际意义。

总之，单桩贯入土中后，桩端周围的 σ_x 较桩贯入前增加很多，土中应力主轴由垂直向转为水平向，离桩越近，转轴效应越强。这一事实反映了桩在贯入时，周围土体应是先被下压而后被挤向四周，这也与他人的结论相近。

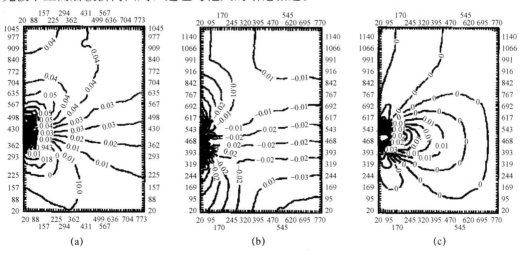

图 7-9　土体应力等值线图（N/mm）

（a）单桩 σ_x 等值线；（b）单桩 σ_y 等值线；（c）单桩 τ_{xy} 等值线

（4）双桩挤土的计算成果及检验

图 7-10 为模拟在模型槽中有邻桩存在时，压入单桩时划分的有限单元网格及边界约束示意图，计算时仍选择计算区域与试验区域相同。

① 土体位移分布规律

图 7-11 和图 7-12 为模拟有邻桩存在时压入单桩，周围土体水平和竖向位移的计算结果。由图 7-12 可知，两桩之间的隆起与水平位移要比桩外的大得多，相差 1～2 个数量级。计算结果表明两群桩中土体的隆起及水平位移主要发生在两群桩包围的范围内，此范围以外的相应值较小，模型试验也证实了这一点。这一结论也与 Hagerty（1971）的结论一致。

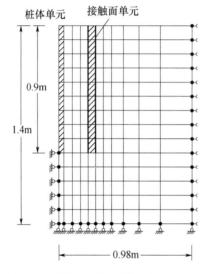

图 7-10　有限元网格划分及边界示意图

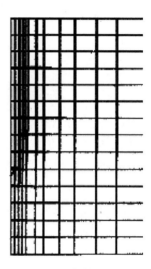

图 7-11　计算位移图

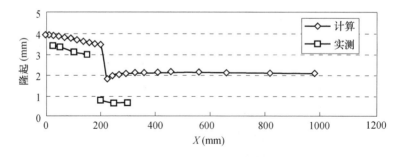

图 7-12　地表隆起计算曲线与实测曲线

② 土中应力的分布规律

图 7-13～图 7-15 分别为土体应力等值线图。从图中可以看出沉桩结束后，土体水平应力场 σ_x 在桩尖和两桩之间均出现严重的应力集中现象，特别是在桩尖处等值线沿 45°向下发展，然后变为近垂直分布。这说明桩尖处和桩壁土体均已进入塑性破坏状态，桩尖处土体沿 45°产生剪切破坏。剪切面以内相当于弹性核，σ_x 基本与地面平行，沿水平向发展；剪切面以外因受沉桩影响，σ_x 由下至上不断增大，故等值线变为垂直向发

展。σ_x以压应力为主，且两桩之间 σ_x 变化较桩外大，等值线变为垂直向分布。土体竖向应力场 σ_y 的分布规律与 σ_x 类似，在桩尖处及邻桩壁仍出现应力集中，两桩之间应力较桩外大，且等值线变为垂直向分布。σ_y 变为小于 σ_x。剪应力场 τ_{xy} 的变化规律仍与单桩的计算结果类似。

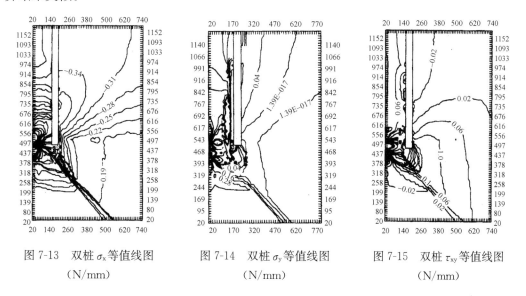

图 7-13 双桩 σ_x 等值线图 （N/mm）

图 7-14 双桩 σ_y 等值线图 （N/mm）

图 7-15 双桩 τ_{xy} 等值线图 （N/mm）

总之，邻桩的存在对土中应力产生了较大影响，两桩之间的应力比桩外的应力大得多，故邻桩对应力的传递起到了阻隔作用。

③ 沉桩效应对已压入桩的影响

图 7-16 为桩体应力分布图，桩体所受侧向压力 σ_x 沿全长均为压应力，轴向应力 σ_y 均为拉应力。

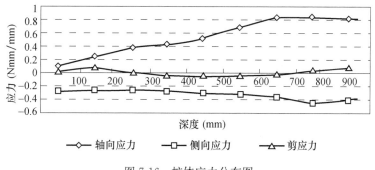

图 7-16 桩体应力分布图

图 7-17 的计算结果表明，有邻桩压入时，离已压入桩桩顶 1/6～1/3 桩长范围内的土体隆起比桩体轴向变形大，因而在此范围内可认为土体对桩体施加了向上的侧摩擦力（上拔力）；此范围以下土体隆起则比桩体轴向变形小，可认为土体对桩体施加了向下的侧摩擦力（抗拔力）。因而桩体必受到轴向拉力作用。

计算表明，桩体所受侧应力比土中应力大得多（大 1～2 个数量级），且在直接受挤压影响一侧的侧应力比另一侧的大（大 1 个数量级）。

图 7-17 表明，桩体的侧向变形在桩长 1/3 处变形出现转折，变形较大，且在桩长 1/6~1/3 之间桩体易被折断，这与实际施工中出现的情况相符。为避免断桩现象的发生，通常采取预钻孔的方法来控制桩体及土体变形过大的影响。

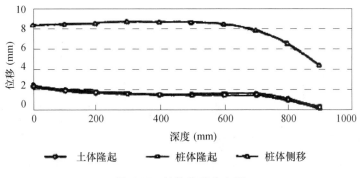

图 7-17　桩体位移分布图

7.1.3　沉桩对周围环境的影响

在密集建筑群中间打桩施工时，对周围环境的影响主要表现在以下几个方面：

（1）打桩时，柴油锤产生的噪声高达 120dB 以上，一根长桩至少要锤击几百次乃至几千次。这对附近的学校、医院、居民、机关等都具有一定的干扰作用，打桩产生的噪声影响人们学习、工作和休息。

（2）振动的影响。打桩时会产生一定的振动波向四周扩散。人较长时间处在一个周期性微振动作用下，会感到难受。特别是木结构房屋，打桩时地板、家具都会不停地摇晃，对年老、有病的人影响很大。

在通常情况下，振动对建筑物不会造成破坏性的影响。打桩与地震不一样，地震时地面可以被看作一个均匀的振动场，而打桩是一个点振源，振动加速度会迅速衰减，是一个不均匀的加速度场；现场实测结果表明，打桩引起的水平振动约为风振荷载的 5%，所以除一些危险性房屋以外，一般无影响。打桩锤击次数很多时，对建筑物的粉饰、填充墙会造成损坏；另外，振动会影响附近的精密机床、仪器仪表的正常操作。

（3）挤土效应的影响。桩打入地下时，桩身将置换同体积的土，因此在打桩区内和打桩区外一定范围内的地面，会发生竖向和水平向的位移。大量土体的移动常导致邻近建筑物出现裂缝、道路路面损坏、水管爆裂、煤气管泄漏、边坡失稳、防洪墙损坏、码头桩断裂等一系列事故。

图 7-18 是上海外白渡桥立剖面图。该桥始建于 1906 年，次年竣工。20 世纪 30 年代，苏州河北岸离桥墩约 40m 处建造上海大厦时，基础打桩造成桥墩移动，致使桥面桁架支座偏位而重新检修。

土效应主要与桩的排挤土量有关。按挤土效应，桩可分为：

排挤土桩，如混凝土预制桩、木桩等；排土的体积与桩的外包体积相等。

非排挤土桩，排挤土的体积为零。如钻孔灌注桩、挖孔桩等。

低排挤土桩，排挤土的体积小于桩的外包体积，如开口的钢管桩、工字钢桩等。

桩的挤土机理十分复杂，除与建筑场地土的性质有关外，还与桩的数量、分布的密

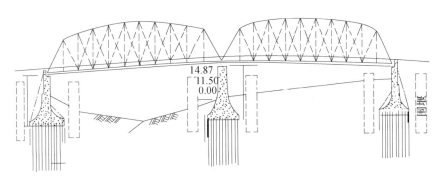

图 7-18 上海外白渡桥立剖面图

度、打桩的顺序、打桩的速度等因素有关。桩群挤土的影响范围相当大，根据工作实践的经验，影响范围大约为距桩基 1.5 倍的桩长。在同一测点上，水平位移比竖向位移大。

为了减小打桩对周围环境的影响，应根据不同的情况采取不同的措施。仅为了减小噪声和振动的影响，可采用静力压桩，但这种施工方法丝毫不能减小挤土的影响，当压桩速率较高时，挤土的影响可能比打桩更大。

减小挤土影响的措施很多，上海地区目前常采用的环境保护措施有以下几种：

（1）预钻孔取土打桩。先在打桩的位置上用螺旋钻钻成一直径不大于桩径 2/3、深度不大于桩长 2/3 的孔，然后在孔位上打桩。

（2）设置防挤孔。在打桩区内或在打桩区外，打设若干个出土孔。出土孔的数量可按挤土平衡的原理估算。

（3）合理安排打桩顺序和方向。对着建筑物打桩比背着建筑物挤土效应要不利得多。

（4）控制打桩速度。打桩速度越快，挤土效应越显著。

（5）设置排水措施。促使由打桩挤压引起的超孔隙水应力消散。

（6）其他。如设置防振沟等。

为了减少打桩对周围环境的影响，在施工过程中应加强监测，通过实际周边的反映，来控制施工的速度和施工的方向，从而达到保护环境的目的。

7.2 基坑开挖造成地面移动或失稳

随着经济建设的发展，高层建筑的基坑面积越来越大，深度也越来越深。基坑常处于密集的建筑群中，基坑周围密布各式各样的建筑物、地下管线、城市道路等。开挖基坑，大量卸荷，由于应力释放，即使有刚度很大的支护体系，坑周土体仍难免发生水平方向和竖直方向的位移。由于地下水的渗流，基坑施工期长，坑周土体移动对建筑物、道路交通、供水供气管线、通信等造成很大的威胁。例如，上海某建筑物基坑施工时，附近道路路面沉陷了 30～50cm，民房大量开裂而最终不得不拆除。

在超压密土层中开挖时，卸载作用有可能使基坑附近的地面发生膨胀回弹而使建筑物上抬。例如，杭州京杭运河与钱塘江沟通工程中，开挖运河深度 8m，宽 70m，离开坡顶 3m 处一幢五层住宅向上抬高超过 50mm，影响范围 15～20m。

在基坑开挖工程中，由于设计时计算失误，设计方案存在问题而导致基坑失稳、倒塌等事故，例如：

（1）石家庄某高层建筑地上 28 层、地下 4 层，基坑深 20.5m，基坑东西长 120m、南北长 100m，采用护壁桩并设三道铺杆。由于设计时计算出错，第一层铺杆被拔出，挡土桩向坑内大尺寸移位，在第二层、第三层铺杆腰梁的支点处，桩承受不了弯矩而折断，发生倒塌事故。

（2）长春某广场工程主楼 42 层，地下室埋深 16m，以及济南某大厦工程地上 23 层、地下 3 层，基坑开挖深 12m，都是由于基坑支护方案有错误，护坡桩折断而出现倒塌、地面开裂、道路中断、公共设施受损。

南京某工程基坑深 7m，因设计方案有误，实施时工序有问题，邻近的教学楼水平向下移动 9cm，垂直沉降 11cm，台阶隆起开裂、墙体开裂，缝宽达 15cm，邻近平房也因不均匀沉降而开裂，无法使用。

（3）武汉某大厦最大开挖深度 13m，因承压水埋藏于场地中细砂卵石和粉细砂层中，其水位随长江、汉江水位变化，开挖过程中因未形成垂直止水帷幕，透水使坑外向坑内大量涌水、涌砂，引发事故。

同样，南京某大楼基坑深 6.7m，不按设计方案施工，未形成止水帷幕，出现大量涌泥、涌砂，支护结构向基坑内侧位移达 20cm 以上，桩后形成 5～10cm 地面裂缝，放坡地段滑移、失稳、相邻建筑物及道路开裂。

（4）支护结构埋入坑下深度不足造成管涌，如上海某基坑开挖深度为 5～7m，设计支护方案为支护水泥搅拌桩长 12m，当挖到 7m 时发生管涌，涌砂、涌水，由于大量砂土冒出，支护结构部分全部倒塌。

此外，还有地基失稳造成涌砂、地下管道漏水、设计施工管理混乱等导致事故发生，引起地面移动、邻近建筑不均匀沉降，造成经济损失。

为减少基坑开挖对周围环境的影响，首先要有合理的支挡体系以及防渗措施；其次是挖土施工的密切配合；最后要建立一套行之有效的监测系统，及时发现问题、及时采取必要的加强措施。基坑支护方案要做优化比较，以保证安全稳妥，经济合理，设计方案中必须重视水的问题，对止水帷幕、地下管道漏水等情况，在设计方案时均应考虑周全。

7.2.1 深、大基坑工程及其环境土工问题

1. 地表沉降与土层位移

软土深、大基坑工程，在我国多采用地下连续墙或水泥土搅拌加灌注式排桩为坑壁围护结构，其所引起的地表沉降与土层位移，一般由以下几部分组成：

（1）墙体弹性变位；

（2）基坑卸载回弹、塑性隆起、降水不当引起的管涌、翻砂；

（3）墙外土层固结沉降；

（4）井点或深井降水带走土砂（也是一种地层损失）；

（5）墙段接头处土砂漏失；

（6）槽壁开挖，地层向槽内变形。

其中，（1）～（3）主要造成了墙后土层位移和地表沉降，已通过计算逐一考虑；（4）～（6）则应从施工技术、经验与管理上加以控制，使之降低到最小允许限度。

2. 基坑变形控制的环保等级标准

基坑变形控制的环保等级标准见表 7-3。

表 7-3　基坑变形控制的环保等级标准

保护等级	地面最大沉降量及围护结构不平位移控制要求	环境保护要求
特级	1. 地面最大沉降量为 0.1%H 2. 围护墙最大水平位移为 0.14%H 3. $K_s \geqslant 2.2$	基坑周围 10m 范围内设有地铁、共同沟、煤气管、大型压力总水管等重要建筑及设施、必须确保安全
一级	1. 地面最大沉降量为 0.2%H 2. 围护墙最大水平位移为 0.3%H 3. $K_s \geqslant 2.0$	离基坑周围 H 范围内没有重要的干线水管、对沉降敏感的大型构筑物、建筑物
二级	1. 地面最大沉降量为 0.5%H 2. 围护墙最大水平位移为 0.7%H 3. $K_s \geqslant 1.5$	离基坑周围 H 范围内设有较重要支线管道和建筑物、地下设施
三级	1. 地面最大沉降量为 1%H 2. 围护墙最大水平位移为 0.7%H 3. $K_s \geqslant 1.2$	离基坑周围 30m 范围内设有需保护的建筑设施和构筑物、地下管线

注：H 为基坑挖深；K_s 为基底隆起安全系数，按圆弧滑动公式算出（c、φ 取峰值的 70%）。

3. 基坑施工的时空效应问题

（1）基坑施工稳定和变形

基坑施工稳定和变形除取决于土性外，应按变形控制进行施工，它与以下几方面密切有关：

① 基底土方每步开挖的空间尺寸（平面大小和每步挖深）。它直接决定了每步开挖土体应力释放的大小。

② 开挖顺序。采取支撑提前、快撑快挖的措施。

③ 无支撑情况下，每步开挖土体的暴露时间 t_r。它关系到土体蠕变变形位移的发展。

④ 围护结构水平位移。坑底以下，围护结构内侧，被动土压区土体水平向基床系数 β_{KH} 的计算。β_{KH} 是因土体流变而折减的被动土压力系数。

⑤ 基底抗隆起的稳定性。计算出抗隆起安全系数 K_s。

（2）基坑施工的时空效应

按上述各点，考虑基坑施工的时空效应是谋求最大限度地调动、利用和发挥土体自身控制地层变形位移的潜力，以求保护工程周边环境的重要举措，可概括为：

① 开挖-支撑原则：分段、分层、分步（分块）、对称、平衡、限时。

② 对分段、分部捣筑的现浇钢筋混凝土框架支撑，要注意开挖时尚未形成整体封

闭框架体系前的局部平衡。

③ 理论导向，量测定量，经验判断。用现场积累的第一手实测资料来修正、完善，甚至建立新的设计施工理论与方法。

④ 摒弃以大量人工加固基坑来控制其变形的传统做法。

⑤ 施工参数的选择。

a. 分层开挖的层数 N（每支撑一排为一层）；

b. 每层开挖的深度 h（基本上即为上下排支撑的竖向间距）；

c. 每层分步的步长 l（每两个支撑的宽度为一开挖步）；

d. 基坑挡墙内的被动区土体，在每层土方开挖后，挡墙未有支撑前的最大暴露时间 t_r；

e. 新开挖土体暴露面的宽度 B 和高度 h。

对大面积、不规则形状的高层建筑深基坑，采用分层盆式开挖，则还有：

先开挖基坑中部，挡墙内侧被动区土堤被保留，用于支撑挡墙，其土堤的断面尺寸确定等。

4. 地铁车站深、大基坑的施工技术要求

地铁车站基坑等长条形深、大基坑的施工技术要求（图 7-19）的特点为：

（1）撑后挖、留土堤；

（2）对支撑施加设计轴力 30%～70% 的预应力；

（3）每步开挖及支撑的时限 $t_r \leqslant 24h$；

（4）坑内井点降水以固结土体、改善土性、减少土的流变发展。

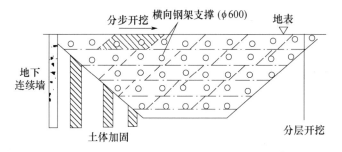

图 7-19　基坑分段、分层、分步开挖-支撑施工示意图

5. 变形监控

变形监控工作的内容主要包括：

（1）施工工况实施情况跟踪观察；

（2）日夜不中断的现场监测与险情及时预测和预报；

（3）定量反馈分析，信息化设计施工；

（4）及时修改、调整施工工艺参数；

（5）及时提出、检验、改进设计施工技术措施。

6. 控制基坑变形的设计依据及其设计流程框图

控制基坑变形的设计依据及其设计流程框图如图 7-20 所示。

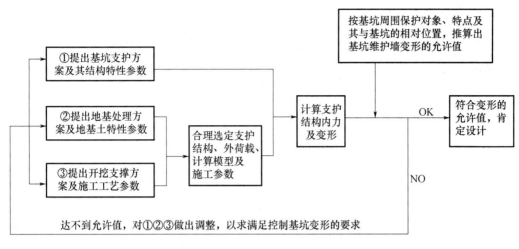

图 7-20　控制基坑变形的设计依据及其设计流程框图

7. 减小沉降的措施

（1）采取刚度较大的地下连续结构；

（2）分层分段开挖，并设置支撑；

（3）基底土加固；

（4）坑外注浆加固；

（5）增加维护结构入土深度和墙外围幕；

（6）尽量缩短基坑施工时间；

（7）降水时，应合理选用井点类型，优选滤网，适当放缓降水漏斗线坡度，设置隔水帷幕；

（8）在保护区内设回灌系统；

（9）尽量减少降水次数。

7.2.2　深基坑开挖对临近地下管线的影响

基坑开挖使土体内应力重新分布，由初始应力状态变为第二应力状态，致使围护结构产生变形、位移，引起基坑周围地表沉陷，从而对邻近建筑物和地下设施带来不利影响。不利影响主要包括邻近建筑物的开裂、倾斜，道路开裂，地下管线的变形、开裂等。由基坑开挖造成的此类工程事故在实际工程中屡见不鲜，给国家和人民财产造成了较大损失，越来越引起设计、施工和岩土工程科研人员的高度重视。

深基坑围护结构变形和位移及所导致的基坑地表沉陷，是引起建筑物的地下管线设施位移、变形甚至破坏的根本原因。

可以利用 Winkler 弹性地基梁理论，对受基坑开挖导致的地下管线竖向位移、水平位移进行分析。根据管线的最大允许变形 $[\sigma]$，可以求出围护结构的最大允许变形，并可依此进行围护结构的选型及强度设计；也可根据围护结构的变形，预估地下管线变形，从而预测地下管线是否安全。

地下管线位移可按竖向和水平两个方向的位移分别计算。

1. 理论假定

基坑地表沉陷包括两个基本要素，即地表沉陷范围和沉陷曲线形式。假定基坑地表沉陷区域为一矩形区域 $ABB'A'$（图 7-21），当地下管线位于此范围内时，则考虑基坑开挖对其的影响，否则不予考虑。

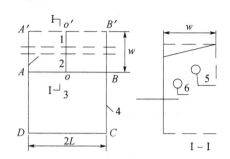

图 7-21　基坑地表沉陷与管线位移
1—地下管线；2—基坑地表沉陷区；3—深基坑；4—围护结构；
5—初始位置管线；6—变形后的管线

（1）地表沉陷范围

设沉陷区长度取基坑边长的 2 倍，宽度 w 取为

$$w = H\tan\left(45° - \frac{\varphi}{2}\right) \tag{7-17}$$

式中　　H——围护结构高度（m）；

φ——土的内摩擦角（°），计算表明最好取三轴快剪试验测定的内摩擦角。

（2）纵向沉陷曲面

纵向沉陷曲面取为抛物面，顶点位于 oo' 线（中轴线）上，AA'、BB' 上总的沉陷值为零。

2. 地下管线竖向位移计算

（1）地下管线受荷分析

地下管线受到上覆土压力、自重、管线内液体质量、地面超载、地基反力的作用。在求解竖向位移时，可把地下管线看作一弹性地基梁来考虑，如图 7-22 所示。

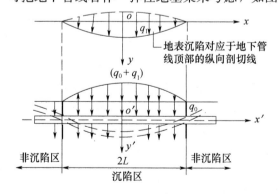

图 7-22　地下管线位移曲线
（a）铰支座情况；（b）固定支座情况

① 地下管线的自重、管内水重及上覆压力 q_0 按等效法计算或参考有关文献。

② 地面超载对地下管线的竖向作用力 q_1 的确定。在图 7-22 中，设地表沉陷曲线方程为

$$y = ax^2 + bx + c \tag{7-18}$$

式中，a、b、c 为常数，由以下边界条件决定

$$x = l,\ y = 0;\ x = -l,\ y = 0,\ y = \delta$$

得

$$a = -\delta/l^2;\ b = 0;\ c = \delta_0$$

因而式（7-18）转化为

$$y = -\frac{\delta}{l^2}x^2 + \delta_0 \tag{7-19}$$

地面超载传至地下管线顶部的竖向荷载为

$$q_1 = k_v y \tag{7-20}$$
$$k_v = k_0 d$$

式中　k_v——地基竖向基床换算系数（kPa）；

　　　k_0——地基竖向基床系数（kN/m^3），由试验确定或参考有关文献得到；

　　　d——地下管线外径（mm）；

　　　y——地下管线对应于 x 轴的纵向沉降曲线方程，按式（7-17）计算。

从而得

$$q_1 = k_v\left(-\frac{\delta}{l^2}x^2 + \delta\right) \tag{7-21}$$

（2）地下管线竖向位移方程的建立

根据对称性取地下管线中点 o 以右部分为分析对象（图 7-23），建立两个坐标系 xoy 和 $x'o'y'$（$x = x'$）。

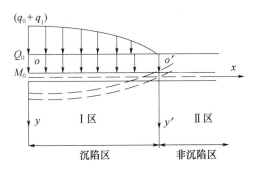

图 7-23　地下管线隔离体受力分析

地下管线的位移微分方程可分为Ⅰ区（沉陷区）、Ⅱ区（非沉陷区）两部分来表达：

① Ⅰ区（沉陷区）

Ⅰ区（沉陷区）内地下管线竖向位移的微分方程为

$$EI\frac{\mathrm{d}^4 y}{\mathrm{d}x^4} = -k_v y + k_v\left(\frac{\delta}{l^2}x^2 + \delta\right) + q_0 \tag{7-22}$$

式（7-22）的求解方法可采用短梁初参数法。

求得竖向位移修正项 $f_{竖向修}$ 为

$$f_{竖向修} = \frac{1}{EI\beta^3} \int_0^x [k_v(az^2 + b) + q_0] \cdot \phi_4[\beta(x - z)]\mathrm{d}z$$

$$= a\left[x^2 - \frac{2}{\beta^2}\phi_3(\beta x)\right] + b\left(b + \frac{q_0}{k_v}\right)[1 - \phi_1(\beta x)] \tag{7-23}$$

得 I 区（沉陷区）的竖向位移方程 $y(x)$ 为

$$y(x) = y_0\phi_1(\beta x) + \theta_0 \cdot \frac{1}{\beta}\phi_2(\beta x) - \frac{M_0}{EI\beta^2}\phi_3(\beta x) -$$

$$Q_0 \cdot \frac{1}{EI\beta^3}\phi_4(\beta x) + f_{竖向修} \tag{7-24}$$

式中 $\phi_1(\beta x)$、$\phi_2(\beta x)$、$\phi_3(\beta x)$、$\phi_4(\beta x)$——雷洛夫函数；

EI——管线刚度（$kN \cdot m^2$）；

y_0——o 端截面处竖向位移（m）；

θ_0——o 端截面处转角（rad）；

M_0——o 端截面处弯矩（$kN \cdot m$）；

Q_0——o 端截面处剪力（kN）。

$\beta = \sqrt[4]{\dfrac{k_v}{4EI}}$；$y_0$、$\theta_0$、$M_0$、$Q_0$ 为常数，由边界条件决定。

② II 区（非沉陷区）

如图 7-22 所示，以 o' 为坐标原点，建立坐标系 $x'o'y'$，则 II 区段地下管线的竖向位移微分方程为

$$EI\frac{\mathrm{d}^4 y'}{\mathrm{d}x'^4} + k_v y' = q_0 \tag{7-25}$$

式（7-25）的解为

$$y'(x) = \mathrm{e}^{\beta x'}(C \cdot \cos\beta x' + D \cdot \sin\beta x') + \mathrm{e}^{-\beta x'}(M \cdot \cos\beta x' + N \cdot \sin\beta x') + \frac{q_0}{k_v} \tag{7-26}$$

式中 C、D、M、N——常数。由边界条件决定。

（3）竖向位移方程中常系数的确定

应根据边界条件确定地下管线竖向位移方程中的常系数，边界条件不同，求得的常系数亦不同，从而得到不同的位移方程，此时应根据实际测试结果，选择较符合实际的情况的位移方程。对图 7-23 中，沉陷区与非沉陷区的交界处 o'，可假定为铰支座和固定支座两种情况，下面分别讨论。

① o' 点为铰支座情况

边界条件有四个，表示如下：

由 $x = 1$、$y = 0$ 得 y_0 与 M_0 的关系方程；

I 区 o' 区点处转角 $\theta_{o' I}$ 等于 II 区 o' 点处的转角 $\theta_{o' II}$，即 $\theta_{o' I} = \theta_{o' II}$；

I 区 o' 点处弯矩 $M_{o' I}$ 等于 II 区 o' 点处的弯矩 $M_{o' II}$，即 $M_{o' I} = M_{o' II}$；

$x \to +\infty$，$y \to \dfrac{q_0}{k_v}$，得 $C = D = 0$。

② o' 点为固定支座情况

在 o' 点处，竖向位移为零，转角也为零，即 $x=L$、$y=0$、$\theta=0$，可得到下列关于 y_0 和 M_0 的方程组：

$$y_0\phi\ (\beta L)\ -\frac{M_0}{EI\beta^2}\phi_3\ (\beta L)\ +\frac{2a}{\beta^2}\phi_3\ (\beta L)\ -\left(b+\frac{q_0}{k_v}\right)\phi_1\ (\beta L)\ =0 \qquad (7\text{-}27)$$

$$-4y_0\beta\phi_4\ (\beta L)\ -\frac{M_0}{EI\beta}\phi_2\ (\beta L)\ +a\left[2L-\frac{2}{\beta}\phi_2\ (\beta L)\right]+\left(b+\frac{q_0}{k_v}\right)4\beta\phi_4\ (\beta L)\ =0$$

$$\qquad (7\text{-}28)$$

解得 y_0 和 M_0，从而确定了管线的竖向位移：

$$y\ (x)\ =\left(y_0-b-\frac{q_0}{k_v}\right)\phi_1\ (\beta x)\ -\left(\frac{M_0}{EI\beta^2}+\frac{2a}{\beta^2}\right)\phi_3\ (\beta x)\ +ax^2+b+\frac{q_0}{k_v} \qquad (7\text{-}29)$$

3. 基坑开挖引起地下管线的水平位移计算

基坑开挖打破了基坑土体原有的应力平衡，使围护结构侧向位移，土体也随之发生侧向位移，必然导致地下管线发生向基坑内方向的侧向位移。可以把地下管线看成一水平方向上的弹性地基梁，计算其水平位移，方法类似于地下管线竖向位移的计算方法。

（1）地下管线受力分析

基坑开挖，地下管线发生向坑内方向的侧向位移，达到新的平衡。此时，地下管线受到土体及地面超载的侧向压力及侧向地基压力，不考虑地下管线的自重和管内水重的影响。

地面超载对管线的侧向压力 q：

$$q=k_hy=k_h\ (a'x^2+b'x+c') \qquad (7\text{-}30)$$

式中　y——地下管线处土体水平位移曲线方程；

　　　k_h——地基水平基床换算系数，为竖向基床换算系数 k_v 的 $1.5\sim2.0$ 倍。

y 取为抛物线形式，即

$$y=a'x_2+b'x+c'$$

a'、b' 和 c' 由边界条件确定，得

$$a'=-\delta_h/l^2 \quad b'=0 \quad c'=\delta_h$$

式中　δ_h——地下管线背向基坑侧处的土体位移量。

取线性插值得

$$\delta_h=\delta'_h\ (\omega-s)\ /\omega$$

式中　δ'_h——地下管线轴线所对应的围护结构水平位移；

　　　s——地下管线初始位置到围护结构的距离。

（2）地下管线水平位移微分方程的建立

基坑进行地下管线水平位移分析时，因基坑影响范围以外管线无水平位移，故可把基坑影响范围内的管线看作一两端固定的短梁来考虑。地下管线侧向位移方程为

$$EI\ \frac{d^4y}{dx^4}=-k_hy+q \qquad (7\text{-}31)$$

（3）地下管线水平位移微分方程的求解

① 求水平位移修正项 $f_{水平修}$

$$f_{水平修}=\frac{1}{EI\beta^3}\int_0^x\left[k_h(a'z^2+c')\right]\cdot\phi_4\left[\beta(x-z)\right]$$

$$= a' \left[x^2 - \frac{2}{\beta^2} \phi_3(\beta x) \right] + c' \left[1 - \phi_1(\beta x) \right] \tag{7-32}$$

② 地下管线水平位移方程 $y(x)$

$$y(x) = y_0 \phi_1(\beta x) + \theta \cdot \frac{1}{\beta} \phi_2(\beta x) - \frac{M_0}{EI\beta^2} \phi_3(\beta x) - Q_0 \cdot \frac{1}{EI\beta^3} \phi_4(\beta x) + f_{水平修}$$

$$\tag{7-33}$$

式中　　y_0——o 端截面处竖向位移（m）；

　　　　θ_0——o 端截面处转角（rad）；

　　　　M_0——o 端截面处弯矩（kN·m）；

　　　　Q_0——o 端截面处剪力（kN）。

y_0、θ_0、M_0、Q_0 为常数，由边界条件决定。

③ 式（7-33）中常系数的确定

由管线左端条件 $Q_0=0$，$\theta_0=0$，以及管线右端条件 $x=l$ 时，$y=0$，$\theta=0$ 可得 y_0 和 M_0 的方程组，从而确定了水平位移方程式（7-33）。

4. 地下管线合理计算模型分析

从图 7-24（a）得出，地下管线的最大竖向位移发生在支座（地下管线与沉陷区交界处）附近，最大值已达 18cm，这显然是不符合实际情况的。发生这个情况的原因是，地下管线与沉陷区交界处假定为铰支座，地下管线在此处可以自由转动，势必受非沉陷区段荷载的影响，当外荷载较大或竖向地基基床系数较大时，这种影响较大。图 7-24（b）得到如同抛物线式的竖向位移，与实际情况较为吻合。因此，进行地下管线竖向位移分析时，按固定支座的弹性地基梁分析是能满足实际要求的，是较合理的计算模型。

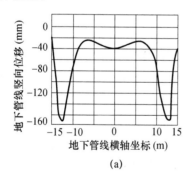 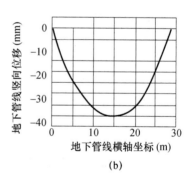

（a）　　　　　　　　　　　　　（b）

图 7-24　地下管线位移曲线

（a）铰支座情况；（b）固定支座情况

7.3　软土隧道推进时的地面移动

在软土地层中，地下铁道、污水隧道等常采用盾构法施工。盾构在地下推进时，地表会发生不同程度的变形。地表的变形与隧道的埋深、盾构的直径、软土的特性、盾构的施工方法、衬砌背面的压浆工艺等因素有关。

7.3.1 盾构掘进中的环境问题

由于盾构掘进引起地层扰动，诸如土体地表沉降和分层土体移动、土体应力、含水量、孔隙水压力、弹性模量、泊松比、强度和承载力等物理力学参数的变化是不可避免的。土体的扰动往往引发一系列环境公害，遇到下述复杂情况时，环境影响比较突出，需要得到很好的解决。

(1) 盾构在地下管网交叉、密集区段掘进施工；

(2) 盾构穿越大楼群桩；

(3) 盾构通过不良地质地段（流塑性粉砂、富含沼气软弱夹层等）掘进施工；

(4) 盾构紧贴城市高架（立交）或贴邻深、大基坑掘进施工；

(5) 同一地铁区间内，上、下行线盾构同向或对向掘进施工；

(6) 上、下行线地铁，上、下位近距离交叠盾构掘进施工；

(7) 盾构进、出工作井施工；

(8) 浅埋、大直径盾构沿弯道呈曲线形掘地，而曲率半径很小；

(9) 盾构纠偏，周边土体受挤压而产生过大的附加变形；

(10) 超越或盾构遇故障停推，作业面土方坍塌；

(11) 盾构作业面因土压或泥水加压不平衡而导致涌泥、流砂；

(12) 盾尾脱离后，管片后背有较大环形建筑空隙（地层损失），而压（注）浆不及时或效果不佳。

为此，研究盾构掘进中土体受施工扰动的力学机理，探讨其变形位移和因地表沉降产生的环境土工问题，进而对设计、施工等主要参数进行有效控制，达到防治的要求，是一项相当紧急的任务。

7.3.2 盾构施工土体受扰动的特点

1. 盾构周边土体因开挖而卸荷变形

(1) 图 7-25 (a) 为按收敛-约束曲线（convergence-confinement curve）绘制的 p-u-t 曲线，图中：

p——支护前为开挖面上的土体释放力，支护后为支护抗力；

u——位移；

t——持续时间；

p_{min}——理论上的最小支护抗力；

u_0——支护前的土体自由变形。

(2) 图 7-25 (b) 为在盾构作业面上，实测的土体支护的收敛-约束曲线（土体地应力释放与隧洞支护），图中：

$a \rightarrow b$ 表示支护前，沿隧洞径向，随土体位移加大而应力释放，土体卸荷变形不断增长。

$b \rightarrow c$ 表示支护后，土体卸荷情况大有改善，位移速率逐步减缓；点 c 处，隧道支护受力与土体卸荷释放力达到平衡。

$b \rightarrow e$ 表示如果不及时支护，土体将持续卸荷，最终将导致土体失稳破坏，而隧洞坍塌。

$d \rightarrow c$ 表示变形受支护约束，支护结构承担上覆土重和土体流变压力。

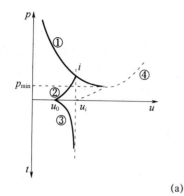

①为土体变形收敛线；
②为支护位移约束线；
③为支护位移随时间而持续增长；
④如未及时支护，土体应力和变形释放过大，最终导致失稳和破坏；
i为地应力释放与支护抗力达到平衡。

(a)

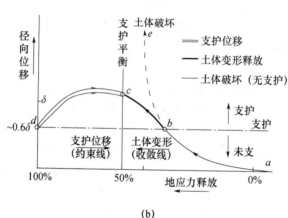

(b)

图7-25 p-u-t 收敛-约束曲线

（a）p-u-t；（b）收敛-约束曲线

2. 盾构掘进时周边土体超孔隙水压力分布及其变化

（1）如图7-26所示，实测结果说明：

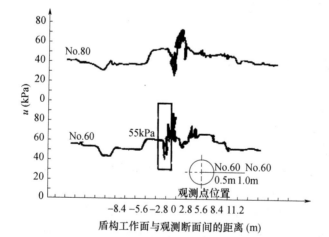

图7-26 盾构掘进引起的孔隙压力变化

当盾构掘进速度＞出土速度时，超孔隙水压积聚和升高；

当盾构掘进速度＜出土速度时，孔隙水压消散和降低。

此外，管片后背注浆，也引起周边土层内超孔隙水压急剧增大，且其幅度有时也比较大。由图可见，当盾构作业面到达观测断面处时，超孔隙水压值最大。

（2）图 7-27 所示为水平方向和垂直方向 u 分布图。两者分布规律相似。

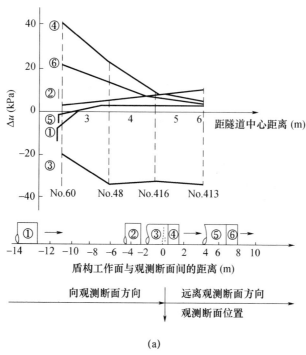

(a)

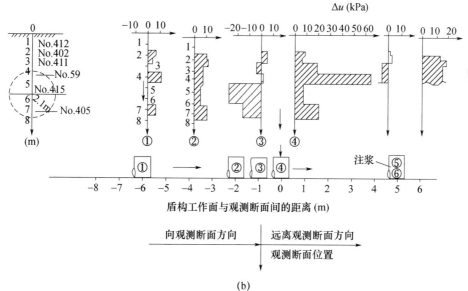

(b)

图 7-27　水平方向和垂直方向分布图

（a）水平方向 u 分布图；（b）垂直方向 u 分布图

从图可见①→⑥不同位置处的 Δu 变化。盾构前方和侧方土层内超孔隙水压力分布等值线图如图 7-28（a）和图 7-28（b）所示。

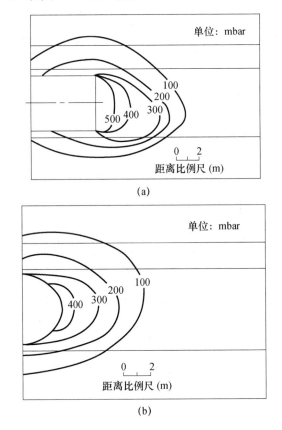

（a）

（b）

图 7-28　盾构前方和侧方土层内超孔隙水压力分布等值线

（a）盾构前方超孔隙水压力分布等值线；（b）盾构侧方超孔隙水压力分布等值线

注：$1bar = 10^5 Pa$。

3. 盾构掘进时土体受施工扰动的变形表面沉降

（1）沿盾构掘进方向，地表位移可划分为 5 个不同区段，如图 7-29 所示。

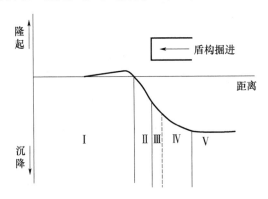

图 7-29　盾构掘进时地表位移分区

（2）土体产生过大附加位移的主要原因是盾构掘进施工而土体受扰动——施工

扰动。

（3）土体变形位移是主固结压缩、弹塑性剪切、黏性时效蠕变，三者的叠加与组合。

（4）土体受扰动的土层厚度 Δr 与隧道壁径向位移 δ_w 间的关系式（Romo，1984）为

$$\Delta r = \frac{E_i\ (1-R_t)}{0.6\sigma_f}\delta_w \tag{7-34}$$

$$R_f = \frac{\sigma_f}{\sigma_\mu}$$

式中　Δr——从隧道壁起算，沿隧道向受扰动土层的厚度；

　　　E_i——受扰动土体的初始切线模量（取平均值）；

　　　R_f——强度比（破坏比）；

　　　σ_f——土体的破坏应力，即摩尔库仑强度；

　　　σ_u——按双曲线模型得出的土体强度渐近值，$\sigma_u > \sigma_f$，故 $R_f < 1$；

　　　δ_w——隧壁径向位移（其中，$\min\delta_w = 0$；$\max\delta_w =$ 盾尾与管片外壁之间的隙量）。

4. 受施工扰动土体力学性质的变异

（1）盾构开挖，周边土体应力释放，使上覆土体有效应力减小，其变形模量呈非线性降低（仅为初始值的 $30\% \sim 70\%$），变形增大。

（2）受施工扰动，土体抗剪强度参数 c、φ 值降低，土体的应变增加，土体扰动，结构破坏，原先土体结构的吸附力部分丧失，土体模量降低。

5. 盾构轴线上方地表中心沉降与土体受施工扰动范围的关系

大冢将夫（1989）给出了实测的盾构轴线上方地表中心沉降与土体受施工扰动范围的关系曲线，如图 7-30 所示。

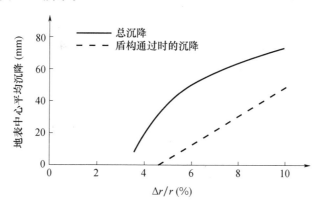

图 7-30　盾构轴线上方地表中心沉降与土体受施工扰动范围的关系曲线

6. 地表沉降与施工条件的关系

（1）地表中心总沉降与盾构推力 $F(t)$ 及建筑空隙回填率的关系如图 7-31 所示。

（2）地表中心总沉降与注浆时间先后及建筑空隙回填率的关系如图 7-32 所示。

（3）地表中心总沉降与覆盖土层厚度/隧道外径（H/D）及土层性质的关系如图 7-33 所示。

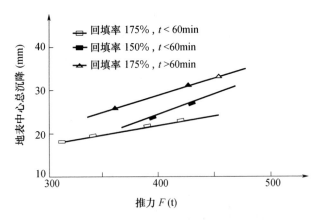

图 7-31　地表中心总沉降与盾构推力 F （t） 及建筑空隙回填率的关系

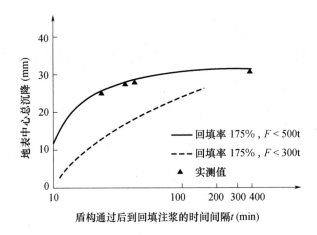

图 7-32　地表中心总沉降与注浆时间先后及建筑空隙回填率的关系

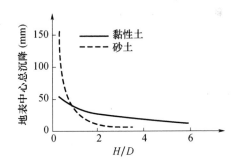

图 7-33　地表中心总沉降与覆盖土层厚度/隧道外径（H/D）
及土层性质的关系

7. 盾构施工引起地面沉降的计算方法

1969 年，派克（Peck）提出了盾构施工引起地面沉降的估算方法，派克认为地表沉槽的体积应等于地层损失的体积，并根据这个假定给出了地面沉降量的横向分布估算公式：

$$
\begin{cases}
S\ (x)\ =\dfrac{V_1}{\sqrt{2\pi}i}\exp\left(-\dfrac{x^2}{2i^2}\right) \\[4mm]
S_{\max}=\dfrac{V_1}{\sqrt{2\pi}i}\dfrac{V_1}{2.5i}
\end{cases}
\tag{7-35}
$$

式中 $S\ (x)$ ——沉降量；

$\qquad V_1$ ——地层损失量；

$\qquad x$ ——距隧道中心线的距离；

$\qquad i$ ——沉降槽宽度系数。

式（7-35）表示的沉降曲线，其反弯点在 $x=i$ 处，该点出现最大沉降坡度。

刘建航院士根据上海延安东路隧道施工数据，得到预测纵向沉降槽曲线的公式，并提出"负地层损失"的概念，得出的纵向沉降预估经验公式为

$$
S_y=\frac{V_{L1}}{\sqrt{2\pi}i}\left\{\phi\left[\frac{y-y_i}{i}\right]-\phi\left[\frac{y-y_f}{i}\right]\right\}+\frac{V_{L2}}{\sqrt{2\pi}i}\left\{\phi\left[\frac{y-y'_i}{i}\right]-\phi\left[\frac{y-y'_f}{i}\right]\right\}
\tag{7-36}
$$

式中 V_{L1}、V_{L2} ——盾构开挖面和盾尾后部间隙的地层损失；

$\qquad y_i$、y_f ——盾构推进起始点和盾构开挖面到坐标原点的距离；

$\qquad \phi$ ——概率函数。

7.3.3 盾构掘进引起的土体沉降机理

1. 水和泥浆的扰动

盾构经过的地区，可能引起地下水含量和紊流运动状态的改变。另外，泥水盾构大量泥浆外排回灌，都会给周围环境造成不良影响。

2. 对不良土层的影响

流砂给盾构法施工带来极大的困难，刀盘的切削旋转振动引起饱和砂土或砂质粉土部分液化。含砂土颗粒的泥水不断沿衬砌管片接缝渗入，引起局部土体坍塌。对泥水式或土压平衡式盾构，一旦遇到大石块、短桩等坚硬障碍物，排除过程都可能引起邻近土体较大的下沉。

3. 周围土体应力状态的变化

盾构法施工引起周围地层变形的内在原因是土体的初始应力状态发生了变化，使原状土经历了挤压、剪切、扭曲等复杂的应力路径。由于盾构机前进靠后座千斤顶的推力，因此只有盾构千斤顶有足够的力量克服前进过程所遇到各种阻力，盾构才能前进，同时这些阻力反作用于土体，产生土体附加应力，引起土体变形甚至破坏。盾构掘进施工引起的土体沉降机理见表7-4。

表 7-4 盾构掘进施工引起的土体沉降机理

沉降类型	原因	应力扰动	变形机理
Ⅰ盾构工作面前方土体隆起	上隆：工作面处施加的土压力过大。沉降：工作面处施加的土压力过小	孔隙水压力增大，总应力增大	土体压缩产生弹塑性变形
Ⅱ初始沉降	土体受挤压而压密	孔隙水压力消散，有效应力增大	孔隙比减小，土体固结

沉降类型	原因	应力扰动	变形机理
Ⅲ盾构通过时的沉降	土体施工扰动，盾壳与土体间剪错，出土量过多	土体应力释放	弹塑性变形
Ⅳ盾尾空隙沉降	土体失去盾构支撑，因建筑空隙产生地层损失，管片后背注浆不及时	土体应力释放	弹塑性变形
Ⅴ土体次固结沉降	土体后续时效变形（土体后期蠕变）	土体应力松弛	蠕变压缩

盾构掘进时地面变形，目前多数采用派克法估算。其基本假定：施工阶段引起的地面沉降是在不排水条件下发生的，所以沉降槽的体积与地层损失的体积相等，地层损失在隧道长度方向上均匀分布，横截面上按正态分布进行估算。

地层损失可分为三类：

第一类为正常地层损失。盾构施工精心操作，没有失误，但由于地质条件和盾构施工必然引起不可避免的地层损失，一般来说，这种地层损失可以控制在一定限度内，而且这类损失引起的地面沉降比较均匀。

第二类为不正常的地层损失。因盾构施工失误而引起本来可以避免的地层损失，如盾构气压不正常、压浆不及时、开挖面超挖盾构后退等。这种地层损失引起的地面沉降有局部变化的特征。如局部变化不大，一般可认为是允许的。

第三类为灾害性的地层损失。盾构开挖面土体发生流动或崩塌，引起灾害性的地面沉降。引起这种情况的原因通常是：地质条件突然变化，局部有未探明的承压力、透水性大的颗粒状透镜体或储水洞穴等。所以在盾构施工前及时探明地质条件是十分重要的，目的是避免这类灾害性破坏发生。

盾构穿越市区，地面有各种各样的建筑物和浅层管线，地层移动对地面环境的影响是十分重要的，地层损失率越高，对地面环境的威胁越大。为了减少盾构施工对地面环境造成影响，通常采用以下措施：

1. 精心施工

首先摸清盾构前进路线上的地质条件，编制出不同地质区域的施工方法；严格控制开挖面挖土深度，限制超挖和推进速度；及时安装衬砌，及时注浆等。

2. 做好必要的环境保护措施

环境保护措施包括：注浆法加土体；防渗帷幕降低地下水的压力差；采用树根桩或用桩基承托建筑物基础；加固建筑物上部结构等。

3. 做好环境监测和控制工作，以达到防治的目的。

环境监测的内容有：地面变形监测；土体深层变形监测；土体孔隙水应力监测；地面建筑物沉降监测；盾构推力及前方土压力监测；盾构偏位监测等。同时应做好以下工作：

（1）为防患于未然，及早研究落实几套防治措施。

（2）对不同的环境土体变形、位移允许标准，为确切制定各个设计、施工控制指标体系，提供理论依据。

（3）提供更完善地制定地铁隧道红线范围的合理尺度及其有关技术标准与判据。

（4）为减小施工不利影响，提出几种因地、因时制宜的变形控制方法（目前施工时应急采用的三阶段压浆控制法只是一种施工控制）。更为重要的是设计控制，包括盾构掘进设计、施工参数的实时调整、修正等，以及这些设计的适用范围和选用原则。

（5）为进一步对构造各异的建（构）筑物、基础类别、各种地下管线、不同等级道路路面、路基等分别制定能以安全承受不同种类变形位移和差异沉降的技术参数，提供理论依据。

当然，进一步研制并开发有关数据采集与视频监控成套设备系列，以及工程施工计算机技术管理系统，是具体实现本项研究成果的关键。

4. 做好信息化施工

及时将监测得到的信息进行处理，并进行分析研究；及时调整施工方法；及时采取应急对策等。要求从理论预测→施工中的环境监测与控制→工程师经验→工程完成后的实践验证→（反馈，修正）理论预测。

7.3.4　盾构掘进对土体的影响范围

盾构掘进过程可以看成柱孔扩张过程（图7-34）。图7-34中 a 为隧道半径，R 为塑性区外半径，p 为扩张压力。盾构周围土体可以分为两个变形区，即塑性区 D_p 和弹性区 D_e，塑性区的大小（外半径 R）取决于扩张压力 p 和隧道半径 a。

盾构掘进对土体的影响范围可根据塑性区与弹性区分界处的应力条件进行求解确定，得到内压力 p 与塑性区外半径 R、隧道半径 a 的关系式：

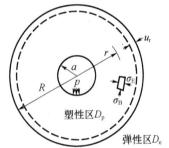

$$R = a\left[(1-\sin\varphi)\left(\frac{p+c\cdot\cot\varphi}{\sigma_\mathrm{r}+c\cdot\cot\varphi}\right)\right]^{\frac{1-\sin\varphi}{2\sin\varphi}} \quad (7\text{-}37)$$

式中　σ_r——径向挤压应力；

c——土体的凝聚力；

φ——土的内摩擦角（°）。

可以将 R 看成盾构掘进过程中对土体的影响范围。

图 7-34　柱孔扩张示意图

7.4　抽汲地下水引起的地面沉降

7.4.1　地下水位变化引起的岩土工程问题

（1）浅基础地基承载力降低。根据极限荷载理论，对不同类型的砂性土和黏性土地基，以不同的基础形式，分析不同地下水位情况下的地基承载力所得的结果是，无论是砂性土还是黏性土地基，其承载能力都具有随地下水位上升而下降的必然性，由于黏性土存有黏聚力的内在作用，故相应承载力的下降率较小，最大下降率在 50% 左右，而砂性土的最大下降率可达 70%。

（2）砂土地震液化加剧。地下水与砂土液化密切相关，没有水，也就没有所谓砂土的液化。经研究发现随着地下水位上升，砂土抗地震液化能力减弱。在上覆土层为 3m 的情况下，地下水位从埋深 6m 处上升至地表时，砂土抗液化的能力达到 74% 左右。地下水位埋深约 2m 处为砂土的敏感影响区。这种浅层降低影响，基本上是随着土体含水量的提高而后加大，随着上覆土层的浅化而加剧。

（3）建筑物震陷加剧。首先，对饱和疏松的细粉砂土地基土而言，在地震作用下因砂土液化，建在其上的建筑物产生附加沉降，即发生所谓的液化震陷。由分析得出地下水位上升的影响作用如下：①对产生液化震陷的地震动荷因素和震陷结果起放大作用。当地下水位由分析单元层中点处开始上升至地表时，将地震作用足足放大了一倍。当地下水位从埋深 3m 处上升至地表时，6m 厚的砂土层所产生的液化震陷值增大倍数的范围为 2.9～5。②砂土越疏松或初始剪应力越小，地下水位上升对液化震陷影响越大。

其次，对大量软弱黏性土而言，地下水位上升既促使其饱和，又扩大其饱和范围。这种饱和黏性土的土粒空隙间充满了不可压缩的水体，本身的静强度就较低，故在地震作用下，在瞬间即产生塑性剪切破坏，同时产生大幅度的剪切变形。该结果可达到砂土液化震陷值 4～5 倍之多，甚至超过 10 倍。

海南某地在细砂地基上的堤防工程，砂层厚 4.5m，地下水埋深 2m，考虑地下水位上升 0.5m 或 1m 时，地基承载力则从 320kPa 降至 310kPa 或 270kPa，降低率为 6.3% 或 19%。砂土的液化程度则从轻微液化变为近乎中等液化或已为中等液化。液化震陷量的增加率达 6.9% 或 14.1%。在地基设计中，必须考虑由地下水位上升引起的这些削弱方面。

（4）土壤沼泽化、盐渍化。当地下潜水上升接近地表时，由于毛细作用的结果，地表过湿呈沼泽化或者由于强烈蒸发浓缩作用，盐分在上部岩土层中积聚形成盐渍土，这不仅改变岩土原来的物理性质，而且改变了潜水的化学成分。矿化度的增高，增强了岩土及地下水对建筑物的腐蚀性。

（5）岩土体产生变形、滑移、崩塌失稳等不良地质现象。在河谷阶地、斜坡及岸边地带，地下潜水位或河水上升时，岩土体浸润范围增大，浸润程度加剧，岩土被水饱和、软化，降低了抗剪强度；地表水位下降时，向坡外涌流，可能产生潜蚀作用及流砂、管涌等现象，破坏了岩土体的结构和强度；地下水位的升降变化还可能增大动水压力。以上各种因素，促使岩土体产生变形、崩塌、滑移等。因此，在河谷、岸边、斜坡地带修建建筑物时，就特别重视地下水位的上升、下降变化对斜坡稳定性的影响。

（6）地下水位冻胀作用的影响。在寒冷地区，地下潜水位升高，地基土中含水量亦增多。由于冻结作用，岩土中水分往往迁移并集中分布，形成冰夹层或冰锥等，使地基土产生冻胀、地面隆起、桩台隆胀等。冻结状态的岩土体具有较高强度和较低压缩性，但温度升高，岩土解冻后，其抗压和抗剪强度大大降低。对含水量很大的岩土体，融化后的黏聚力约为冻胀时的 1/10，压缩性增高，可使地基产生融沉，易导致建筑物失稳开裂。

（7）对建筑物的影响。当地下水位在基础底面以下压缩层范围内发生变化时，就能直接影响建筑物的稳定性。若水位在压缩层范围内上升，水浸湿、软化地基土，使其强度降低、压缩性增大，建筑物就可能产生较大的沉降变形。地下水位上升还可能使建筑物基础上浮，使建筑物失稳。

（8）对湿陷性黄土、崩解性岩土、盐渍岩土的影响。当地下水位上升后，水与岩土相互作用，湿陷性黄土、崩解性岩土、盐渍岩土产生湿陷崩解、软化，其岩土结构破坏，强度降低，压缩性增大，导致岩土体产生不均匀沉降，引起其上部建筑物的倾斜、失稳、开裂，地面或地下管道被拉断等，尤其对结构不稳定的湿陷性黄土更为严重。

（9）膨胀性岩土产生胀缩变形。在膨胀性岩土地区，浅层地下水多为上层滞水或裂隙水，无统一的水位，且地下水位季节性变化显著。地下水位季节性升降变化或岩土体中水分的增减变化，可促使膨胀性岩土产生不均匀的胀缩变形。当地下水位变化频繁或变化幅度大时，不仅岩土的膨胀收缩变形往复，而且胀缩幅度也大。地下水位的上升还能使坚硬岩土软化、水解、抗剪强度与力学强度降低，产生滑坡（沿裂隙面）、地裂、坍塌等不良地质现象，导致自身强度的降低和消失，引起建筑物的破坏。因此，对膨胀性岩土的地基评价应特别注意对场区水文地质条件的分析，预测在自然及人类活动下水文条件的变化趋势。

7.4.2　抽汲地下水产生的环境问题

抽汲地下水使地下水位下降往往会引起地表塌陷、地面沉降、海水入侵，地裂缝的产生和复活，以及地下水源枯竭、水质恶化等一系列不良地质问题，并将对建筑物产生不良的影响。

1. 地表塌陷

塌陷是地下水动力条件改变的产物。水位降深与塌陷有密切的关系。水位降深小，地表塌陷坑的数量少，规模小；当降深保持在基岩面以上且较稳定时，不易产生塌陷；降深增大，水动力条件急剧改变，水对土体的潜蚀能力增强，地表塌陷的数量增多、规模增大。

2. 地面沉降

由于地下水不断被抽汲，地下水位下降引起了区域性地面沉降。国内外地面沉降的实例表明抽汲液体引起液压下降，地层压密而导致地面沉降是普遍和主要的原因。国内有些地区，由于大量抽汲地下水，已先后出现了严重的地面沉降。如 1921—1965 年，上海地区的最大沉降量已达 2.63m；20 世纪 70—80 年代，太原市最大地面沉降已达 1.232m。地下水位不断降低而引发的地面沉降越来越成为一个亟待解决的环境岩土工程问题。

3. 海水入侵

近海地区的潜水或承压水层往往与海水相连，在天然状态下，陆地的地下淡水流入海洋，含水层保持较高的水头，淡水与海水保持某种动平衡，因而陆地淡水层能阻止海水的入侵。如果大量开采陆地地下淡水，引起大面积地下水位下降，可导致海水向地下水开采层入侵，使淡水水质变坏，并加强水的腐蚀性。

4. 地裂缝的复活与产生

近年来，我国不仅在西安、关中盆地发现地裂缝，而且在山西、河南、江苏、山东等地也发现地裂缝，据分析，地下水位大面积大幅度下降是发生裂缝的重要诱因之一。

5. 地下水源枯竭，水质恶化

盲目开采地下水，当开采量大于补给量时，地下水资源就会逐渐减少，以致枯竭，造成泉水断流，井水干枯，地下水中有害离子量增多，矿化度增高。

6. 对建筑物的影响

当地下水位升降变化只在地基基础底面以下某一范围内发生变化时，其对地基基础的影响不大，地下水位的下降仅稍增加基础的自重。当地下水位在基础底面以下压缩层范围内发生变化时，若水位在压缩层范围内下降，岩土的自重力增加，可能引起地基基础的附加沉降。如果土质不均匀或地下水位突然下降，也可能使建筑物发生变形甚至破坏。

7. 抽汲地下水出现环境问题的现状调查

随着工业生产规模的扩大，我国城市化的速度越来越快，不少城市超负荷运转，有些城市出现了严重的"城市病"。特别是大量抽汲地下水引起的地面沉降，造成大面积建筑物开裂、地面塌陷、地下管线设施损坏，城市排水系统失效，造成巨大损失。

地面沉降主要是与无计划抽汲地下水有关。图 7-35 表示世界若干大城市的日用水量与地面沉降的情况，两者之间具有明显的关系。其中墨西哥城日抽水量为 $103.68 \times 10^4 m^3$，历年来地面沉降量超过 9m，影响范围达 $225 km^2$。日本东京地面沉降量虽没有墨西哥城大，但其影响范围达到 $3240 km^2$。

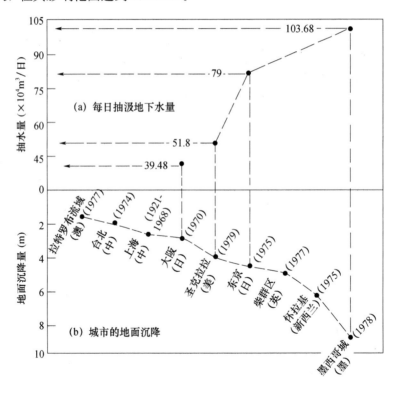

图 7-35　世界若干大城市的日用水量与地面沉降的情况

目前，全国有近 200 个城市取用地下水，四分之一的农田靠地下水灌溉。总的趋势是地下水位持续下降，部分城市地下水受到污染。不合理的开发利用诱发了一系列环境问题。

地面沉降的城市大部分分布在东部地区。苏州、无锡、常州三城市地面沉降大于200mm 的面积达 1412.5km²；安徽阜阳市地面沉降累计超过 870mm，面积超过360km²；上海自 1921 年至 1965 年，最大沉降量达 2.63m，市区形成了两个沉降洼地，并影响到郊区。

地面塌陷主要发生在覆盖型岩湾水源地所在地区，比较严重的有河北秦皇岛，山东枣庄和泰安，安徽淮北，浙江开化和仁山，福建三明，云南昆明等 20 多个城市和地区。

沿海岸地下水含水层受到海水入侵的地段主要分布在渤海和黄海沿岸，尤以辽东半岛、山东半岛为重。山东省受到海水入侵的面积超过 400km²，年均损失 4～6 亿元。

通常采用压缩用水量和回灌地下水等措施来克服上述问题，上海日最高地下水开采量为 $55.6 \times 10^4 \mathrm{m}^3$，1965 年开始实行人工回灌地下水的措施，以及控制回灌量和开采量的比重，地面回弹量一度达到 3.2mm，回灌中心区部分地段回升量甚至达到 53mm。但随着时间的推移，人工回灌地下水的作用将逐渐减弱，所以到目前为止还没有找到一个满意的解决办法。

7.4.3 地下水位与地面沉降

1. 地面沉降及其影响因素

在天然条件和人为因素的影响之下，区域性地面标高的降低称为地面沉降。导致地面沉降的主要影响因素可以分为天然影响因素及人为影响因素，其中，地下水位波动对地面沉降具有重要的影响。

（1）地表沉降的天然影响因素

天然影响因素主要有两类：

① 海平面相对上升及土层的天然固结；

② 地震的冲击作用。

（2）人类经济活动导致地面沉降的有关因素

① 抽汲地下液体及表层排水导致地面沉降的有关因素：

a. 水平向渗透力及覆盖层自重压力；

b. 动荷载的影响；

c. 水温对土层压密的影响；

d. 泥炭地、低洼地的排水疏干；

e. 有机质土（层）的氧化及体积压缩变形作用。

② 开采地下深处的固体矿藏，也可能引起地面沉降。

③ 在岩溶地区，塌陷是导致地面沉降的主要影响因素。

关于地面沉降的原因，各国科研人员经过长期的探讨、争论，普遍认为：地壳运动导致的地面沉降有可能存在，但沉降速率很小；地面静、动荷载引起的地面沉降仅在局部地段内存在；抽汲地下液体（油、气、水），引起储集层的液压降低，从而导致地面沉降，是普遍与主要原因。

本节仅限于论述未固结松散含水层（组）中，抽汲地下水引起地面沉降的机理及其研究方法，介绍代表性的预测井点降水引起地面沉降的计算模型等。

2. 地面沉降研究现状

目前，国内外研究的区域性地面沉降问题，主要着重于抽汲地下液体引起的区域性地面沉降。抽汲地下液体造成的地面沉降现象遍布世界各地。随着人口增长及工农业生产的发展，对石油、天然气及地下水资源的日益增加的巨量开采、利用，导致地面沉降现象日益加剧。最著名的沉降实例是墨西城和长滩市的地面沉降，那里的最大地面沉降量超过 9m。为了控制地面沉降，几十年来，各国地质学家、土力学家从不同角度对地面沉降的原因、规律、防治方法等进行了广泛的研究。国内若干地区，由于大量抽汲地下水，也已先后出现了严重的地面沉降。如何合理地开发、利用地下水，控制地面沉降，是亟待解决的重要课题之一。

（1）地面沉降机理分析

若干学者的研究表明，抽水引起地层压实而产生地面沉降，是含水层（组）内地下水位下降、土层内孔压降低、有效应力增加的结果。

假设地下某深度 z 处地层总应力为 P，有效应力为 σ，孔隙水压力为 u_w，依据太沙基有效应力原理，抽水前应满足下述关系式：

$$P = \sigma + u_w \tag{7-38}$$

抽水过程中，随着水位下降，孔隙水压力下降，但由于抽水过程中土层总应力保持不变，下降了的孔隙水压力值转化为有效应力增量，因此下式成立：

$$P = (\sigma + u_w) + (u_w + \Delta u_w) \tag{7-39}$$

从式（7-39）可知，孔隙水压力减小了 Δu_w，而有效应力增大了 Δu_w。有效应力的增加，可以归结为两种过程：

① 水位波动改变了土粒间的浮力，水位下降使浮力减小；

② 由于水头压力的改变，土层中产生水头梯度，由此导致渗透压力的产生。

浮力及渗透压力的变化，导致土层发生压实或膨胀。大多数情况下，压实或膨胀属于一维变形，压实的时间延滞与土层的透水性有关。一般认为，砂层的压密是瞬间发生和完成的，黏性土的压密时间较长。

（2）地面沉降理论与模型的发展

抽水导致松散含水层（组）骨架发生压密所引起的地面沉降，是土力学范畴内的一种固结压实过程，即饱和土孔隙压力的逐渐消散及在外荷载作用下，土层产生压缩，一般认为，固结由主固结和次固结两部分组成。通常假定主固结非瞬间完成，它是由于土骨架弹性性质引起的变形过程，伴随着孔隙的黏性渗流，随着超孔隙压力逐渐消散而发生。次固结或蠕变是指若干种类的土层如黏土层、泥炭层等，在一定荷载作用下的连续变形过程，这是由土骨架结构的重新调整所引起的。尽管蠕变表示一种黏滞效应，随着时间的延续，次固结终将达到稳定的极限。根据模型所能反映的土层的固结特征，含水层（组）骨架抽水压密所引起的地面沉降理论可以分为经典弹性地面沉降理论、准弹性地面沉降理论、地面沉降的流变学理论等，这方面的介绍可参考有关文献。

7.4.4 人工回灌与地面回弹

1. 回灌对地面沉降的影响

如前所述，抽汲地下水导致地面沉降，是由于地下水位下降，导致孔隙水压力降低，土中有效应力增加，地层发生压实变形的外在表现。与之相反，对地下含水层（组）进行人工回灌，则有利于稳定地下水位，并促使地下水位回升，使土中孔隙水压力增大，土颗粒间的接触应力减小，土层发生膨胀，从而导致地面回弹，减缓地面沉降。在地下水集中开采地区如沪东工业区，回灌前 1959 年 10 月至 1965 年 9 月，地面累计下沉 500～1000mm，回灌后 1965 年 9 月至 1974 年 9 月，地面累计上升 18～36mm；同一时期，沪西工业区回灌前地面累计下沉 430～590mm，回灌后地面累计上升 26～44mm。

2. 地面回弹模型的建立与求解

相对于含水层组的抽水压实过程而言，人工回灌导致的含水层组的回弹（膨胀）过程是完全弹性的，即回灌引起的含水层组的竖向膨胀变形过程符合弹性胡克定律：

$$\varepsilon_z^e(t) = a_1 \gamma_w s^e(t) \tag{7-40}$$

式中　$\varepsilon_z^e(t)$——土骨架的竖向膨胀应变；

$\quad\quad s^e(t)$——地下水位回升值；

$\quad\quad a_1$——试验参数；

$\quad\quad \gamma_w$——水的重度。

类似于地面沉降模型，地面回弹模型的建立应包括两个方面，即回灌渗透流模型与竖向膨胀变形模型的耦合，如图 7-36 所示。

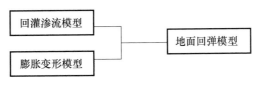

图 7-36　地面回弹模型框图

地面回弹模型通常可以通过近似解析解法、严格解析解法或数值法进行求解，获得回灌引起的地下水位回升及相应的地面回弹的计算公式。

7.5　采空区地面变形与地面塌陷

由于地下开采强度和广度的扩大，地面变形和地面塌陷的危害不断加剧。单地面塌陷已在我国 23 个省区内发现了 800 多处，塌陷坑超过 3 万个，全国每年因地面塌陷造成的损失超过 10 亿元。

采空区根据开采现状可分为老采空区、现采空区和未来采空区三类。老采空区是指建筑物兴建时，历史上已经采空的场地；现采空区是指建筑物兴建时地下正在采掘的场地；未来采空区是指建筑物兴建时，地下储存有工业价值的煤层或其他矿藏，目前尚未开采，而规划中要开采的地区。

地下煤层开采以后，采空区上方的覆盖岩层和地表失去平衡而发生移动和变形，形成一个凹陷盆地。地表移动盆地一般可分为三个区：

（1）中间区：位于采空区正上方，此处地表下沉均匀，地面平坦，一般不出裂缝，地表下沉值最大。

（2）内边缘区：位于采空区外侧上方，此处地表下沉不均匀，地面向盆地中心倾斜，呈凹形，土体产生压缩变形。

（3）外边缘区：位于采空区外侧上方，此处地表下沉不均匀，地面向盆地中心倾斜，呈凸形，产生拉伸变形，地表产生张拉裂缝。

采空上方地表反应的强弱与采深采厚比有关。这一比值用公式表示为

$$K = \frac{H}{m} \tag{7-41}$$

式中　K——采深采厚比；

　　　H——采空区深度；

　　　m——采空区厚度。

当 K 较大时，地表不出现大的裂缝或塌陷坑；K 较小时，地表有可能出现较大的裂缝和塌陷坑。大量观测资料表明，当 K 大于 30 时，在无地质构造和采掘正常条件下，地表不出现大的裂缝和塌陷坑，但出现连续有规律的地表移动。当 K 小于 30，或虽大于 30 但地表覆盖层很薄，且采用非正规开采方法或上覆岩层受地质构造破坏时，地表将出现大的裂缝或塌陷坑，易出现非连续性的地表变形。

地表移动是一个连续的时间过程，在地表移动总的时间内可分为三个阶段：起始阶段、活跃阶段和衰退阶段。起始阶段从地表下沉值达到 10mm 起至下沉速度小于50mm/月止；活跃阶段为下沉速度大于 50mm/月为止。衰退阶段从活跃阶段结束时开始，至 6 个月内下沉值不超过 30mm 为止。地表移动"稳定"后，实际上还会有少量的残余下沉量，在老采空区上进行建设时，要充分估计残余下沉量的影响。

建筑物遭受采空区地表移动损坏的程度与建筑物所处的位置和地表变形的性质及其大小有关。经验表明，位于地表移动盆地边缘区的建筑物比井间区不利得多。地表均匀下沉使建筑物整体下沉，对建筑物本身影响较小，但如果下沉量较大、地下水位较浅，会造成地面积水，不但影响使用，而且使地基土长期浸水、强度降低，严重的可使建筑物倒塌。

地表倾斜对高耸建筑物影响较大，使其重心发生偏斜；地表倾斜还会改变排水系统和铁路的坡度，造成污水倒灌。

地表变形曲率对建筑物特别是地下管道影响较大，造成裂缝、悬空和断裂。

目前，国内外评定建筑物受采空区影响的破坏程度所采用的标准，有的用地表变形值，如倾斜、曲率或曲率半径和水平变形，有的采用总变形指标。我国煤炭工业部1985 年已经颁发了有关规定和标准。此外，枣庄、本溪、峰峰等矿区都已积累了丰富的经验。

课程思政：传播科学精神和家国情怀

环境问题已成为人类社会生存和发展的重大问题之一，其本质是人类活动与自然环境的关系。当下人类活动对自然环境的影响力越来越大，如果对自然环境特性及其演化规律认识不够、对人类活动与自然环境相互作用的后果估计不足，必将造成灾害性破坏和巨大损失。因而必须科学地协调人与自然的关系，以取得可持续的发展。教学过程中

可列举工程实例，唤起学生的环保意识，使其自觉掌握和利用学到的知识，充分认识和把握自然规律，科学调控工程活动与环境的关系，坚持"绿水青山就金山银山"的理念，并落实到工程建设中。

以问题为导向，实例教学在传授科学知识、思维方法的同时，传播科学精神、家国情怀，让学生独立思考，提高学生提出问题、解决问题的能力；让学生带着问题去主动探究专业知识，在解决问题的过程中实现价值观的自我完善；结合课程开展思政教育，提升教学效果。

8 自然界中的环境岩土工程问题

自然界中的环境岩土工程问题主要是指人与自然之间的共同作用问题。多年来，人类在用岩土工程的方法来抵御自然灾变造成的危害方面已经积累了丰富的经验。我国是一个历史悠久的文明古国，在抵抗各种自然灾害的斗争中，已经做出了很多光辉的业绩。

8.1 洪水泛滥

江河切割山谷在大地上奔流，包括整个流域内的大小支流，构成一套洪水排放系统。河流的水系是气候、地形、岩石和土壤等条件构成的很微妙的平衡体系。河流又是一个泥沙搬运系统，从上游和各条支流夹带的泥沙在下游河床内沉积下来。河床两侧及其泛滥区称为流域环境。如果上游或支流流域内的森林植被遭到破坏，大量水土流失，河床淤积，储水量减少，洪水发生时，水灾就不可避免，将给人类的生命财产造成严重的损失。美国从 1937—1973 年，平均每年在洪水水灾中丧生大约 80 人，财产损失平均为 2.5 亿美元；亚洲地区统计表明每年约有 15.4 万人死于洪水灾害。

大多数河流洪水与总降雨量的大小、分布，以及流域内水渗入岩石、土壤中的速度有关。特别是随着建筑事业的发展，地面被大量建筑物、道路和公园等所覆盖，雨水渗入量大大减少，洪水的淹没高度相对增加（图 8-1），因此城市防洪就显得特别重要。

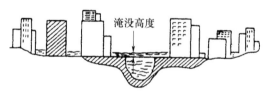

图 8-1 淹没高度增加

大城市通常位于重要河流沿岸，由于城市建设的需要，河道通常被限制在一定范围内，增加了排洪的困难。为了防止洪水，往往在河道两侧修筑很高的防洪墙，反过来又会影响上游的排洪。图 8-2 是密苏里河与密西西比河洪水期示意图。A 点是两条河流的汇合处，河流通过城区的河道狭窄，城市防洪措施加强后，反过来又影响上游，箭头所示 C 部位广大地区被洪水淹没。

根据河流的流域环境及洪水的流量，在河流的不同区段编制出洪水可能影响的范围，如图 8-3 所示。对重要的城市还应该进一步绘制出洪水影响的环境图，如图 8-4 所示。这些资料可以帮助我们进行合理的建筑规划，加强洪灾预报，减少人员伤亡和财产损失。

洪水治理是一项综合性的环境工程，为了减少洪水对人类的威胁，至少应考虑以下几方面的问题：

1. 流域环境的整治

(1) 保护森林草原，减少水土流失；

(2) 整治河床，清除淤积泥沙；

(3) 合理开拓河床断面。

2. 完善洪水调解系统

(1) 合理修建水库，加强洪水的储存和排放管理；

(2) 修建调节水闸；

(3) 建设必要的分洪系统。

3. 加强监督和警报系统

(1) 气象监督；

(2) 水文监督。

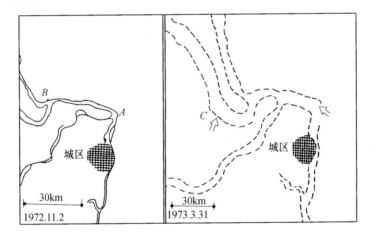

图 8-2　密苏里河与密西西比河洪水期示意图

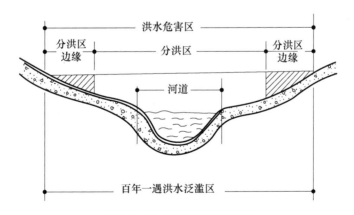

图 8-3　洪水可能影响的范围

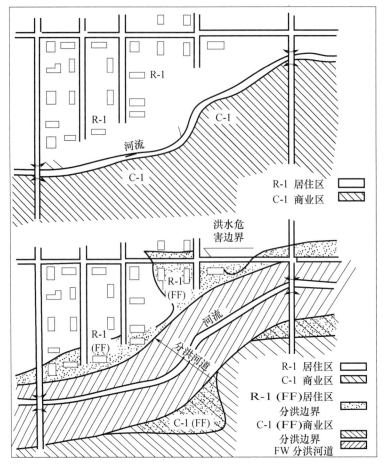

图 8-4　洪水影响的环境图

8.2　区域性的滑坡及泥石流

由土和岩构成的边坡,表面似乎是静止的,实际上它是一个不断运动着的逐渐演变体系。边坡上的物质以某一速度向下移动,其速度可以从难于察觉的蠕动直到以惊人的速度突然崩塌,如图 8-5 所示。图 8-5（a）所示蠕动速率与安全度的关系。图 8-5（b）表示在自然和人为营力作用下边坡失去平衡。

滑坡及其相关的现象如泥流、泥石流、雪崩和松散堆积物的崩落等。这类现象的规模也有大有小;少则几十方土,大则成千上百万方土坍滑。大规模土体滑动是具有灾难性的破坏作用,它所造成的生命财产损失是惊人的。

滑坡发生的原因是多方面的,而且是综合性的。边坡本身就是有一个向下滑动的倾向,在自然的或人为的因素促使下失去平衡。这些因素归纳起来有:

1. 自然营力

（1）风化;

（2）暴雨;

（3）地震；

（4）海浪。

2. 人为作用

（1）植被破坏；

（2）不合理挖方和填方；

（3）不合理施工影响，如施工用水浸湿坡脚、打桩、爆破振动等。

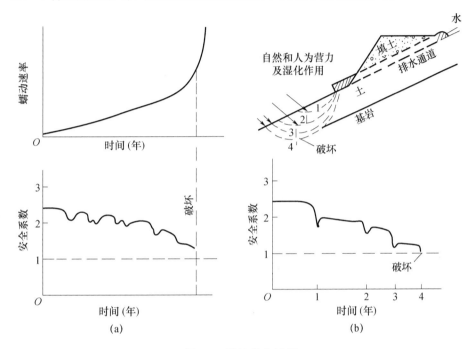

图 8-5　滑坡发生过程

（a）蠕动开展过程；（b）湿化过程

　　作为大环境的一部分，滑坡及其有关现象不仅是一种工程现象，更多的是一种自然现象（基坑边坡除外）；其与环境的关系非常密切，对人类造成的威胁十分严重，某些区域性的滑动是一种难于抗拒的灾难；小规模的滑坡虽然影响小，但常阻塞交通，损坏建筑物；其发生频率很高，特别在雨期，造成很多麻烦。表 8-1 列出了美国几种滑坡类型及其发生的频率。表中估计的财产损失仅为直接损失的费用，可见由于滑坡造成的损失是十分可观的。

表 8-1　美国几种滑坡类型及其发生的频率

滑动类型	主要地区	历史上的滑动次数（次）	频率		估计财产损失（百万美元）	死亡人数（人）
			每 260km²	每 104000km²		
岩石滑坡岩块塌落	阿巴拉契亚山脉高原，烟晶岩白色的蓝色山脊	数百	—	每 10 年 1 起	30	42

续表

滑动类型	主要地区	历史上的滑动次数（次）	频率		估计财产损失（百万美元）	死亡人数（人）
			每 260km²	每 104000km²		
岩层突然塌落和岩石崩塌	中部和西部广大地区，科罗拉多高原，怀俄明山区，加利福尼亚南部，华盛顿和俄勒冈山区	数千	山区平均每年 10 起，高原地区每年 1 起	山区每年 100 起，高原地区每年 10 起	325	188
	阿巴拉契亚高原	数千	每 10 年 1 起	每年 70 起	350（主要是公路、铁路）	20
	加利福尼亚沿海和北部山区	数百	每 10 年 1 起	每年 10 起	30	—
突发性滑坡	缅因州，康涅狄格州河谷，赫狄森山谷，芝加哥红河，阿拉斯加南部山区	约 70	每 100 年 1 起	每年 1 起	140	103
	长岛阿拉斯加中部谷地、怀俄明州、南部科罗拉多山区	数百	每 50 年 1 起	每年 1 起	30（主要是公路、铁路）	—
	密西西比和密苏里谷地，华盛顿州东部和爱达华州南部	数百	每 10 年 1 起	每年 1 起	2	—
	阿拉巴契亚山麓	约 100	—	每年 1 起	<1	—
松散堆积物流动和泥石流	阿拉巴契亚山区	数百	北卡罗来纳每 100 年发生 1 群（每群 10 起）	每 15 年发生 1 群	100	89

来源：Disater Preparedness，Office Emergency Preparedness，1972。

区域性的大滑坡给人类带来的影响不亚于地震。1967 年 1 月 22 日晚，巴西发生一起可怕的滑坡，大暴雨持续 3.5h 以后，194km² 范围内大量滑坡和土的流动造成 1700 人丧生，损坏了公路，影响了生产。泥石流洗劫过的土地堆积物达 4m 厚。

1970 年，美国弗吉尼亚州山区，松散堆积物坍滑、地震引起连锁反应，大量泥沙从 3660m 处呼啸而下，以超过 300km/h 的速度冲向山脚下的居民区，造成 20000 人丧生。

滑坡发生的原因是综合性的：一是不利的地质条件，包括具有张开的裂隙和洞穴的软质石灰岩和黏土夹层，岩层向水库倾斜，地形非常陡峭；二是水库蓄水，山谷岩层中水压力增加，地下水回流、浸润，使土的抗剪强度降低；三是连续暴雨，滑坡体质量增加，软岩的边界面成为滑动面。

区域性的自然滑坡及泥石流是一种严重的灾害，要阻止这种灾害的发生是十分困难的。从环境岩土工程的观点来看，要减少此类危害和损失，必须重视具体工程和环境的治理相结合；既要考虑到局部稳定又要考虑到区域性稳定。目前常用的处理边坡稳定性的概念和方法仍是有效的，但特别强调：①加强区域性气象条件的研究，掌握暴雨的强度、洪水发生的频率等资料；②加强区域性的绿化、造林，改良土壤、减少水土流失；③当有局部滑坡发生时，要及时整治，防止扩大酿成区域性的滑动；④加强监测和预警工作（虽然这类灾害有时很难抗拒，但区域性滑坡发生之前，或多或少都会有一定的预兆，及时报警可减少生命和财产的损失）；⑤加强对土工和工程地质的勘察工作。美国洛杉矶对山前建筑物遭滑坡灾害调查表明，1952 年以前没有进行有关岩土工程技术工作，遭损坏的建筑物达 10％；1952 年以后对岩土工程技术工作提出一定要求，遭损坏的建筑物降至 1.3％；从 1963—1969 年，对岩土工程技术工作有详细要求，遭损坏的建筑降至 0.15％。

8.3　地震灾害

地震是一种危害性很大的自然灾害。地球是一个不停地运动着的体系。岩圈的外层碎成几个大的和许多小的板块，这些板块做相对移动；由于挤压、滑动和摩擦，岩层内部会形成惊人的应力，当应力超过岩层强度时，岩层发生破坏，通过地震，岩层内部能量得到大量释放。岩层在地应力作用下发生应变，沿着薄弱带破碎就形成断层。岩层破碎过程中沿着断层移动产生地震波，这就是记录到的地震。这些波在地层中传播（主波和次波），与此同时，主波和次波混合着沿地表传播，称为面波。面波对建筑物的破坏作用最大。

地震的危害包括一次影响和二次影响两部分。一次影响直接是由地震引起的。如由地裂引起猛烈的地面运动，有可能产生很大的永久位移。1960 年，美国旧金山地震产生达 5m 的水平位移。猛烈的运动使地面的加速度突然增加；大树被折断或连根拔起；建筑物、大坝、桥梁、隧道、管线等被剪断。

二次影响如砂土的液化、滑坡、火灾、海啸、洪水、区域性地面下沉或隆起及地下水位变化等。1970 年，秘鲁发生地震，7000 人丧生，其中 2000 人死于滑坡和塌方。地震造成的煤气管道破裂、电线断裂引起火灾，由于供水和交通系统损坏，地震火灾很难控制。1960 年，旧金山地震 80％的损失是火灾造成的。1923 年，日本关东大地震造成 14.3 万人死亡，其中 40％死于火灾。1960 年 5 月 22 日，智利发生 8.5 级大地震，造成的损失主要是由于海啸引起的。海啸横扫太平洋，巨浪直驱日本，将大船掀上陆地的房顶，25×10^4 km² 范围内发生地面变形，变形带长 1000km、宽 210km，海底隆起达 10m，而陆地沉陷了 2.4m。

地震及其伴随的灾害对人类的危害是相当严重的。特别是一些大地震，生命财产的损失非常惊人。1976 年 7 月 28 日 3 时 42 分，我国唐山发生了 7.8 级大地震，相当于 400 枚广岛原子弹在距地面 16km 处的地壳中猛烈爆炸，一座百万人口的工业城市被夷为平地，死亡人数达 242769 人，重伤 164851 人；全市 682267 栋建筑物倒塌了 656138 栋，地震波影响到大洋彼岸，美国阿拉斯加州大地上下跳动了大约 1/8in（1in＝2.54cm）。

1995 年 1 月 17 日 5 时 46 分发生在日本的 7.2 级神户大地震，震中在大阪湾的淡路岛，影响遍及半个日本，顷刻之间，神户与大阪两座现代化大城市陷于瘫痪。阪神高速公路高架桥倾倒，交通中断，神户市内浓烟滚滚，火光冲天，地震引起的房屋坍塌和地面陷落，人员伤亡和财产损失难以估量。

地震是一种可怕的自然灾害，许多科学工作者正致力于研究如何预测地震和减少由此造成的损失。目前大致有以下几方面的工作：

（1）研究地层的构造，特别是研究断层的特性及断层的活动状态。通过这一研究来预估地震区的范围及发生地震大小的可能性。

（2）研究表层岩性对地震的反应。当地震波从震源传播至地面时，不同性质的表层土对地震反应不同，如图 8-6 所示。如果表层有很坚硬的岩石，地震反应比一般的土层弱得多。如果表层有饱和且密实度不高的粉细砂，在地震波的作用下很容易发生液化。人们根据不同的反应情况划分出许多地震小区，供建筑场地的选择和上部结构设计参考。

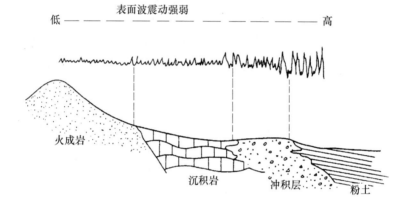

图 8-6 地表覆盖层岩性与震动反应的关系

（3）研究地震的监测和地震的预报。美国、日本、中国等许多优秀的科学家都相信，人类最终一定能够做出长期（几小时或几天）的地震预报。准确的地震预报可以大大减少人员伤亡和财产损失。

地震预测的主要根据：前期地震频率及其模式，岩层中储存应变的变化异常，地磁的变化，岩层竖向和水平向的移动，岩层波速的变化，断层活动时的裂缝，土电阻的变化，地下水中氡气含量的变化，以及动物的异常行为、气候反常等。以上这些迹象都可以作为地震信息，也称为先兆事件。根据历史上地震的经验，归纳总结如图 8-7 所示，先兆事件的强度、时间区间等越剧烈，则即将发生的地震等级越高。

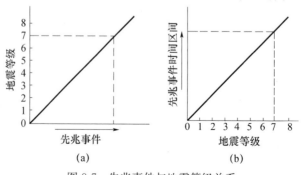

图 8-7 先兆事件与地震等级关系

我国是地震多发国家，历年来已经积累了丰富的地震先兆经验。自 1966 年 3 月 8 日邢台发生 6.8 级强烈地震后，我国总结得到了以下经验：

（1）小震密集→平衡→大震；小震后平衡时间越长，地震震级越高。

（2）6 级以上大地震的震中区，震前 1～3.5 年内往往是旱区，旱后第三年发震时，震级要比旱后第一年内发震大半级，这一现象称为"旱震关系"。

（3）监视小震活动、地应变测量、重力测量、水氡观测、地磁、海平面变化及动物反应等进行综合分析。

我国科学家根据上述经验，成功预报了 1975 年 2 月 4 日地震，辽宁南部 100 多万人撤离了他们的住宅和工作地点，仅仅在撤离两个半小时之后即 7 时 36 分，海城被 7.3 级强烈地震"击中"。在 6 个市、10 个县的震区，房屋毁坏 $508 \times 10^4 \mathrm{m}^2$，农村民房损坏 86.7 万间，死亡人数仅占全区人口的 0.16%。

8.4 火　山

火山活动也是一种灾害性自然现象。若火山爆发在人口稠密地区附近，可能造成一场大灾难。引起火山活动的原因通常与地壳的构造运动有关。大部分活动性的火山都处在地壳板块构造接合部，在这些地方岩浆因岩圈板块相互作用发生蔓延或下沉。所以活动性火山 80% 集中在太平洋火山环周围，见表 8-2。

表 8-2　世界上活动性火山分布

地区	活动性火山的百分比（%）
太平洋	79
西太平洋	45
北美和南美	17
印度尼西亚群	14
太平洋群岛（夏威夷群岛、萨摩亚群岛）	3
印度洋群岛	1
大西洋	13
地中海、小亚细亚	4
其他	3/100

来源：A. Ritten，Disten Preparedness，office of Emergence Preparedness，1962。

1. 火山的类型

火山通常分成三种类型：隐藏型（死火山）、混合型和穹顶型（活动型）火山。

隐藏型火山：数量最多，特性是不活动，地层是由二氧化硅（SiO_2）含量比较低（约 50%）的岩浆构成的，大部分分布在夏威夷群岛，部分分布在西太平洋和冰岛。

混合型火山：这类火山通常有一美丽的圆锥外形，岩层组成 SiO_2 含量中等，约为 60%。火山活动的特点是爆发时有混合物和岩浆流。这类火山是危险的。

穹顶型火山：它的特点是具有 SiO_2 含量很高的黏滞岩浆，爆发时构成一个火山穹顶，具有很大的危险性。

2. 火山活动的影响

虽然火山活动是比较稀少的，但从历史上看，它所造成的危害也是非常严重的。公元79年，意大利维苏威火山爆发，庞贝城被火山灰埋葬，直到1595年重新被发现。

火山活动的影响主要由两部分造成，首先是火山爆发时喷出的熔岩流和火山碎屑的烟雾云；其次是次生灾害如泥石流和火灾。

（1）熔岩流

地下熔岩上升，从火山口流出，形成熔岩流。二氧化硅含量低的熔岩流通常不是喷发性的，只是从火山口溢出；二氧化硅含量高的熔岩流，具有爆炸性喷出。有些熔岩流的流动速度很快；大多数具有黏滞性，流动很慢。流动缓慢时，居民很容易躲避。

熔岩流具有两种压力类型：一种是岩浆具有垂直压力差；另一种是由流动冲量造成的压力。因此，人们提出三种方法引导熔岩流，不使它任意毁坏住房和有关设施。这三种方法是构筑导墙、水力冷却和投掷炸弹。

导墙是用石块堆成的墙，可根据地形设置，通常高约3m，可以阻止熔岩通过，也可以改变熔岩流动的方向。构筑导墙的方法在夏威夷和意大利都取得了成功。

水力冷却的办法主要是促使熔岩凝结。使用这一方法时必须仔细地计划，制定控制的时间和程序。

投掷炸弹的方法主要是破坏熔岩流边缘，从而更有效地控制它的流向。

（2）火山碎屑

火山爆发时，大量的喷出物进入大气。喷出有两种形式：一种是火山灰喷出，含有大量岩块、天然玻璃屑和气体，从火山口喷入高空；另一种是火山灰流出，喷出物从火山口急速地流出。火山喷出物对人类的影响如下：第一，毁坏植被；第二，污染地面水，使水的酸度增加；第三，建筑物屋顶因超载而毁坏；第四，影响人的身体健康，导致呼吸系统和眼睛发炎。

火山灰流的速度很快，可达100km/h，而且温度很高，若流过人口稠密区会导致大灾难，例如，1902年5月8日马提尼的Mt. Pelee火山爆发，火山灰流呼啸着流过西印第斯镇，瞬间3万人丧生。

（3）次生灾害

泥石流和火灾是火山活动的次生灾害，由于火山喷出物温度极高，常会导致山顶冰川和积雪融化，伴随着产生洪水和泥石流。炽热的火山灰使建筑物燃烧。其破坏程度取决于火山活动的程度和规模。

8.5　水土整治

由于人口的增长及工业化的发展，在全球范围内水土的整治是一个极其重要的环境工程问题。特别在我国，生态赤字给民族生存带来了威胁。

中国是个少林国家，但我国每年森林经济损失非常严重，1980年以来，我国森林病虫害的发生面积每年都在1亿亩（1亩＝666.67m²）以上。其中林木死亡500多万亩，林木生长量损失上千万立方米。据统计，因森林火灾、森林病虫害和乱砍伐，森林资源遭受的损失，每年高达115亿元。

我国草原同样存在着严重危机。长期过度放牧，重用轻养，盲目开垦，我国 62.2 亿亩草原，曾有"风吹草低见牛羊"的绝妙意境，现在正被滚滚黄沙以每年扩展 7400 万亩的速度沙漠化，累计已达 $13 \times 10^4 km^2$，占可利用草场的三分之一。

我国北方沙漠、戈壁及沙漠化等面积已达 $149 \times 10^4 km^2$，其中沙漠 $59.3 \times 10^4 km^2$，戈壁 $56.9 \times 10^4 km^2$，沙漠化 $32.8 \times 10^4 km^2$，占国土总面积的 15.5%。我国已是世界上沙漠化受害最严重的国家之一。

沙漠化（荒漠化）是一个世界性环境问题，全球有四分之一的陆地受沙漠化的影响，经济损失高达 420 亿美元，亚洲受害最严重，每年损失 210 亿美元。

1. 沙漠化的治理

沙漠化主要是由于风力的搬迁作用造成的。图 8-8 表示沙丘在风力作用下向前移动的方式。沙丘移动的速度与风力的大小和风向有关。沙丘移动常常威胁公路、铁路、农田和城镇。例如，美国内华达州 95 号公路经常遭受沙丘的侵入。

图 8-8 沙丘在风力作用下向前移动的方式

与沙对比，细颗粒的粉土在狂风作用下发生尘暴。狂风可在 $500\sim600km$ 范围内刮起几亿吨的尘土，瞬时堆起直径 3km 的土丘。1993 年 5 月 5 日傍晚，我国西北部四省区 18 个地市 72 个县方圆 $110 \times 10^4 km^2$ 发生了一场大沙暴，一团团蘑菇云席卷而来，昏天黑地，飞沙走石，犹如原子弹爆炸。沙暴导致 85 人丧生、31 人失踪、264 人受伤，造成直接经济损失 5.4 亿元。发生沙暴的原因是人类自己造成的悲剧。据调查，该地区原有 4.5 亿亩天然草场，其中 80% 已退化和沙化，5000 万亩天然森林仅剩下 700 万亩，失去植被屏障的土地既成了沙暴的牺牲品，又为沙暴提供了大量沙源。专家调查结果表明，凡植被盖度在 0.3m 以上、防护林网占农田总面积 10% 以上、地表含水量超过 15% 的地区，在这场沙暴中无风蚀、无沙割埋现象。

目前抗沙漠化的措施主要有：

（1）植物固沙。研究植物固沙生态原理和绿色防护体系技术措施。

（2）化学固沙。在极端干旱区，植物固砂难以奏效时，利用高分子聚合物固定流沙。

（3）沙化喷灌。引水灌溉，改良土壤。

（4）工程固沙。用草方格沙障、沙栅栏、防沙挡墙、挡板等阻止沙丘移动。这种方法奏效快，如果与植物固沙的方法综合起来，效果会更好。

近几年，最新研究的一种生物矿化技术用于防尘固沙。这是一种生态环保新技术，也是未来防尘固沙的一个新的研究方向。

多年来，我国在沙漠治理方面特别是在应用植物固沙的研究方面已取得显著效果。1990 年以来，为适应塔克拉玛干沙漠腹地石油勘探的需要，人们成功地在沙尘移动无常的塔北至塔中修建了 219.2km 的沙漠公路，解决了世界上在流动沙漠中筑路的难题。

现场沙漠公路总里程超过 1000km。

2. 水土流失

水土流失是世界范围内的一个严重问题。水土流失主要与整个流域范围内的土壤、岩石的性质、气候条件、地形地貌和植被破坏等环境因素有关。图 8-9 说明在有效流域内水土流失与降雨量和时间的关系。土地裸露程度越严重，水土流失量越多，土地的营养力大量损失，造成恶性循环。上游水土流失，下游就泥沙大量淤积、航道阻塞、滨海淤积、河床抬高，导致洪水泛滥。表 8-3 列出了世界上著名河流泥沙沉积的情况。从表中可以看出，斯里兰卡金河的年泥沙沉积量相当于尼罗河的 193.5 倍。此外，还可以看出，泥沙的淤积量与流域面积之间有一定关系，流域面积越大，泥沙沉积量越小。图 8-10 表示人类在土地开发利用过程中由于环境条件的改变，对土壤流失和沉积影响的模式。水土流失及侵蚀的量和强度都与土地利用、地面水的控制（如人工排水系统、拦洪设施、开挖池塘、筑坝及城市建设）等活动有关。一百多年前，美国土地开发规模很小，大部分国土面积被森林覆盖，排水河道很稳定，泥沙沉积（土壤侵蚀）很少；19世纪中叶及 20 世纪 50 年代以前，森林遭到破坏，部分变成农田，水土流失量增加，水道系统局部发生淤积；20 世纪 60 年代，建设大规模发展，水土流失，泥沙沉积量大幅度增加；随后物质文明提高，人们重视环境保护，水土流失很快得到控制。

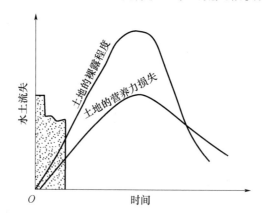

图 8-9　流域内水土流失与降雨量和时间的关系

表 8-3　世界上著名河流泥沙沉积的情况

河流	流域面积（100km²）	年沉积量（t/km²）
亚马孙河	5776	63
密西西比河	3222	97
尼罗河	2978	37
长江	1942	257
密苏里河	1370	159
印度河	969	449
恒河	956	1518
黄河	673	2804
科罗拉多河	637	212

河流	流域面积（100km²）	年沉积量（t/km²）
伊洛瓦底江	430	695
红河	119	1092
金河	57	7158

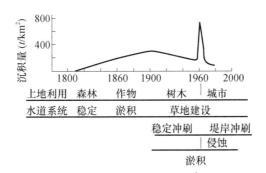

图 8-10　土地开发对沉积的影响

我国目前水土流失的情况也正日趋严重，就长江干流而言，宜昌以上涉及西藏、青海、云南贵州、四川、甘肃、陕西、湖北等 8 个省、自治区；总土地面积 100.5×10^4 km²，占总土地面积的 35％；水土流失面积已达 26000 多平方千米，流失量高达 5000t/km²。水地流失是个长期演变的过程，短期内不易被人察觉，但一旦感觉到，就成为一个很难处理的问题。

8.6　盐渍土及土壤盐渍化

岩石在风化过程中分离出一部分易溶盐，如硫酸盐、碳酸盐、氯盐等。这些盐类在不同的环境条件下，有的直接残留在土壤中，有的被水流带至江河、湖泊、洼地或渗入地下溶于地下水中，使地下水的矿化度增高。易溶盐的分子经毛细水搬运至地表，蒸发作用使这些盐分分离积聚在表层土壤中。当土壤中的含盐量达到并超过生物和建筑工程所能允许的程度时，这类土就成为盐渍土或盐渍化土。

随着工业的发展，燃料燃烧排出的废气中常含有大量二氧化硫等，形成酸雨后又被带入土壤，使土壤酸化而成为盐渍化土。

盐渍土和土壤的盐碱化对人类的危害是十分严重的，已成为世界性的研究课题。它的危害性反映在以下几个方面：

1. 对农业的危害

盐渍土的田地，农作物受到极大威胁，在重盐渍的情况下甚至一片荒芜，寸草不生。

2. 破坏生态环境

由于土壤中的含盐量变化造成酸碱度失调，一些昆虫难以生长，某些以昆虫为食物的动物也难于生存。在盐渍土地区，地下水因含盐量高而成为苦水，动物和人类饮水出现困难。

3. 对交通的影响

在盐渍土中，低价阳离子（Na^+）的含量很高，只要一下雨，道路就会变得泥泞不堪，容易翻浆冒泥。

4. 土壤的腐蚀性

盐渍土是一种腐蚀性土，腐蚀破坏作用表现在两大方面：

对硫酸盐为主的盐渍土，主要表现在对混凝土的腐蚀作用，造成混凝土的强度降低、裂缝和剥离。

对含氯盐为主的盐渍土，主要表现在对金属材料的腐蚀作用，造成地下管道的穿孔破坏、钢结构厂房和机械设备的锈蚀等。

8.7 废弃矿山恢复治理

8.7.1 废弃矿山的现状与污染问题

我国超过 10 万家矿山企业，每天采掘出 3000 万 t 矿产品，每年向国家输送矿产品近 100 亿 t，为国家经济发展做出了重大贡献。统计数据表明，2005—2013 年，中国矿业呈快速发展趋势，整体集中度不断提高，矿山企业数量呈下降趋势，从 12.8 万个降至 10 万个；建材企业和煤炭企业数量分别由 5.5 万和 2.4 万个降至 3.9 万和 1.2 万个。与此同时，油气、铁矿、铜矿、铅矿、银矿、镍矿和铝土矿等矿山企业数量却呈上升趋势。

矿山开发造成的主要环境问题是地质环境问题、生态环境问题、环境污染问题三大类（表 8-4）。据统计，历史遗留矿山开采损毁土地总面积 $280.4 \times 10^4 hm^2$（4206 万亩），其中未复垦土地面积约为 $230.8 \times 10^4 hm^2$（3462 万亩）；据专家估计，我国约有 $0.8 \times 10^8 hm^2$（12 亿亩）国土面积赋存有煤炭资源，其中煤炭资源保有储量与耕地分布范围重叠率约为 10.8%，有近 $1.3 \times 10^7 hm^2$（2 亿亩）耕地将受到采煤的影响。目前因采煤损毁土地面积已达 $133.3 \times 10^4 hm^2$（2000 万亩）。自然资源部数据表明，煤炭矿山环境问题严重的占 18.54%，较严重的占 48.53%；有色金属矿山环境问题严重的占 21.66%，较严重的占 43.42%；建材和一般的非金属矿山环境问题较严重以上的占 20.85%。2014 年公布的《全国土壤污染状况调查公报》数据表明，在调查的 70 个矿区（不含采油区）的 1672 个土壤点位中，超标点位高达 33.4%，主要污染物为镉、铅、砷和多环芳烃。有色金属矿区周边土壤镉、砷、铅等污染较为严重。

表 8-4 矿山开发造成的主要环境问题

环境问题	具体问题
地质环境问题	坝体溃决、边坡失稳、泥石流、崩塌、水位下降、涌水外排、塌陷变形、沙漠化
生态环境问题	压占破坏土地、砍伐林木植被、水土流失增加、消耗水资源、减少生物多样性、扰动野生动植物栖息环境、改变地貌景观
环境污染问题	大气环境污染、水环境污染、固体环境污染、声环境污染、辐射污染、土壤污染

8.7.2 修复技术

1. 物理修复

物理修复是指用物理方法（如换土、固化、电动力学、热解吸、热力学、玻璃化等）进行污染土壤的修复。研究表明，电动力学技术可以同时去除土壤中的多种重金属污染物，在阴极添加络合剂 EDTA 能提高修复过程中的电流，进一步提高修复效率，且 EDTA 与重金属的络合提高了污染物向电极液的迁移效率，从而强化了电动力学修复效果，0.1mol/L 的 EDTA 污染土壤中的总铜、总铅和总镉的去除率分别为 90.2%、68.1% 和 95.1%。物理修复的优点是修复效果好，但成本高且土壤修复后较难再农用。该方法仅适用于污染程度高、污染面积小的情况。

2. 工程措施

废弃矿山多以重金属污染和矿山酸性排水污染为主，治理内容以生态修复和污染治理为主。边坡治理主要工作有清除危石、降坡削坡，将未形成台阶的悬崖尽量做成水平台阶，把边坡的坡度降到安全角度以下，以消除崩塌隐患。对存在潜在滑坡、崩塌等地质灾害隐患的边坡，则需要采取适当的边坡加固措施，消除地质灾害隐患。之后就要对已经处理的边坡进行复绿，使其进一步保持稳定。

3. 化学修复

化学修复是指通过添加各种化学物质使其与土壤中的重金属发生化学反应（如沉淀、吸附、氧化-还原、催化氧化等），使重金属在土壤中的水溶性、迁移性和生物有效性降低。含磷材料通过吸附、沉淀、离子交换等作用与铅离子形成稳定的磷氯铅矿类物质 $[Pb_5(PO_4)_3X；X=F、Cl、Br 或 OH]$，其可作为铅污染土壤的稳定修复剂的特性被广泛地接受。常用的含磷材料主要有磷酸二氢钙、磷酸一氢钙、磷酸钠、羟磷灰石、正磷酸盐、磷矿石、过磷酸钙及羟磷灰石和过磷酸钙的混合物。石灰、粉煤灰、含磷矿物对 Cd、Pb、Cu、Zn 等阳离子型重金属的固定效果明显；铁盐、亚铁盐、铁氧化物等，特别是硫酸高铁和硫酸亚铁能够有效降低 As 的移动性和抑制植物对 As 的吸收；而铁基与磷基钝化剂复配可以同时固定土壤中的 Pb、Cd、As；焦亚硫酸钠对铬污染土壤有还原稳定效果及长期稳定性，硫化钙的加入能显著提高六价铬去除率，以及总铬和六价铬的稳定率。EDTA 和 NTA 淋洗能有效去除酸溶态和可还原态的重金属，可降低重金属的生物有效性和环境风险，不会对土壤中的微生物群落造成影响。

4. 生物修复

生物修复可分为植物修复和微生物修复。植物修复是利用植物对土壤中的重金属进行吸收提取或稳定固定的修复技术。国际上报道的重金属超富集植物有五百多种。

微生物修复主要是通过其代谢产物对重金属的溶解、转化与固定实现的，从而使土壤重金属的生物有效性降低，或提高植物对重金属的吸收效率。土壤微生物能够利用有效的营养和能源，在土壤滤沥过程中通过分泌有机酸络合并溶解土壤中的重金属。生物修复成本低，不改变土壤性质，没有二次污染，但是耗时较长。

5. 生态系统修复

矿区生态系统修复除了实现对污染物的移除、固定，更重要的是对植被的恢复。常用的先锋植物虽然重金属富集系数达不到超富集植物的要求，但其具有较强的环境适应能力，对保护表土、减少侵蚀和水土流失有重要作用。先锋植物大多数是草本植物和灌木，而乔木较少。香根草、双穗雀稗、百喜草、长喙田菁、银合欢等作为先锋植物不仅有很好的耐受性，而且能改良尾矿土壤。对铜矿，常用的先锋植物有香蒲、弯叶画眉草、狗牙草、百喜草、狼尾草、香根草等。对中国北部干旱与半干旱地区的煤矿，沙棘是很好的先锋植物。还有一些固氮能力强的植物作为先锋植物应用于矿区生态修复，如豆科植物天蓝苜蓿、马棘、小苜蓿等在铜陵尾矿废弃地长势良好，鹰嘴豆和豇豆具有茎瘤和根瘤，是理想的铅矿生态修复先锋植物。在矿区植被初步恢复的基础上，应注重植被搭配，构建完整的生态过程、物质和能量循环，再现当地的生物多样性。

矿山废弃地的生态恢复，只进行土壤、植被的恢复是不够的，还需要恢复废弃地的微生物群落。完善生态系统的功能，才能使恢复后的废弃地生态系统得以自然维持。微生物群落的恢复不仅要恢复该地区原有的群落，还要接种其他微生物，以除去或减少污染物。微生物的接种可考虑以下两种：一是利用抗污染的菌种。这些细菌有的能把污染物质作为自己的营养物质，把污染物质分解成无污染物质，或者把高毒物质转化为低毒物质。二是利于植物吸收营养物质的微生物。有些微生物不但能在高污染条件下生存，而且能为植物的生长提供营养物质，如固氮、固磷，改善微环境。由于矿山的生态环境破坏比较复杂，要从根本上遏制矿山生态环境进一步恶化，就需要根据生态环境建设的实际情况，建立多渠道投入机制，推动矿山生态环境恢复治理的开展，防止增加新的污染和破坏。

8.8　海岸灾害及岸坡保护

海岸灾害包括热带风暴、海啸及冲刷等营力作用对海岸的破坏。当今世界上，人口密集、经济繁荣的地区都集中在沿海地区。海岸灾害常常会造成巨大的生命和财产损失。

1970 年 11 月，孟加拉海湾北部，热带旋风引起 6m 高的海浪，造成 30 万人死亡，摧毁了 60% 的捕鱼能力，直接财产损失 6.3 亿美元。美国从 1915 年到 1970 年海岸灾害，平均每年丧生 107 人，估计财产损失 14.2 亿美元。

岸坡冲刷造成的损失相对比较低。然而，海岸冲刷是连续不断地发生的，损失总和是十分可观的。

海滨的沙滩不是静止的，在波浪的长期作用下，拍浪区和冲击区的沙粒被不断地搬移，波浪的切割作用逐渐造成岸坡的坍塌，并会引起一系列的灾害问题。例如在美国得克萨斯海岸的一些特殊区域，最近 100 年海岸向后移动，冲刷速率为有史以来的 30%～40%；据英国报道，1994 年 6 月初，东北部沿海城市斯卡伯勒市海岸发生严重塌方，一幢海滨旅馆陷落海中。在克罗默，几个世纪以来，已有 7 个村庄沉入海底。据调查，英国沿海地区，每年被海水吞噬的土地多达 $3km^2$，海水侵蚀的速度为每年 1～6m。

图 8-11 是目前常用的一些岸坡保护的工程措施，用来保护海岸环境，改善航道及阻止岸坡的冲刷破坏。这些措施包括设置海塘、混凝土块体铺盖、修建不渗水丁字坝等。这些措施的优缺点也列于图中，供参考。

优点：
1.防止波浪作用，岸坡稳定
2.养护费用低
3.材料容易取得

缺点：
1.初始投资大
2.不易修理
3.设计复杂

(a)

优点：
1.造价低
2.容易施工

缺点：
1.大块混凝土来源困难
2.因块体孔隙大，需要设置反滤层
3.块体之间没有连接为一体，施工要特别小心

(b)

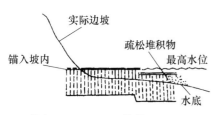

优点：
1.滩面保护效果好
2.易修理
3.保养费用适中

缺点：
1.设计复杂
2.堆积区有可能加速冲刷
3.两侧必须锚入坡内

(c)

优点：
1.消波能力好
2.柔性的岸坡轻微位移能承受
3.容易修理

缺点：
1.侧翼会发生中等侵蚀
2.施工受到岸坡限制

(d)

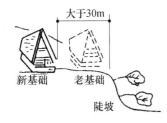

优点：
1.可以延伸到很长距离，影响范围大
2.两侧不需锚固
3.施工和维修费用低

缺点：
1.可能会变更海岸线和和引起堆积区冲刷
2.质量大，基础底部有可能因腐蚀破坏

(e)

优点：
1.是一种永久性的警戒方法
2.可根据需要设量
3.不需要修理

缺点：
1.需要专门的技巧和设备
2.必须有足够的空地
3.不能阻止冲刷

(f)

图 8-11　岸坡保护的工程措施

（a）设置海塘；（b）混凝土块体铺盖；（c）修建不渗水丁字坝；
（d）碎石铺盖；（e）修建移位警戒棚；（f）修建近岸防浪堤

8.9　海平面上升引起的环境岩土工程问题

已有的观测资料表明，自 19 世纪末至今的一百多年间全球地表气温上升了 $0.3\sim 0.6℃$。随着气温上升，海水热膨胀及山岳、极地冰川融化，过去一百多年中全球海平面上升了 10～20cm。政府间气候变化专门委员会（IPCC）预测，至 2100 年气温仍将再上升 1～3.5℃，海平面还可能上升 50mm 左右。

引起全球气候变暖、海平面上升的因素十分复杂，有的学者认为是地质气候进入温暖期间的缘故，但由人类滥伐森林、大量燃烧化石燃料所引起的温室效应增强，对其无疑起了推波助澜的作用。研究海水上升对沿海地基土的影响，是有关未来社会、经济发展前景的紧迫课题。下面介绍海水上升可能引起的岩土工程问题。

8.9.1　地基土的渗透破坏加重

地下水除了对地基土产生浮力作用外，还有作用于岩土体骨架的渗透力。渗透力大小与上下游水头差成正比，水位抬高，势必增大地下水的渗透力。渗透力对建筑物有两方面不利影响：其一，渗透力在基底处产生竖直向上的扬压力，扬应力减小了建筑物自重作用在基底上的附加有效应力，从而降低了建筑物的抗滑稳定性；其二，当水力坡度达到土体相应的临界水力坡度即渗透力达到土体的抗渗强度时，将出现渗透破坏，即局部土体有效应力降低为零，表面隆起、浮动或某一颗粒群同时启动而流失的流土现象，或土体中的细颗粒在孔隙孔道中移动并被带至土体以外的管涌现象，以及介于流土、管涌之间的过渡型渗透破坏。

8.9.2　浅基础地基承载力降低

地下水位上升造成浅基础地基承载力降低，由于黄土、膨胀土、盐渍土等特殊土层遇水崩解的缘故，地下水位上升使毛细水及弱结合水形成的表观黏聚力丧失。这种现象在大多数土层中都存在，但对表观黏聚力丧失引起的地基承载力降低规律目前研究尚不充分，大多数学者往往忽略这种因素的影响，认为主要考虑由于水位上升后地基土有效重度降低的因素。

根据普朗特尔-雷斯诺极限荷载理论，应用泰勒修正公式，人们对含水量 5%～100%、内摩擦角 $\varphi=10°～40°$ 的砂性土地基，以及内摩擦角 $\varphi=10°～30°$、黏聚力 $c=10～4kPa$ 的黏性土地基，进行了不同地下水埋深情况下的承载力计算，计算结果表明：①无论地基是砂性还是黏性土，承载力都将随着地下水位而降低，砂性土的最大降低率为 70% 左右，黏性土由于黏聚力的作用，下降幅度小于砂性土，一般为 50% 左右。②砂性土地基基底埋深 $D=1m$，地下水位上升上界在基底面以下时，地基承载力单位深度（地下水位上升幅度折算为 1m 考虑）降低率为 15.1%，地下水上升起始位置在基底面以上时，地基承载力单位深度降低率为 44.7%。可见地下水位在基底面以上上升时，对地基承载力的削弱影响远大于水位上升未超过基底面的情况，这种规律在黏性土地基中亦有同样的表现。③无论从承载力现场试验观测结果看，还是从理论计算的地基承载力及其由水位变动引起的下降幅度、单位深度降低率看，皆可看出：一般情况下，基础越深埋，其地基承载力越大，并且受地下水位上升的削弱影响越小。

8.9.3　可液化地层抗地震液化能力降低

地下水是土层液化的必要条件。表征抗液化能力大小的物理量是土层抗液化强度 τ_b 与等效地震剪应力 τ_{eq} 的比值 τ_d/τ_{eq} 被称为液化强度比，其值越大则抗液化能力越强。对

砂性土，根据 Seed-Idriss 砂土液化判别理论可知，液化强度比与地下水埋深的关系是

$$\frac{\tau_d}{\tau_{eq}} = \frac{C_r D_r [\sigma_{ad}/2\sigma_3]_{50}}{32.5 (\alpha_{max}/g)} \cdot \frac{h_w + \beta (h_s - h_w)}{h_w + \alpha (h_s - h_w)} \tag{8-1}$$

$$\alpha = \gamma_{sat}/\gamma$$

$$\beta = \gamma'/\gamma$$

式中　C_r——修正系数；

D_r——砂土相对密度；

$[\sigma_{ad}/2\sigma_3]_{50}$——试样相对密度为 50％时的液化应力比；

α_{max}——地面最大水平地震加速度；

g——重力加速度；

h_w——地下水埋深；

h_s——液化计算单元层埋深；

γ_{sat}——饱和重度；

γ'——天然重度；

γ——有效重度。

τ_d/τ_{eq} 对 h_w 求偏导可得

$$\frac{\partial (\tau_d/\tau_{eq})}{\partial h_w} = \frac{C_r D_r [\sigma_{ad}/2\sigma_3]_{50}}{32.5 (\alpha_{max}/g)} \cdot \frac{(\alpha - \beta) h_s}{[h_w + \alpha (h_s - h_w)]^2} \tag{8-2}$$

由于 $\gamma_{sat} > \gamma > \gamma'$，$\alpha > 1 > \beta$，所以

$$\frac{\partial (\tau_d/\tau_{eq})}{\partial h_w} > 0 \tag{8-3}$$

由式（8-3）知：地下水位上升（h_w 减少）时，液化强度比 τ_d/τ_{eq} 减小，即砂土抗液化能力减小，并且减小率随相对密度增大、水位浅埋而增大。

理论分析与试验研究及唐山、阪神地震液化统计资料皆表明，地下水位变化对土层液化影响的一般规律是：①随着地下水位上升，液化强度比显著下降。对埋深 3m 的可液化砂土单元层，当地下水位由 6m 埋深上升至地表时，在不同的平均粒径、相对密度、地震烈度组合情况下，液化强度比降幅可达 73.6％，但这种降低幅度随着可液化砂土单元层埋深增加而减小。②地下水位埋深影响砂土地震液化的敏感区是地下 2m 左右，即地下水位在 2m 左右波动时，对砂土抗液化能力的削弱最为明显。③地下水位上升，将提高土层含水量，扩大饱和土层范围，加快地震时孔隙水压力上升速度，并使液化产生的高孔隙水压力区容易发展至地表附近，增加了对浅基础建筑物的危害。

8.9.4　软土地基建筑物震陷增加

震陷是指地基土层动荷载作用下产生的附加沉降，由不排水剪切变形和固结变形两部分组成，以软黏土、饱和砂性土地基发生震陷现象最为明显。不排水剪切变形在地震结束的瞬时就完成，固结变形是地震期间积累的超静孔隙水压力，在震后随时间消散所引起的再固结沉降。地下水位上升对震陷量有放大作用，因为地下水位上升既放大了地震动荷载因子，又扩大了地基震陷土层范围。

从地震期间超静孔隙水压力上升规律来看，Seed 及徐志英的孔隙水上升公式分别为

$$\frac{u}{\sigma} = \left(\frac{2}{\pi}\right)\arcsin\left(\frac{N}{N_l}\right)^{(0.5^q)} \tag{8-4}$$

$$\frac{u}{\sigma'} = \left(1 - \frac{m\tau}{\sigma'}\right)\left(\frac{N}{N_l}\right) \tag{8-5}$$

式中　u——地震作用积累的超静孔隙水压力；

σ'、τ'——计算土单元层的有效上覆压力和初始水平剪应力；

N——振动周数；

N_l——液化周数；

q、m——试验参数。

地下水位上升，必然使有效上覆压力减小，地震积累的超静孔隙水压力增大。超静孔隙水压力大，则其消散形成的再固结沉降量即震陷必然增大。

通过对地下水位上升影响震陷进行了简化分析，计算结果表明：①地下水位上升对震陷量起增大作用是必然趋势。对砂性土，地下水位处于地表时的震陷是水位埋深5m的1.2倍，是水位埋深7.25m的4.1倍。②地震作用越大，地下水位上升对震陷的影响越大。初始剪力比 $a=0.2$，相对密度 $D_r=50\%$，地下水位埋深由3m上升至地表时，8度地震烈度的震陷值比7度的增大了7倍。③土层越疏松，地下水位上升对震陷量的影响越大。8度地震烈度，$a=0.2$，地下水位埋深由3m上升至地表，$D_r=50\%$ 的震陷值比 $D_r=70\%$ 的增加了67%。④初始剪应力比越小，地下水位上升对震陷量的影响越大。同一算例，初始剪应力比 α 由0.3减小到0.0时，震陷增加49%。

8.9.5　寒冷地区的地基土冻胀性增强

我国冻胀土分布范围相当广泛，遍布整个长江流域以北，仅冻结深度超过0.5m的季节冻土区，就占国土总面积的68.6%。长江口以北的沿海城市，都普遍存在地基土冬季冻结、春季消融的现象。

冻结作用促使地基土体中的自由水、毛细水甚至结合水移动、集中而形成冰夹层或冰锥，出现地基土受冻膨胀、地面隆起、柱台隆起和膨胀等现象。土冻结时，土颗粒被冰晶胶结成整体，强度及压缩模量都将大为提高，不过这种冻土强度增高以达到冰的强度为极限，而且冻土在荷载作用下具有流变性，即在固定荷载作用下出现蠕变现象或在固定应变时出现应力松弛现象。冻土力学性质的不稳定性主要表现在：温度上升后，强度及压缩模量降低率颇大，含水量很大的土层冻融后内黏聚力仅为冻结时的1/10，强度降低且压缩性增高，必将导致地基产生融陷、建筑物失稳或开裂。

一般土层的冻胀率及溶沉系数随着地下水上升或土层含水量成指数关系增加。所以海水上升导致沿海城市的地下水位壅高，地基土的含水量增多，地基冻胀、融陷破坏程度将变得颇为严重。

8.9.6　对一些特殊土层的影响

受水文条件变化影响比较敏感的特殊土层有湿陷性黄土、膨胀性、盐渍土等，这些土层的共同特点是遇水结构崩解、承载力大为降低、压缩性增强。黄土有两类，即第四纪风积形成的原生黄土与原生黄土经水动力搬运形成的次生黄土，其孔隙比大、盐质胶结、天然状况下具有较好的自立性能，但遇水结构崩解，在自重或建筑物附加荷载作用下发生湿陷。世界上的黄土主要分布于黄河中游、美洲大陆内陆，在沿海地区分布很少。沿海地区的"水敏感性岩土体"主要是膨胀土及盐渍土。

膨胀性岩土体内含有大量亲水矿物，如蒙脱石、伊利石、高岭土等，一般强度较高、压缩性低，容易被人们误认为是较好的地基，但是膨胀性岩土体吸水后急剧膨胀软化、失水后收缩开裂，并且水文条件频繁变化时会反复胀缩变形，对轻型建筑物危害颇大。膨胀性地基土的胀缩变形量是膨胀上升量与收缩下沉量之和，按式（8-6）计算：

$$S = \psi \sum_{i=1}^{n} (\delta_i + \lambda_i \Delta\omega_i) h_i \tag{8-6}$$

式中　　　　　ψ——修正系数；

δ_i、λ_i、$\Delta\omega_i$、h_i——第 i 层土的膨胀率、收缩系数、含水量变化量（%）、厚度（m）。

海平面上升引起地下水位上升是长远趋势，伴随这一过程的是海平面及地下水位频繁上下波动，且波动幅度加大。由式（8-6）可知，地下水位变化幅度增大，会使 $\Delta\omega_i$ 增大、计算土层范围增大，即膨胀性地基土的胀缩变形量随地下水位变化幅度而增长。

滨海地区受海水入侵影响，水中盐分增加，经蒸发作用后，盐分凝聚于地表或地表附近，当土层中易溶盐（石膏、芒硝、硫酸盐、氯化盐等）的含量达到 0.5%，就形成滨海盐渍土。我国滨海盐渍土主要分布在长江以北地区，一般厚度为 2~4m，含盐量小于 5%，与内陆盐渍土相比，Cl^-/SO_4^{2-} 比值偏大，$Na^+/（Mg^{2+}$ 或 Ca^{2+}）比值偏小。海平面上升之于盐渍土，首先是海水入侵范围增大使盐渍土面积及厚度增大。其次是盐渍土在地下水位上升或降雨浸水时，溶陷破坏的范围及程度增大。最后是由于地下水位上升，盐渍的毛细水上界上升达至基底甚至地表，引起基础部分被腐蚀、次生盐渍化、地基强度降低、盐胀、冻胀等不良地质现象。

8.9.7　地下水水质变化

海水上升使咸水体向陆地淡水区推进，以致海水入侵范围扩大。海水入侵范围是海水至咸水分界面之间的区域。该区地下水是咸水与淡水的混合区，混合水中 Ca^{2+} 浓度比淡水及海水中的都高，这是混合水与周围岩土体有阳离子交换作用的缘故。海水将大量的 Na^+、Mg^{2+} 带入混合水中，这些 Na^+、Mg^{2+} 比 Ca^{2+} 更易被岩土体颗粒吸附，海水入侵过程中的水与岩土体阳离子交换作用以 Na^+ 与 Ca^{2+} 交换为主，其次是 Mg^{2+} 与 Ca^{2+} 交换。咸淡混合水中高浓度的 Na^+、Mg^{2+} 将岩土体原先吸附的 Ca^{2+} 替换下来，从而使海水入侵范围内的地下水富集 Ca^{2+}，硬度发生变化。

此外，海水入侵使地下水含盐量增大、化学性质改变，必将影响岩土体的胶结状况、力学性质，更为明显的不利影响是地下水的腐蚀性增强，使地下构筑物及地下管线遭受腐蚀破坏的危险性增大。

全球变暖引起海水、地表水及地下水都有相应的水位抬高趋势，在这一抬高过程中，三种水位变动都将呈现频度增加、幅度放大态势。由此对沿海地基土产生的主要影响是：挡水建筑物地基土渗透破坏的危害性增加，其增加程度与上下游水位差成正比；浅基础地基承载力降低，地下水位在基底面以上变动时，水位升高，单位高度的承载力降低率比水位在基底面以下上升的降低率大得多；地下水位上升既扩大了液化及震陷土层范围，也放大了地震动荷载因子，使地基液化及震陷程度提高；特殊的膨胀性土及盐渍土在水位上升及频繁变动时，其强度及压缩性极不稳定，建于这些地基土层上的建筑物容易大面积地普遍破坏；海水入侵淡水区域，并与岩土体介质进行阳离子交换，使地下水水质变化、腐蚀性增加。

针对目前沿海城市同时面临海平面上升及地面沉降的问题，应从工程防护和保护环境这两方面予以解决，具体措施是：加强对地下水位的监测及水位变动对岩土体工程性质影响的规律的研究，针对某些关键性的课题立项研究，为未来城市规划及工程建设提供更为可靠、经济的设计方案和施工方法，提高工程的抗灾能力；加固已有挡潮、防洪工程，提高其抗灾能力；工程建设中，提高地基土抗渗强度，减轻渗透破坏作用；规划设计中，考虑地下水位上升扩大地震液化与震陷的影响；通过建立节水型城市用水体系、避免过量开采深层地下水、建造拦蓄工程和地下水库、对缺水严重的沿海城市可考虑使用建造跨流域调水工程等方法减少地面沉降量、防止海水入侵。

课程思政：为强国梦　发奋努力

自然灾害（包括洪水、滑坡、泥石流、地震、火山等）是人类的公害，我们必须弘扬科学精神，认识和有效预测预防这些灾害。教学中可列举老一辈科学家充满家国情怀、为国奉献的爱国主义精神和敬业精神，坚持常年野外考察，研究发现自然灾害的特征规律，为我国经济建设和安全生产发挥重要作用。

环境岩土工程课程作为土木工程专业的一门专业基础课，是土力学、环境工程学、地质学等理论知识相互交叉的课程。本章介绍实际工程中会遇到的一些工程地质问题、地震地质灾害等，分析解决这些问题的方法，大量工作需要野外考察调查，工作重要但又异常艰苦。所以在教学中开展思政教育显得尤为重要，如何让学生形成正确的价值观和道德观，以及如何引导学生热爱行业，是教学中的重中之重。应在环境岩土工程课堂教学中开展课程思政教学，让学生树立正确的人生观和敬业精神，为强国梦想发奋努力。

9 固体废弃物利用研究

9.1 概　　述

从资源开发过程看，再生资源和原生资源相比，可以节省开矿、采掘、选矿、富集等一系列复杂程序，保护和延长原生资源寿命，弥补资源不足，保证资源永续，节约大量的投资，降低成本，减少环境污染，保持生态平衡，具有显著的社会效益。

9.1.1　废弃物利用的必要性

有些自然资源是不可再生资源，像一些金属和非金属矿物那样，并非取之不尽，用之不竭。近 30 年来，世界资源正以惊人的速度被开发和消耗，有些资源已经濒于枯竭。根据推算，到 2050 年，全球将耗去资源储量的 80% 左右。我国资源形势也十分严峻。虽然我国资源总量丰富，但人均占有量非常低，从世界 45 种主要矿产储量看，我国居第 3 位，但人均占有量仅为世界人均水平的 1/2。

相对于自然资源来说，固体废弃物属于"二次资源"或"再生资源"范畴。它们虽然一般不再具有原使用价值，但是通过回收、加工等途径，可以获得新的使用价值。据有关资料统计，在国民经济周转中，社会需要的最终产品仅占原材料的 20%～30%，即 70%～80% 变成了废弃物。这种粗放式经营的资源利用率很低，浪费严重，很大一部分资源没有发挥效益，形成了废弃物。

现在，人们已经认识到对固体废弃物再也不能像过去那样消极处理或处置了。20世纪 70 年代出现的能源危机增加了人们对固体废弃物综合利用的紧迫感。欧洲国家把固体废弃物综合利用作为解决固体废弃物污染和能源紧张的方式之一，将其列入国民经济政策的一部分，投入巨资进行开发。由于资源贫乏，日本将固体废弃物综合利用列为国家的重要政策，当作紧迫课题进行研究。美国把固体废弃物列入资源范畴，将固体废弃物综合利用作为废弃物处理的替代方案。我国固体废弃物综合利用率很低，以 2018年为例，我国工业企业尾矿产生量为 8.8 亿 t，综合利用量为 2.4 亿 t（其中利用往年储存量 1151.6 万 t），综合利用率为 27.1%。

9.1.2　废弃物利用的途径

同利用自然资源进行生产相比，固体废弃物综合利用有许多优点：第一，环境效益高。固体废弃物综合利用可以从环境中除去某些潜在的危险废弃物，减少废弃物堆置场地和废弃物堆存量。例如，用六价铬渣代替铬铁矿生产啤酒瓶，可以永久性地消除六价铬对环境的危害。第二，生产成本低。例如，用废铝炼铝，其生产成本仅为用铝土炼铝的 4%。第三，生产效率高。例如，用铁矿石炼 1t 钢需要 8 个工时，而用废钢炼钢只需 2～3 个工时。第四，能耗低，例如用废钢炼钢比用铁矿石炼钢可节约能耗 74%，前者能耗仅为后者的 1/4。因此，各国都积极开展固体废弃物的综合利用。

固体废弃物综合利用的途径很多，主要有这五个方面：生产建筑材料；提取有用金属和制备化学品；代替某些工业原料；制备农用肥料；利用固体废弃物作为能源。

对固体废弃物进行综合利用，无论选择哪一条途径，都要遵循下述几条原则：综合利用的技术可行；综合利用的经济效益较大；尽可能在固体废弃物的产生地或就近进行利用；综合利用的产品应具有较强的竞争能力。

9.2　粉煤灰的利用

燃煤电厂将煤磨细成 $100\mu m$ 以下的细粉，用预热空气喷入炉内悬浮燃烧，产生高温烟气，经由捕尘装置捕集，就得到粉煤灰，也叫飞灰；少量煤粉粒子在燃烧过程，由于碰撞而黏结成块，沉积于炉底，称为底灰。飞灰占灰渣总量 80%～90%，底灰占 10%～20%。

粉煤灰工程应用潜力很大。早在 20 世纪 50 年代，英美等国家就对粉煤灰填筑路堤进行了研究。英国为了确定粉煤灰路堤的设计参数和施工方法，修筑了一系列的粉煤灰试验路堤工程，至 20 世纪 60 年代中期，已取得了令人鼓舞的成果。最终，粉煤灰被纳入大不列颠整个快速干道施工的计划。进入 70 年代后，美国及一些欧洲国家相继在高速公路工程中推广应用。欧美各国都非常重视粉煤灰的综合利用，大量用于结构回填材料。在美国，1991 年的粉煤灰利用量已经超过 2000 万 t，80% 粉煤灰用于填筑路基，填高可达到 8～9m。从近 30 年成功应用的历史看，英、美、法等国家较好地解决了粉煤灰运输、储存和使用过程中对环境造成的污染等问题。

早期，我国粉煤灰的利用率很低，多数被用于生产建筑材料和水泥混凝土及砂浆中的掺合料，以节省水泥。从 20 世纪 80 年代开始，我国交通部门开展了粉煤灰路堤的试验研究，从西安坝桥、天津新港疏港公路、沪嘉、莘淞、沪嘉东延伸段、沪宁（上海段）和沪杭（上海段）等试验路堤的设计和施工中，获得了不少粉煤灰填筑路堤的有益经验。1988 年通车的上海沪嘉高速公路利用粉煤灰填筑路基，开创了在高速公路上大量使用粉煤灰、以灰代土填筑路堤的先河，铺筑路堤共计使用粉煤灰超过 10 万 t。特别是将粉煤灰用于该公路沿线软土地基，取得了明显效果。1989 年在山东济青高速公路中也圆满完成了用粉煤灰填筑高速公路路堤的试点工作。之后的莘淞高速公路、沪宁高速公路的灰渣用量分别达到 42 万 t 和超过 1000 万 t。石家庄至安阳高速公路建设中，粉煤灰用量达到 1180 万 t，粉煤灰路堤填筑高度达到 10.67m，其粉煤灰总量、单项工程用灰量和填筑高度三项指标居全国之首。

1990 年，粉煤灰的综合利用和推广被列为国家重点推广项目和交通部十大推广项目之一。江苏省交通厅公路局和交通科研所为此进行了高等级公路粉煤灰路堤的试验研究，取得了成功的经验。东南大学交通学院曾先后结合沪宁高速公路建设进行了粉煤灰路基模型试验研究（1994）和粉煤灰应用于加筋土工程特性的研究（1999）。现有的研究和工程实践均证明用粉煤灰作为路基轻质填料是可行的。根据填筑路堤用灰量大、投资少的特点，以及沿海地区电厂多、排灰量大的情况，推广粉煤灰筑路技术、扩大粉煤灰筑路的应用范围和规模，也是粉煤灰综合利用的有效途径。粉煤灰用作路堤轻质填料的不利因素在于：粉煤灰为粉性材料，渗透性大，易为雨水冲淋流失。这种不利因素可以通过合理设置路堤结构形式加以克服。

实践证明：在高速公路上用粉煤灰填筑路堤是完全可行的。为了进一步在路基工程中推广使用粉煤灰，交通部于1993年12月颁布了《公路粉煤灰路堤设计与施工技术规范》（JTJ 016—1993），以规范和推广这项工作。基于同样的原因，上海市制定了《粉煤灰路堤设计与施工规定》（DBJ08-24-1991）。粉煤灰路用的有关文件及标准的完善，进一步推进了粉煤灰在公路路堤工程中的应用。

粉煤灰的利用可以分为低技术、中技术、高技术三大类。低技术利用：主要包括筑路、回填、地基处理及土的改性等方面的应用。其中公路工程筑路建设中最主要的应用包括路基填筑和路面结构层下基层混合料稳定等方面。中等技术利用：主要用于土木工程建设用混凝土及其他建筑材料，同时可用于水泥生产、化雪剂及路面防滑剂等领域。其中，在混凝土应用中，替代水泥的比率达到20%～60%。高技术利用：主要集中在合金制造、塑料、橡胶、油漆、玻璃制造等领域。本节将主要阐述关于粉煤灰低技术类的工程应用，尤其是利用粉煤灰在填筑和改性方面的工程应用。

我国是全球第一煤炭消费大国，2016年和2017年，中国粉煤灰的产量分别为6.55亿t和6.86亿t，综合利用率分别为74.20%和75.35%。根据灰色模型估计，2024年中国粉煤灰的产量将达到惊人的9.25亿t。目前粉煤灰的利用领域主要是交通、建材、矿山、水利、冶金等行业，粉煤灰的平均利用率在45%～50%，所以每年尚有未利用的粉煤灰大量堆积。我国粉煤灰的累计堆存量超过15亿t，根据统计数据，每10000t粉煤灰需堆灰场4～5亩（1亩=666.67m²），共需堆灰场50万～62.5万亩，以灰场储灰每1t灰渣需综合处理费20～40元计，则每年的综合处理费就需30亿～60亿元。另外，粉煤灰的排放与堆积还会造成严重的环境和生态污染，如何快速、高效地利用或处置粉煤灰，特别是高附加值利用粉煤灰，是摆在我们面前的一项十分紧迫而艰巨的任务。

9.2.1　概述

粉煤灰是燃煤电厂排出的主要固体废弃物，是从煤燃烧后的烟气中收捕下来的细灰。随着电力工业的发展，燃煤电厂粉煤灰排放量逐年增加，是我国排放量较大的工业废渣之一。粉煤灰的主要氧化物组成为 SiO_2、Al_2O_3、FeO、Fe_2O_3、CaO、TiO_2 等。粉煤灰颗粒呈多孔型蜂窝状组织，比表面积较大，具有较高的吸附活性，颗粒的粒径范围为0.5～300μm，并且具有多孔结构，孔隙率高达50%～80%，有很强的吸水性。如粉煤灰不加处理，就会产生扬尘，污染大气；若排入水系会造成河流淤塞，其中的有毒化学物质还会对人体和生物造成危害。

我国是全球第一煤炭消费大国，根据资料统计，2020年中国粉煤灰的产量达到7.81亿t，预计2024年将达到惊人的9.25亿t。目前粉煤灰的利用领域主要是交通、建材、矿山、水利、冶金等行业，粉煤灰的平均利用率在45%～50%，所以每年尚有未利用的粉煤灰大量堆积。我国粉煤灰的累计堆存量超过 15 亿 t，另外，统计数据显示，每 1 万 t 粉煤灰需堆灰场 4～5 亩（1 亩＝666.67m²），共需堆灰场 50.0 万～62.5 万亩，以灰场储灰每 1t 灰渣需综合处理费 20～40 元计，则每年的综合处理费就需 30 亿～60 亿元。粉煤灰的排放与堆积还会造成严重的环境和生态污染，给我国的国民经济建设及生态环境造成巨大的压力。另外，我国是一个人均占有资源储量有限的国家，如何快速、高效地利用或处置粉煤灰，特别是高附加值综合利用粉煤灰，变废为宝、变害为利，已成为我国经济建设中一项重要的技术经济政策，是解决我国电力生产环境污染、资源缺乏之间矛盾的重要手段，也是摆在我们面前的一项十分紧迫而艰巨的任务。

9.2.2　粉煤灰用作建筑材料

目前，我国粉煤灰的大宗利用途径是生产建筑材料和回填，在建筑材料方面的利用，主要是自制粉煤灰水泥、粉煤灰混凝土和生产粉煤灰烧结砖、粉煤灰蒸养砖、粉煤灰砌块、粉煤灰陶粒等。

1. 粉煤灰水泥

粉煤灰水泥也叫粉煤灰硅酸盐水泥。由硅酸盐水泥熟料和粉煤灰，加入适量石膏磨细制成的水硬胶凝材料，称为粉煤灰水泥。所谓"硅酸盐水泥熟料"，就是通常所说的"硅酸盐水泥"。

用粉煤灰生产水泥，主要是用作水泥的混合掺料，其质量必须符合相关要求。由于掺灰量不同，掺配成的水泥具有不同的名称和性能。

（1）用粉煤灰生产的"普通硅酸盐水泥"。以硅酸盐水泥熟料为主，掺入≤15％粉煤灰磨制而成，其性能与用等量的其他混合料掺配成的"普通硅酸盐水泥"无大差异，统称普通硅酸盐水泥。此种水泥生产技术成熟，质量较好，是较为畅销的水泥品种。

（2）用粉煤灰生产的"矿渣硅酸盐水泥"。矿渣硅酸盐水泥是用硅酸盐水泥熟料与高炉水淬渣按一定配比掺配磨制而成的。其中，高炉水淬渣的掺配率可达 50％以上。在配制这种水泥时，可以掺入不大于 15％的粉煤灰，以代替部分高炉水淬渣，成品性能与原矿渣水泥无任何差异，仍称矿渣硅酸盐水泥，也是畅销的水泥品种。

（3）粉煤灰硅酸盐水泥。这种水泥是以水泥熟料为主，加入 20％～40％粉煤灰和少量石膏磨制而成，其中也允许加入一定量的高炉水淬渣，但混合材料（粉煤灰和水淬渣）的掺入量不得超过 50％，强度等级有 32.5、32.5R、42.5、42.5R、52.5、52.5R。

粉煤灰硅酸盐水泥的特性为：对硫酸盐浸蚀和水浸蚀具有抵抗能力，对碱-集料反应能起一定抑制作用；水化热低；干缩性好。粉煤灰硅酸盐水泥的早期强度不高，但其后期强度不断增加。粉煤灰硅酸盐水泥适用于一般民用和工业建筑工程、大体积、水工混凝土工程、地下和水下混凝土构筑等方面。

2. 粉煤灰混凝土

混凝土是以硅酸盐水泥为胶结料，砂、石等为集料，加水拌和而成的胶凝材料。粉煤灰混凝土是用粉煤灰取代部分水泥拌和而成的混凝土。粉煤灰在混凝土中的作用归结为三种效应：形态效应、活性效应和微集料效应。

粉煤灰的基本效应对混凝土的性能产生多方面的影响。

（1）和易性：混凝土的和易性是指混凝土拌合物在拌和、运输、浇筑、振捣等过程中保证质地均匀、各组分不离析并适于施工工艺要求的综合性能。粉煤灰中的光滑颗粒均匀地分散在水泥、砂、石之间，能有效地减少吸水性和内摩擦；由于粉煤灰密度较小，加入后使混凝土中胶凝物质含量增加，浆集比随之增大，因而流动性好，有利于泵送。

（2）强度：粉煤灰混凝土早期强度低是其缺点，但可以通过磨细使早期强度提高。

（3）水化热：粉煤灰混凝土中，水泥熟料内水化速度最快、放热量最大的铝酸三钙和硅酸三钙因掺入粉煤灰而相应减少，从而降低了粉煤灰混凝土的水化热。

（4）耐久性：粉煤灰混凝土在自然环境中具有良好的抵抗水的渗透、侵蚀能力，但抗冻性能差，在寒冷地区施工，可加入少量外加剂加以改善。

（5）干缩率：粉煤灰混凝土的干缩率较小，抗拉强度较高，故可提高制品的干缩抗裂性能。

（6）"碳化作用"：混凝土在硬化过程中析出的 $Ca(OH)_2$，受大气中的 CO_2 长期作用，能转变成 $CaCO_3$，叫混凝土"碳化"。这种作用不断向深部发展，能破坏钢筋表面的钝化膜。掺有粉煤灰的混凝土更易于发生碳化作用，故需要严格控制掺灰量。

9.2.3　粉煤灰作为路堤填筑材料

1. 粉煤灰路堤填料的利与弊

国内各地的试验、研究表明：粉煤灰和一般细粒土相比，具有自重轻、强度高、压缩性小、透水性能良好等特点，这对提高路堤的稳定性是有利的。但粉煤灰黏聚力小、毛细水作用影响较大，雨水或内部渗流时易流失，对路堤与边坡的稳定性产生一定影响。因此，只有采取相应措施以发挥其优势，避免其不利之处，才能达到满意的效果。粉煤灰是目前我国道路工程中研究和应用最多的轻质填料。它是电厂燃烧粉煤所排出的灰色粉末灰渣。粉煤灰压实干重度为 $10.7 \sim 11.0 kN/m^3$，比土小 1/3～1/5，属于轻质材料，同等条件下可减小地基沉降约 30%。另外，室内试验表明，许多粉煤灰的抗剪强度参数完全满足公路路堤的要求，一些具有自硬性的粉煤灰，抗剪强度随着时间的发展，还可超过土的抗剪强度。故用粉煤灰代替土填筑路堤，可减轻路堤质量，在减小路堤沉降的同时可满足路堤稳定性的要求。国内外软基路堤工程实践也证明，粉煤灰是一种可行的减轻路堤质量的轻质填料。

以上情况说明粉煤灰用作路堤填料在技术上是可行的。在经济上无论是用于路堤填料，还是用于路面基层，粉煤灰的应用均有明显效益，在路用性质方面其具有如下特点：

（1）自重轻。粉煤灰最大干密度为 $0.9 \sim 1.2 g/cm^3$，粉煤灰的颗粒相对密度为 2.1～2.2，均低于一般细颗粒土 20%以上，因而非常适用于地基强度不高的软弱地层上填筑土工结构。由于质轻，其可以减少路堤沉降和不均匀沉降，保证地基的承载力稳定，或降低地基处理的费用。此外，在相同条件下还可以提高软土地基的路堤极限高度等。例如，在京津塘高速公路军粮城一段中等软弱地基，以 3m 高路堤为例，可减少沉降量 18.6%，而在地基更为软弱的塘沽新港则可减少 21.2%，从而显示出在软弱地层路堤筑填粉煤灰的优越性。

（2）强度较高。粉煤灰的工程性质随压实性能而变化。粉煤灰因其颗粒组成类似于细粒土，所以也具有液限、塑限、最佳含水量、最大干密度等，可以采用土工指标对粉煤灰的强度进行评价。按重型击实标准在饱和条件、不饱和条件下，内摩擦角分别为18°～33°和30°～42°，均高于土质填料，这对路堤的强度和稳定性都是非常有利的。再从粉煤灰路堤填料的CBR值来衡量，它也大大高于土质填料。据山东粉煤灰试验资料，在重型击实标准试验压实度达到95%条件下，粉煤灰在饱和条件下，CBR值可达23.5，相对而言，中液限粉质黏土的CBR值只有17.9，粉煤灰高出约31%。

（3）压缩性小。据有关单位试验结果，在采用重型击实标准压实度为100%时，土与粉煤灰比较，土的压缩系数 $\alpha_{1-2} = 0.24$ MPa^{-1}，而粉煤灰的压缩系数 $\alpha_{1-2} = 0.15$ MPa^{-1}，土的压缩系数高出约60%。因此，在相同密实度条件下，粉煤灰路堤的压缩变形明显低于土质路堤。

（4）击实特性良好。击实特性是研究路堤压实工艺不可缺少的指标。粉煤灰的最佳含水量和最大干密度与击实功的关系与土类似，即随着计时能量的增加，最大干重度提高，最佳含水量降低。一般情况下击实试验中，粉煤灰的含水量与干重度的关系趋于相对平缓，表明适宜压实所需含水量的变化范围大，幅度可达到20%，容易压实，参见图9-1。一般按重型标准压实度 $K = 90\%$ 要求，粉煤灰的施工碾压控制含水量分布在 30%～

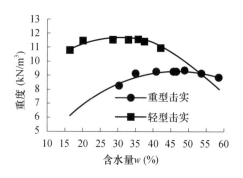

图 9-1　粉煤灰的击实曲线

50%。粉煤灰具有持水率高、含水量变化范围大，特别是在未达到最大干重度之前更为突出，即使最佳含水量相差一半，干重度仍可以达到最佳值的80%。粉煤灰施工含水量较易控制的特性，给路基施工带来方便，更有利于雨期施工。

（5）渗透性良好。粉煤灰具有较强渗透性，在粉煤灰堆场中，堆高后很容易沥干。在填筑路堤时，雨后12d，水分渗出后就可以碾压，这对路堤施工是十分有利的。相对而言，黏性土则需要5～7d或更长时间。粉煤灰压实后渗透系数有所降低，但同等压实度条件下，粉煤灰的渗透系数（10^{-5}量级）是粉质黏土（10^{-7}量级）的400～500倍。显然，这一特性对雨期路基施工十分有利。

作为路用粉煤灰，其主要问题在于粉煤灰压实后基本无塑性，类似于粉土、粉细砂。粉煤灰干燥时呈粉末状，易产生扬尘现象，须及时洒水保持湿润，只有在一定含水量条件下才能成型，但干后会消散成粉末，易受冲刷，所以粉煤灰路堤边坡很难保持形状。为防止路堤边坡受自然和人为因素破坏，提高边坡稳定性，可以采用陆地两侧边坡培土（黏性土包边，一般采用液限 $w_L > 38\%$ 黏性土，厚度一般为1000～1500mm），也可采用植草皮、沥青封闭等方法加以防护。另外，粉煤灰毛细水作用影响较大，一般可以达到1.0～1.2m，易导致地下水位升高，实际工程中可以采用黏土隔断或碎石垫层隔离等措施。同时，粉煤灰填筑结构的隔热性能良好，但是解冻后具有较显著的冻敏性，将其置于正常冰冻深度以下或采用小剂量石灰稳定技术，即可消除其影响。

2.粉煤灰路堤的填筑

根据近年来的工程实践，粉煤灰填筑路堤主要采取两种形式，即全部采用粉煤灰（纯灰）填筑和部分采用粉煤灰（灰土间隔）填筑。所谓纯灰填筑，并非完全使用粉煤灰，而是用粉煤灰填心，外包以黏性土封层，即"包心法"。灰、土间隔布置形式一般采用一层粉煤灰加铺一层土，相间填筑，即"分层法"。这两种方法在技术控制、质量要求上基本相同，在施工工艺上也基本相似。粉煤灰典型路堤的结构如图9-2所示。

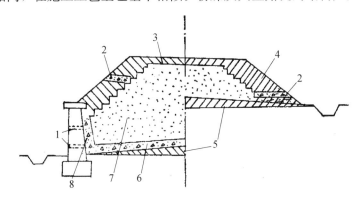

图 9-2　粉煤灰典型路堤的结构

1—泄水孔；2—盲沟；3—封顶层；4—土质护坡；5—土质路拱；6—粒料隔离层；7—粉煤灰；8—反滤层

根据公路工程的需要，两种方法都要设置土质路拱、封顶层、土质护坡或土质护肩和排水沟。粉煤灰路堤边坡坡度视路堤高度而定，5m以下的路堤采用1∶1.5坡度，5m以上的路堤，增设一个台阶，上部5m取1∶1.75坡度，而下部则取为1∶2坡度。

灰土间隔路堤中的粉煤灰层透水性好，在路堤中形成侧向水平排水通道，这对采用含水量较大的过湿土填筑路堤十分有利。这类填筑常见的有一层灰一层土一层灰或二层土一层灰。但是，间隔填筑结构往往受粉煤灰材料含水量偏高的影响，给土方施工、碾压带来困难，在雨期施工影响尤甚。同时灰土间隔路堤的强度低于纯灰土路堤，路堤自重亦高于纯灰路堤，对路堤结构的自身稳定和地基的承载力均不利。因此，在灰源充足的条件下，推荐使用纯灰路堤，以发挥其用灰量大、施工简便、受雨期影响小的优势。

在路面基层填筑材料中，利用粉煤灰的活性尤其是与水泥、石灰混合后加入水，则与水泥水化时相似，能生成水化硅酸钙、水化铝酸钙和水化硅铝酸钙等水化合物。利用粉煤灰的这种活性，使其与一定的石灰和水泥混合就形成无机结合料，利用这种无机结合料稳定碎石、砂砾等粗集料或砂、土等细集料，可以作为公路路面结构基层或底基层填筑材料。这一材料与柔性材料相比，具有一定的抗拉强度、抗压强度和相对高得多的回弹模量，但是其刚度相对又小于水泥混凝土，因此称之为半刚性基层。鉴于粉煤灰作为结合料稳定碎石等方面的研究已很完善，且有较多参考文献，本节对此问题不再赘述。

3. 设计注意事项

(1) 在粉煤灰路堤施工中，用于护肩、护坡、路拱等部位的土质填料，应选用具有一定塑性的黏性土，其塑性指数不应低于6。土质护坡厚度应根据使用土质和自然条件而定，但水平方向厚度应保持不小于1m，并和粉煤灰同时分层填筑、同时碾压，以防止地表径向流水冲刷坡面。土质封顶层厚度应有20～30cm，也可以与路面结构层相结合，采用石灰土、二灰土等路面底基层材料替代，但应保证达到高速公路上路床要求的密实度。

（2）粉煤灰路堤应采取措施加强排水，严禁长期积水浸泡路堤，引发基底、边坡和路面变形破坏。除防止地表水对路堤的冲刷，还应充分认识粉煤灰的毛细现象（粉煤灰中毛细水上升高度一般为 40～60cm，是一般黏性土的 2 倍以上），粉煤灰路堤底部距地下水位或地表积水位应超过 50cm，或在基底加设厚度不小于 30cm 的粒料隔离层，以阻断毛细水通道。

（3）在前面"路基压实"一节中曾提到，在潮湿地区土方因含水量偏大，难以采用重型压实标准问题，而对粉煤灰路堤则可降低这一要求。由于粉煤灰孔隙率大、渗透系数比黏性土大得多，透水性好，施工季节影响较小，故在雨期施工，其优越性更能得到体现。所以在我国多雨潮湿地区，宜优先考虑采用粉煤灰路堤。

9.2.4 粉煤灰在基础工程中应用

1. CFG 桩的使用

水泥粉煤灰碎石桩简称 CFG 桩，是在碎石桩基础上加进一些石屑、粉煤灰和少量水泥，加水拌和制成的一种具有一定黏结强度的桩，也是近年来新开发的一种地基处理技术。通过调整水泥掺量及配合比，可使桩体强度等级在 C5～C20 之间变化。这种地基加固方法综合了振冲碎石桩和水泥搅拌桩的优点：第一，施工工艺与普通振动沉管灌注桩一样，工艺简单，与振冲碎石桩相比，无场地污染，振动影响也较小。第二，所用材料仅需少量水泥，便于就地取材，基础工程不会与上部结构争"三材"，这也是比水泥搅拌桩的优越之处。第三，受力特性与水泥搅拌桩类似。

CFG 桩在受力特性方面介于碎石桩和钢筋混凝土桩之间。与碎石桩相比，CFG 桩桩身具有一定的刚度，不属于散体材料桩，其桩体承载力取决于桩侧摩擦力和桩端端承力之和或桩体材料强度。当桩间土不能提供较大侧限力时，CFG 桩复合地基承载力高于碎石桩复合地基。与钢筋混凝土桩相比，桩体强度和刚度比一般混凝土小得多，这样有利于充分发挥桩体材料的潜力，降低地基处理费用。

2. 粉煤灰水泥浆材灌浆

灌浆法是指利用液压、气压或电化学原理，通过注浆管把浆液均匀地注入地层中，浆液以填充、渗透和挤密等方式，赶走土颗粒间或岩石裂隙中的水分和空气后占据其位置，经人工控制一定时间后，浆液将原来松散的土粒或裂隙胶结成一个整体，形成一个结构新、强度大、防水性能好和化学稳定性良好的"结石体"。

粉煤灰水泥浆材粉是将煤灰掺入普通水泥中作为灌浆材料使用，其主要作用在于节约水泥、降低成本和消化三废材料，具有较大的经济效益和社会意义。近几年这类浆材已在国内一些大型工程中使用，获得成功。对水工建筑物来说，粉煤灰水泥浆材的突出优点还在于粉煤灰能使浆液中的酸性氧化物（Al_2O_3 和 SiO_2 等）含量增加，它们能与水泥水化析出的部分氢氧化钙发生二次反应而生成水化硅酸钙和水化铝酸钙等较稳定的低钙水化物，从而使浆液结石的抗溶蚀能力和防渗帷幕的耐久性提高。

灌浆法在我国煤炭、冶金、水电、建筑、交通和铁道等部门都进行了广泛使用，并取得了良好的效果。其加固目的如下：（1）增加地基土的不透水性。防止流砂、钢板桩渗水、坝基漏水和隧道开挖时涌水，以及改善地下工程的开挖条件。（2）防止桥墩和边坡护岸的冲刷。（3）整治明方滑坡，处理路基病害。（4）提高地基土的承载力，减少地基的沉降和不均匀沉降。(5) 引进托换技术，对古建筑的地基进行加固。

9.2.5 粉煤灰在农业中应用

粉煤灰农用包括改良土壤和制备化肥。

1. 粉煤灰改良土壤

(1) 粉煤灰的孔隙度与土壤性能的关系。作物生长的土壤需要一定的孔隙度，而适合植物根部正常呼吸作用的土壤孔隙度下限量是 12%～15%。低于此值，作物将减产。粉煤灰中的硅酸盐矿物和炭粒具有多孔性，是土壤本身的硅酸盐类矿物所不具备的。此外，粉煤灰粒子之间的孔隙度一般大于黏结了的土壤的孔隙度。

粉煤灰施入土壤，除其粒子中、粒子间的孔隙外，粉煤灰同土壤粒子还可以连成无数"羊肠小道"，为植物根吸收营养物质提供新的途径，构成输送营养物质的交通网络。粉煤灰粒子内部的孔隙则可作为气体、水分和营养物质的"储存库"。

植物生长过程所需要的营养物质主要是通过根部从土壤中获得，并且是从水溶液中获得。土壤中溶液的含量及其扩散运动都与土壤内部各个粒子之间或粒子内部孔隙的毛细管半径有关。毛细管半径越小，吸引溶液或水分的力越大，反之亦然。这种作用使土壤含湿量得到调节。如果将粉煤灰施入土壤，能进一步改善土壤的这种毛细管作用和溶液在土壤内的扩散情况，从而调节土壤的含湿量，有利于植物根部加速对营养物质的吸收和分泌物的排出，促进植物正常生长。

(2) 施灰对土壤机械组成的影响。黏质土壤掺入粉煤灰，可变得疏松，黏粒减少，砂粒增加。盐碱土掺入粉煤灰，除变得疏松外，还可起到抑碱作用。例如某盐碱土壤，春播前重度为 1.26，每亩施粉煤灰 $2×10^4$ kg，秋后重度降到 1.01，与肥沃土壤的重度相近。

(3) 粉煤灰对土层温度的影响。粉煤灰所具有的灰黑色利于其吸收热量，施入土壤后，一般可使土层提高 1～2℃。据报道，每亩施灰 1250kg，地表温度为 16℃；每亩施灰 $5×10^3$ kg，地表温度为 17℃。土层温度提高，有利于微生物活动、养分转化和种子萌发。

(4) 粉煤灰的增产作用。一些试验和生产实践表明，不同土壤合理施用符合农用标准的粉煤灰都有增产作用。一般以亩施 $5×10^4$ kg 增产效果较好。不过，沙质土壤施灰，增产不明显，生荒地施灰增产明显，黏土地增产最明显。作物品种不同，增产效果不同：蔬菜增产效果最好，粮食作物增产比较好，其他经济作物也有增产作用，但不十分稳定。

2. 粉煤灰制备化肥

目前，用粉煤灰制备的化肥品种较多，主要有硅肥、粉煤灰磁化肥、粉煤灰磷肥等。

9.3 煤矸石的利用

煤矸石是与煤伴存的岩石，在煤的采掘和煤的洗选过程中都有煤矸石排出。煤矿的上、中、底层的页岩，挖掘煤层之间的巷道时排出的砂岩、石灰岩及其他岩类，都属煤矸石之列。

煤矸石是含炭岩石和其他岩石的混合物，随着煤层地质年代、地区、成矿条件、开采条件的不同，煤矸石的矿物成分、化学成分各不相同，其组分复杂，但主要属于沉积岩。煤矸石大致可分三类：

页岩类：如油页岩、炭质页岩、泥质页岩和砂质页岩等。

泥岩类：如泥岩、炭质泥岩、粉砂质泥岩和泥灰岩等。

砂岩类：如泥质粉砂岩、砂岩。

炭质页岩呈黑褐色，层状结构，油脂光泽，较易粉碎。根据岩相分析煤矸石除含有较低的炭外，其主要矿物成分是伊利石、高岭石等黏土矿物，以及石英、云母、长石及少量的碳酸盐和硫铁矿等。从总体上说，煤矸石仍属于黏土质原料，具备工程应用的基本条件。

煤矸石依其所含矿物组分可分为炭质页岩、泥质页岩和砂质页岩；依其来源可分为掘进矸石、开采矸石和洗选矸石。煤矸石在堆放过程，其中的可燃组分缓慢氧化、自燃，成为自然矸石，故又有自燃矸石与未燃矸石的区分。

由于煤的品种和产地不同，各地煤矸石的排出率不同，平均约占煤炭开采量的20%。目前，我国煤矸石利用率不到20%，大部分堆积储存，形成大大小小的矸石山，侵占农田、山沟、坡地，亟待开发利用。

我国各地煤矸石的含炭量差别比较大，其热值范围波动在837~4187kJ/kg。为了合理利用煤矸石资源，我国煤炭与建材工业按热值划分煤矸石的合理利用途径（表9-1）。就我国目前利用情况看，技术成熟、利用量比较大的途径是生产建筑材料，主要是制水泥和烧结（内燃）砖。

表 9-1 煤矸石的合理利用途径

热值（kJ/kg）	合理利用途径	说明
2090	回填、修路、造地、制集料	制集料以砂岩未燃矸石为宜
2090~4180	烧内燃砖	CaO 含量低于 5%
4180~6270	烧石灰	渣可作混合材、集料
6270~8360	烧混合材、制集料、代土节煤烧水泥	用于小型沸腾炉供热产气
8360~10450	烧混合材、制集料、代土节煤烧水泥	用于小型沸腾炉供热发电

9.3.1 煤矸石的组成

1. 未燃煤矸石的化学成分和矿物组成

煤矸石的化学成分随成煤地质年代、环境、地壳运动状况和开采加工方式不同而有较大的波动范围，但同一矿区的同一煤层，煤矸石的化学成分一般相对稳定。我国部分煤矿所排矸石（未燃）的化学成分测定表明，各种矸石化学成分本质上有相似处，即 SiO_2、Al_2O_3 和 Fe_2O_3 含量都比较高，特别是前两者含量很高。分析表明，未燃煤矸石具有硬质黏土类矿物和水云母类矿物组成。

此外，未燃煤矸石中还含少量石英碎屑、黄铁矿、碳酸钙、长石、铁白云母、金红石等。

2. 自燃煤矸石的化学成分和矿物组成

煤矸石经过自燃，可燃物大大减少，而 SiO_2 和 Al_2O_3 含量相对增加，与火山灰相比，化学成分相似。

对自燃煤矸石来说，由于矸石种类和自燃温度等方面的差异，燃烧后的矿物组成也不相同。如果自燃温度比较高，燃烧比较充分，矿物中便不再有高岭石、水云母存在，而主要是一些性质稳定的晶体，如石英、赤铁矿、莫来石等。一般自燃温度都偏低，部分矸石燃烧不完全，矿物中还残存高岭石、水云母，并有少量赤铁矿。不过，作为主要矿物组分的高岭石、水云母，大多因失去结晶水而使晶格破坏，形成了玻璃体类物质。

9.3.2　煤矸石的基本性质

1. 煤矸石的工程特性

（1）颗粒组成

姜振泉等人在煤炭科学基金的资助下，对徐州、大屯、淮北、淮南及兖州等矿区煤矸石的颗粒级配进行了研究。研究表明，煤矸石的粒度分布范围较大，从几十厘米的块石至 0.1mm 以下的细小颗粒，并普遍含有胶体成分。煤矸石的粒度分布的级配一般较差，大粒径的矸石块占有相当高的比率，存在以下级配缺陷：①粗大颗粒含量过高而细小颗粒含量过低，粒径大于 5mm 的颗粒含量普遍在 60% 以上，而粒径小于 0.1mm 的颗粒累积含量大多在 5% 以下，粒度分布极为不均匀；②不同程度存在某些粒组的分布不连续问题，其中 0.5～2mm 范围的粒组分布不连续比较明显。

（2）膨胀性及崩解性

岩土体的膨胀通常分成两种：一种是黏粒含量较高的土体，遇水后黏粒结合水膜增厚而引起膨胀，称为粒间膨胀；另一种是岩土体中含有的黏土矿物遇水后，水进入矿物的结晶格子层间而引起膨胀，称为内部膨胀。对煤矸石来说，其多为碎石状、角砾状，小于 0.5mm 的颗粒一般在 10% 以下，所以它发生粒间膨胀的可能性很小，而内部膨胀则是煤矸石膨胀性研究的关键所在。

煤矸石自然组成比较复杂，按岩性分：一般以泥岩、炭质页岩为主，也包括砂岩、玄武岩、花岗岩、凝灰岩等。泥岩、碳质页岩遇水软化，发生崩解；其他几种煤矸石由成因和成分决定了其不具备发生第二种膨胀的可能。马平等人对泥岩和炭质页岩煤矸石的膨胀性进行了研究。

通过对炭质页岩、泥岩煤矸石粉样、岩块的自由膨胀率、无荷膨胀率、膨胀力试验，得到炭质页岩、泥岩煤矸石属弱膨胀性的结论。将两种无裂隙煤矸石样放入水中浸泡，可计算崩解量。两种煤矸石在水中浸泡 30d，崩解量达到 30% 以上，有较强崩解性。

（3）压缩性

压密固结程度对煤矸石工程性质的稳定性有直接影响，煤矸石的水稳性可通过充分的压密得到改善。所以，煤矸石工程对压密程度的要求相对较高，不但要求结构性的压实，而且对防渗防风化有一定要求，德国、英国、荷兰及美国等一些煤矸石工程利用程度较高的国家在这方面大多制定了相应的技术标准。

粒度成分是影响煤矸石压密性的重要因素，根据国外一些学者用不同类型煤矸石所做的现场模拟压密试验结果，煤矸石可压密程度与粒度分布特点密切相关。Michalski 等对比分析了不同压密条件下煤矸石的粒度分布特点与压密程度之间的关系后发现，煤矸石的可压密度与煤矸石粒度分布特征参数 C_u（不均匀系数）之间在量值上表现出很强的关联性，C_u 越大，矸石的可压密的程度就越高。

在 Michalski 等研究基础上，姜振泉等用不同粒度级配的矸石进行了压密和渗透试验。试验结果表明，影响煤矸石固结性的主要级配缺陷不是粒度分布的均匀程度，而在于细小颗粒的含量。如果适当提高矸石中的细小颗粒的含量比率，其固结特性就可以得到明显改善。

（4）渗透性

煤矸石的渗透性与压密程度有关，充分的压密能大大减小煤矸石的渗透性，干密度大于 $2.0g/cm^3$ 时，其渗透系数接近黏土渗透系数。在煤矸石中添加一定比率的细颗粒含量，有助于煤矸石压密性的改善与渗透性的降低。

（5）煤矸石的水稳性

根据粒度分布特点，煤矸石属于一种碎石类土，但在工程性质的稳定性上，煤矸石比一般的碎石类土差，存在水稳性较差的特点，主要反映在其强度条件和变形性对含水量的变化表现有较强的敏感性。

（6）煤矸石的剪切强度

国内曾模拟现场的直剪试验条件和不同含水条件，对煤矸石进行了室内模拟直剪试验，在相同含水量条件下，煤矸石的内摩擦角 φ 随密实程度的增大而增大，而内黏聚力 c 基本不变。

2. 煤矸石的活性

煤矸石受热矿物相发生变化，是产生活性的根本原因。

（1）高岭石的变化

高岭石在 500～600℃脱水，晶格破坏，形成无定形的偏高岭石土，具有火山灰活性。在 900～1000℃偏高岭石土又发生重结晶，形成非活性物质。

（2）水云母矿的变化

水云母矿（$K_2O \cdot 5Al_2O_3 \cdot 14SiO_2 \cdot 4H_2O$）在 100～200℃脱去层间水；450～600℃失去分子结晶水，但仍保持原晶体结构；在 600℃以上才逐渐分解，晶体逐渐破坏，开始出现具有活性的无定形物质，达到 900～1000℃时，分解完毕，具有较高的活性；而在 1000～1200℃时又出现重结晶，向晶质转变，活性降低。

（3）石英的变化

一般石英矿物在升温和降温过程，其结晶态呈可逆反应，而在成分复杂的煤矸石中，石英的含量随温度升高而降低。这种变化可能产生这样一种效应：①生成无定形 SiO_2，提高煤矸石烧渣的火山灰活性；②生成石英变体，仍属非活性物质；③生成莫来石晶体，活性降低。

作为煤矸石的主要矿物成分的黏土矿物和云母类矿物，受热分解与玻璃化是煤矸石活性的主要来源。

9.3.3 煤矸石做建筑材料

煤矸石的建材品种较多，主要有水泥、烧结砖、混凝土、砌块、陶粒等。下面主要介绍生产水泥和烧结砖。

1. 煤矸石生产水泥

煤矸石水泥品种有煤矸石硅酸盐水泥、煤矸石少熟料水泥和煤矸石无熟料水泥等。

（1）煤矸石硅酸盐水泥：它是以煤矸石代黏土配制水泥生料烧制成的胶凝材料。（2）煤矸石少熟料水泥：此种水泥也被称为煤矸石砌筑水泥，是近年才列入国家标准的水泥新品种。生产方法一般是用67％的符合质量要求的自燃煤矸石、30％的水泥熟料和3％的石膏，原料不经锻烧；直接磨制而成。产品能符合配制砌筑砂浆的要求。（3）煤矸石无熟料水泥：此种水泥是直接把具有一定活性的沸腾炉渣与激发剂石灰按一定比例混合、磨细而成。这种水泥的抗压强度可达 $30\sim40MPa/cm^2$，其水化热只相当于普通水泥的1/4 左右，适用于大体积混凝土工程。这种水泥早期强度不高，凝结硬化缓慢，不宜用在时间要求紧和强度要求高的混凝土工程方面。使用此种水泥的关键在于加强养护，特别是早期养护。只要保持适当的潮湿环境，原料中的有效成分就能够较好地溶解、吸收和水化，水泥的强度就会增高。

2. 煤矸石生产烧结砖

煤矸石烧结砖是以煤矸石为原料，替代部分或全部黏土，采用适当工艺烧制而成的制品。

9.3.4　煤矸石在高速公路中应用

下面以徐州地区的煤矸石为例进行重点探讨。徐州地区煤矸石的堆存量达到 1×10^7t，徐州的贾汪区及铜山县煤矸石山到处可见，侵占大量的农田，煤矸石山附近的农田基本上都是黑色的碎石土。从徐州北部五矿煤矸石矿物成分分析结果来看，其煤矸石原生矿物以石英、方解石、长石为主，含量约为50％，次生矿物以高岭石、水云母、绿泥石等黏土矿物为主，含量为30％～40％。徐州地区煤矸石不含有高膨胀性的蒙脱石黏土矿物，但含有水云母、高岭石、绿泥石黏土矿物，因此，煤矸石遇水后不会出现较大的膨胀。

徐州五矿煤矸石根据粒径来划分，属于粗粒土中的砾，根据级配情况，又可分为级配良好砾与级配不良砾。图 9-3 为徐州煤矿煤矸石的最大干密度、最佳含水量与粗粒料成分的关系曲线，图 9-4 为徐州煤矸石击实能量与干密度关系曲线。研究表明煤矸石散粒料具有分形结构特征，散粒材料的粒度级配特征参数——不均匀系数 $C_u=6^{1/(3-D)}$、曲率系数 $C_c=1.5^{1/(3-D)}$，同时研究了煤矸石的击实特性和强度特性与分维特征的关系，图 9-5 为徐州煤矸石的最大干密度、最佳含水量与分维的关系曲线。

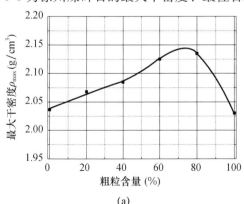

(a)

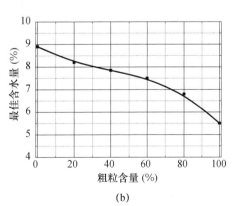

(b)

图 9-3　煤矸石的最大干密度、最佳含水量与粗粒料成分的关系曲线

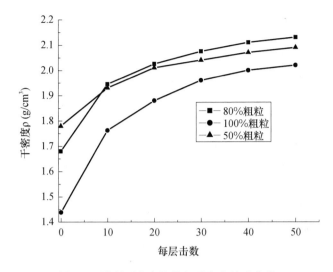

图 9-4　煤矸石击实能量与干密度关系曲线

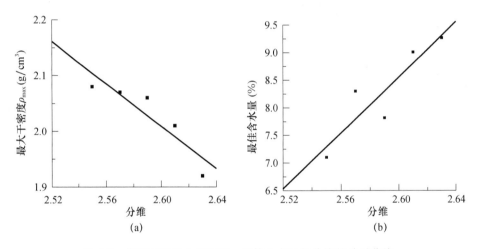

图 9-5　煤矸石的最大干密度、最佳含水量与分维的关系曲线

通过对徐州地区煤矸石室内试验、现场填筑试验、现场测试研究和理论计算分析研究，同时进行实际工程的填筑试验，得到如下结果：

（1）徐州地区煤矸石的化学成分分析表明，权台新、权台老、大黄山、青山泉矿的活性含量（$SiO_2 + Fe_2O_3 + Al_2O_3$）含量均超过 70%，经粉碎后具有一定塑性，其中硫酸盐含量不超过石灰稳定土对硫酸盐含量低于 0.8% 的要求。

（2）矿物成分分析表明，徐州地区的煤矸石不含有膨胀性矿物成分，自由膨胀率测试的结果也表明该地区的煤矸石是弱膨胀性的或无膨胀性的，因此煤矸石的使用就不存在崩解现象，有利于它的工程应用。

（3）徐州地区煤矸石的级配良好，细粒成分含量较高。

（4）强度试验表明徐州地区的煤矸石的抗剪强度较高，并随着压实度的增加而增加。由于徐州地区的煤矸石的颗粒不均匀，颗粒的磨圆度又差，直剪试验样的密度较高，因此剪切时颗粒间的咬合力较大，而这种咬合力又体现在凝聚力中，所以表现为煤矸石的抗剪强度偏高。

（5）徐州地区的煤矸石的渗透系数较小，因此其隔水性也比较好，与黏土的渗透系数接近。随着压实度的增加，渗透系数越小，隔水性能越强，这一性能表明煤矸石能够用作筑路材料。粗颗粒的煤矸石样饱水后长期浸水强度减到很小，短期浸水试验表明权台新、权台老、大黄山、青山泉矿的煤矸石具有较好的水稳性，有利于用作筑路材料。

（6）煤矸石样在反复浸水、冻融条件下粗颗粒易破碎，随着粗颗粒的减小，破碎的速率减缓。压碎值指标和承载比指标显示徐州地区的煤矸石具有较好的路用性能指标。徐州地区的煤矸石的压碎值小于 30%，煤矸石的 CBR 值均大于 40%，大于高速公路填筑材料的 CBR 值要求大于 8% 的标准。

（7）煤矸石现场填筑试验、测试结果和理论分析计算表明，煤矸石完全可以用作高速公路的路基填筑材料，而且其强度远超规范要求。现场直剪试验测得的强度指标较室内强度指标低，它的强度接近粗粒土的强度特性，强度比较高，因此煤矸石填筑路基能够满足稳定性要求。

利用煤矸石进行填筑路基可借鉴粉煤灰路堤的经验，煤矸石路堤由路堤主体部分（煤矸石）、护坡和封顶层（灰土），隔离层（灰土）、排水系统等部分组成。粉煤灰路堤结构示意图如图 9-6 所示。

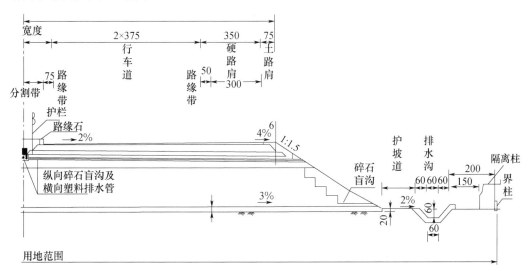

图 9-6 煤矸石路堤结构示意图

1—泄水孔；2—盲沟；3—封顶层；4—土质护坡；5—土质路拱；6—隔离层；7—煤矸石；8—反滤层

煤矸石路堤的边坡和路肩采取土质护坡主要起到保护措施。护坡土料宜采用塑性指数不低于 6 的黏质土。土质护坡厚度应根据道路等级、地理环境、自然条件、土质、施工条件等因素而定，土质护坡水平方向厚度应保证不小于 1.5m。如果护坡土的塑性较低，可适当加宽护坡宽度并采取坡面防护措施，防止地表径流水冲刷坡面。根据施工季节或当地降雨量大小，决定是否在土质护坡中设置排水盲沟。盲沟断面尺寸宜为 40cm×50cm，水平间距为 10～15m。盲沟设在路堤底部隔离层上，并应采取措施防止盲沟淤塞。

煤矸石路堤路面结构层以下 0～80cm（路床）可作为煤矸石路堤封顶层。为隔离毛细水的影响，煤矸石路堤底部应离开地下水位或地表长期积水位 50cm 以上，并设置隔离层。隔离层采用 5‰ 灰土填筑。隔离层厚度不宜小于 30cm，如地基软弱应根据计算沉降量留足备沉土质路拱，防上倒拱和离地下水位高度不足。隔离层横坡不宜小于 3‰，以利排水。煤矸石路堤边坡率应视路堤高度而定：5m 以下的路堤，边坡率应为 1：1.5；5m 以上的路堤，上部边坡率应为 1：1.5，下部边坡率应为 1：1.75。如受用地限制，下部可做路肩挡墙，视具体条件可适当减小边坡率。煤矸石路堤的挡墙结构应按有关规范设计，但应注意墙体泄水孔、进水口处应设置反滤层，以防止粉煤灰淋溶流失。下层泄水孔须高出墙面积水位 30cm 以上，防止水流倒灌。

煤矸石用作路基填筑材料既解决了高速公路的土方紧缺难题，又减小矿区的污染，具有深远的社会效益。它同时解决了因煤矸石占用耕地的矛盾，降低了高速公路用土征地的各种补偿费，减小高速公路的工程投资费用，具有很大的直接、间接经济效益。

煤矸石其他的应用实例包括：

（1）山东省 205 国道张博段全长 40km，修建时由于土源短缺，价格昂贵，经试验采用煤矸石作为筑路材料。该段路至今运营情况良好。

（2）河南省焦作市丰收路改造扩建工程，全部采用煤矸石作为路面基层材料，路面坚实、平整、稳定，取得了较好的经济、社会效益。

（3）徐州市公路处在修建省道 239 上跨庞庄煤矿专用铁路的庞庄立交桥引道工程中，采用煤矸石两灰作为加筋土挡墙的填料，使用效果良好，节省了工程造价。徐贾公路大黄山段采用煤矸石填筑路基，现使用状况良好。徐州绕城路建设中采用煤矸石作为底基层，现已运营多年，状况良好。

（4）京福国道主干线山东省境内曲张段采用煤矸石填筑路堤超过 10km 路段，运营检测成果表明应用效果良好。

（5）在徐州矿务局权台煤矿，1996 年前后人们采用煤矸石回填地基进行强夯处理，建成房屋 144 幢，现使用状况良好。

9.4 炉渣的利用

利用工业固体废弃物生产建材的优点是：

（1）原材料省，生产效率高。例如，利用高炉渣和钢渣生产水泥可节约 1/3 石灰石和 1/2 燃料，生产效率提高一倍。

（2）耗能低。例如，用矿渣代替水泥熟料生产水泥，每吨原料的燃料消耗可减少 80‰。

（3）综合利用产品的品种多，可满足多方面的需要。例如，用固体废弃物可生产水泥、集料、砖、玻璃和陶瓷等多种建筑材料。

（4）综合利用的产品数量大，可满足市场的部分需要。例如，假如我国每年利用 4000 万 t 工业固体废弃物生产水泥或做混凝土掺合料，则可弥补目前一年 800 万 t 的水泥缺口。

（5）环境效益高，可最大限度地减少需处置的固体废弃物数量，在生产过程中，一般不产生二次污染。例如，生产 1 亿块砖可消耗 10～22 万 t 粉煤灰。

工业废渣做建筑材料是综合利用工业废渣数量最多、种类最多、历史较久的领域。其中，利用较多的有高炉渣、钢渣、粉煤灰、煤矸石和其他废渣等。生产品种包括水泥、集料、砖、玻璃、铸石、石棉和陶瓷等。我国对冶金工业和煤炭工业所产生的固体废弃物研究较多，如高炉渣的应用已有几十年的历史，在生产建筑材料方面取得了一定的成就，积累了宝贵的经验。

9.4.1 高炉渣

高炉渣是冶炼生铁时从高炉中排出的一种废渣。在冶炼生铁时，加入高炉的原料除了铁矿石和燃料（焦炭），还有助熔剂。当炉内温度达到 $1300\sim1500$℃时，炉料变成液相，在液相中浮在铁水上面的熔渣称为高炉渣，其主要成分是由 CaO、MgO、Al_2O_3、SiO_2 等组成的硅酸盐和铝酸盐。

高炉渣的产生数量与铁矿石的品位及冶炼方法有关，一般每生产 1t 生铁大约产生 $0.3\sim0.9t$ 高炉渣。根据我国目前生产水平，每生产 lt 生铁平均产生大约 0.7t 高炉渣。高炉渣的产生系数在冶金行业称为渣铁比。工业发达国家的渣铁比比较低，一般为 $0.27\sim0.3t$。由于近代选矿和炼铁技术的提高，渣铁比已经大大下降。

1. 高炉渣的组成

（1）高炉渣的化学组成及其碱度

高炉渣含有 15 种以上化学成分，但主要是四种，即 CaO、MgO、SiO_2、Al_2O_3，它们约占高炉渣总重的 95％。SiO_2 和 Al_2O_3 来自矿石中的脉石和焦炭中的灰分，CaO 和 MgO 主要来自熔剂，高炉渣主要就是由这四种氧化物组成的硅酸盐和铝酸盐。由于矿石品位和冶炼生铁的品种不同，高炉渣的化学成分波动范围较大，生产过程中的控制分析一般包括 7 项，它们为 SiO_2、Al_2O_3、CaO、MgO、FeO、MnO 和 S。对一些特殊的高炉渣还须分析 TiO_2、V_2O_5、Na_2O、BaO、P_2O_5、Cr_2O_3、Ni_2O_3 等。在冶炼炉料固定和冶炼正常时，高炉渣的化学成分变化不大，对综合利用有利。

高炉渣的碱度是指矿渣主要成分中的碱性氧化物和酸性氧化物的含量比。冶炼炼钢生铁和铸造生铁，当炉渣中 Al_2O_3 和 MgO 含量变化不大（一般 Al_2O_3 为 8％～14％，MgO 为 7％～11％）时，炉渣碱度用 $\frac{CaO}{SiO_2}$ 之比值表示，比值大于 1 为碱性渣，小于 1 为酸性渣，等于 1 为中性渣。有时也用总碱度 $\frac{CaO+MgO}{SiO_2}$ 表示。

（2）高炉渣的矿物组成

高炉渣中，单是 SiO_2、Al_2O_3、CaO 三种成分含量就大约占 90％，故可将其视为 $CaO\text{-}Al_2O_3\text{-}SiO_2$ 的三元体系。根据岩相分析，高炉渣的矿物组分包括甲型硅灰石（$2CaO\cdot SiO_2$）、硅钙石（$3CaO\cdot SiO_2$）、假硅灰石（$CaO\cdot SiO_2$）、钙镁橄榄石（$CaO\cdot MgO\cdot SiO_2$）、尖晶石（$MgO\cdot Al_2O_3$）、镁蔷薇辉石（$3CaO\cdot MgO\cdot SiO_2$）、镁方柱石（$2CaO\cdot MgO\cdot 2SiO_2$）、铝方柱石（$2CaO\cdot Al_2O_3\cdot SiO_2$）、斜顶灰石（$MgO\cdot SiO_2$）、透辉石（$CaO\cdot MgO\cdot 2SiO_2$）等。

在碱性高炉渣中，最常见的矿物晶相是硅酸二钙（$2CaO\cdot SiO_2$）和钙黄长石（$2CaO\cdot Al_2O_3\cdot SiO_2$）。后者是钙长石（$CaO\cdot Al_2O_3\cdot 2SiO_2$）和钙镁黄长石（$2CaO\cdot$

$MgO \cdot SiO_2$）所组成的复杂固溶体。此外，还有镁橄榄石（$MgO \cdot SiO_2$）、硅钙石、硅灰石和尖晶石。在酸性高炉渣中，主要矿物相是甲型硅灰石和钙长石。

2. 高炉渣处理利用

高炉渣的综合利用同高炉渣的处理加工工艺有关。高炉渣的处理加工方法一般分为急冷处理（水淬或风淬）、慢冷处理（空气中自然冷却）和半急冷却处理（加入少量水并在机械设备作用下冷却）三种。在利用高炉渣之前，需要进行加工处理。其用途不同，加工处理的方法也不相同。我国通常把高炉渣加工成水淬渣、矿渣碎石、膨胀矿渣和膨胀矿渣珠等形式加以利用。

（1）水渣制建材

我国高炉水渣主要用于生产水泥和混凝土。矿渣硅酸盐水泥是将水泥熟料、水渣和3%～5%的石膏混合磨制而成的。其中，水渣的掺量视所生产的水泥强度等级而定，一般为30%～70%。目前，我国大多数水泥厂采用1t水渣与1t水泥熟料和适量石膏配合生产32.5级以上矿渣水泥。其硬化过程主要包括一些矿物组分的水化和硬化。

矿渣混凝土是以水渣为原料，配入激发剂（水泥熟料、石灰、石膏），放入轮碾机中加水碾磨与集料拌和而成的。矿渣混凝土的各种物理力学性能都与普通混凝土相似。由于其具有良好的抗水渗透性，可用作不透水的防水混凝土；由于其具有良好的耐热性，故宜用在工作温度 600℃ 以下的热工工程中。我国于 1954 年开始采用矿渣混凝土，1959 年推广，目前，实际应用的矿渣混凝土包括多种强度等级，经过长期使用考验，大部分质量良好。

（2）重矿渣作集料

安定性好的重矿渣，经破碎、分级，可以代替碎石用作集料和路材。重矿渣作集料，矿渣碎石混凝土除具有与普通混凝土相当的基本力学性能外，还具有良好的保温隔热和抗渗性能。目前，我国已将矿渣碎石混凝土用在 C45 以下各种混凝土和防水工程上，包括有承重要求的部位及有抗渗、耐热、抗震等特殊要求的部位。从我国主要钢铁厂的矿渣碎石质量看，绝大部分属密实和一般带孔的结晶矿物，松散重度在 $1100kg/m^3$ 以上，且很少有玻璃状矿物。因此，我国矿渣碎石都可在工程上使用。我国矿渣的含硫量不高，一般在 2% 以下，这种矿渣也不会腐蚀钢筋。

（3）矿渣碎石在地基工程中的应用

矿渣碎石的强度一般与天然岩石的强度大体相同，虽然有些蜂窝状多孔体的块体强度较低，但经过碾压可使这些块体的性能得以改善，因此矿渣碎石的颗粒强度完全能满足地基的要求。矿渣碎石在地基工程中主要是用来处理软弱地基。利用矿渣碎石所建造的人工地基的性能指标与碎石垫层相当，有的比砂垫层还好。

利用矿渣碎石建造地基在我国已有几十年的历史，目前已成功地用于 175t 桥式起重机的重型工作厂房柱基础、工业炉基础、大型设备基础的地基中及挡土墙的回填等方面。

（4）矿渣碎石在道路工程中的应用

矿渣碎石具有缓慢的水硬性，对光线的漫射性能好，摩擦系数大，非常适宜用来修筑道路。利用矿渣碎石可修筑多种道路路面，如沥青矿渣碎石路面、沥青矿渣混凝土路面、水泥矿渣碎石路面、水泥矿渣混凝土路面等。利用矿渣碎石作基料修筑的沥青路面明亮、防滑性能好，还具有良好的耐磨性能。矿渣碎石还比普通碎石具有更高的耐热性能，更适合用在喷气式飞机的跑道上。

我国将矿渣碎石用在钢铁企业的铁道线上做道砟，已有数十年的历史，用在沥青碎石道路和混凝土道路工程上，已经获得较好的经济技术效果。

（5）矿渣碎石在铁路道砟上的利用

矿渣碎石还可以用来铺设铁路道砟，适当吸收列车行走时产生的振动和噪声。

我国的矿渣碎石一般均能满足企业专用铁路线对道砟的技术要求，大多数可满足国家铁路道砟的技术要求。目前矿渣碎石道砟在我国钢铁企业专用铁路线上应用得比较普遍。在国家一级铁路干线上的试用也初见成效。鞍钢的矿渣道砟使用范围较广，使用的比例逐年增加。目前，鞍钢每年新建和大修铁路各 30～40km，大多采用矿渣道砟。1967 年鞍钢矿渣首次在哈尔滨—大连的一级铁路干线上试用，经过几十年的考验，效果良好。

（6）膨胀矿渣及膨珠的用途

膨胀矿渣主要用作混凝土轻集料，也用作防火隔热材料。用膨胀矿渣制成的轻质混凝土不仅可以用于建筑物的围护结构，而且可以用于承重结构。

膨珠可以用于轻混凝土制品及结构，如用于制作砌块、楼板、预制墙板及其他轻质混凝土制品。由于膨珠内孔隙封闭，吸水少，混凝土干燥时产生的收缩就很小，这是膨胀页岩或天然碎石等轻集料所不及的。

生产膨胀矿渣和膨珠与生产黏土陶粒、粉煤灰陶粒等相比较，具有工艺简单、不用燃料、成本低廉等优点。

高炉矿渣还可以用来生产一些用量不大而产品价值高、有特殊性能的高炉渣产品，如矿渣棉及其制品、热铸矿渣、矿渣铸石及微晶玻璃、硅钙肥等。此外，一些国家还用高炉矿渣作为玻璃和陶瓷的原料，生产的玻璃或陶瓷可制成不同规格的管材、地面砖、路面砖、卫生器具、耐磨耐蚀保护层、空心或实心砌块等。

9.4.2 钢渣

钢渣是炼钢过程中产生的固体废弃物。炼钢的基本原理和炼铁相反，是以氧化的方法除去铁中过多的碳素和杂质，氧和杂质作用生成的氧化物就是钢渣。钢渣的生产数量与生铁的杂质含量及冶炼方法有关，约占钢产量的 20%。

1. 钢渣的化学成分和矿物组成

（1）钢渣的化学成分

钢渣由钙、铁、硅、镁、铝、锰、磷等氧化物组成，有时还含有钒和铁等氧化物，其中钙、铁、硅氧化物占绝大部分。钢渣各种成分的含量依炉型、钢种不同而异，有时相差悬殊。以氧化钙为例，一般平炉熔化时的前期渣中含量在 20% 左右，精炼和出钢时的渣中含量达 40% 以上；转炉渣中的含量常在 50% 左右；电炉钢渣中含 40%～50%。

（2）钢渣的矿物组成

钢渣的主要矿物组成为硅酸三钙（$3CaO \cdot SiO_2$）、硅酸二钙（$2CaO \cdot SiO_2$）、钙镁橄榄石（$CaO \cdot MgO \cdot SiO_2$）、钙镁蔷薇辉石（$3CaO \cdot RO \cdot 2SiO_2$）、铁酸二钙（$2CaO \cdot Fe_2O_3$ 和 $CaO \cdot Fe_2O_3$）、RO（R 代表 Mg^{2+}、Fe^{2+}、Mn^{2+}，RO 则为这些金属氧化物的连续固熔体）、游离石灰（f-CaO）等，此外含磷多的钢渣中还含有纳盖斯密特石（$7CaO \cdot P_2O_5 \cdot 2SiO_2$）。钢渣的矿物组成主要取决于其化学成分，特别与其碱度

（CaO/SiO$_2$＋P$_2$O$_5$）有关。炼钢过程中需要不断加入石灰，随着石灰加入量的增加，渣的矿物组成不断变化。炼钢初期，渣的主要成分为钙镁橄榄石（CaO·MgO·SiO$_2$），其中的镁可被铁和锰所代替。当碱度提高时，橄榄石吸收氧化钙（CaO）变成蔷薇辉石，同时放出 RO 相。再进一步增加石灰含量，则生成硅酸二钙（2CaO·SiO$_2$）和硅酸三钙（3CaO·SiO$_2$）。

2. 钢渣的利用

（1）钢渣返回冶金再用

钢渣返回冶金再用，包括返回烧结、返回高炉和返回炼钢炉。其中返回烧结具有较高价值，如钢渣作为烧结溶剂、钢渣作为高炉溶剂、钢渣作为化铁炉溶剂和钢渣返回炼钢炉。

（2）钢渣做水泥

钢渣水泥全称为"钢渣矿渣水泥"。此种水泥是以平炉、转炉钢渣为主要组分，加入一定量粒化高炉矿渣和适量石膏，磨细制成的水硬性胶凝材料。钢渣的最少掺量以质量计不少于 35％，必要时可掺入质量不超过 20％的硅酸盐水泥。

我国目前生产的钢渣水泥有两种：一种是以石膏作为激发剂，其配合比（质量比）为钢渣 40％～45％、高炉水渣 40％～45％、石膏 8％～12％。此种水泥也叫无熟料钢渣水泥。由于此种水泥早期强度低，仅用于砌筑砂浆、墙体材料、预制混凝土构件和农田水利工程等方面。另一种是以水泥熟料作为激发剂，其配合比为钢渣 35％～45％、高炉水渣 35％～45％、水泥熟料 10％～15％、石膏 3％～5％。此种水泥叫少熟料钢渣水泥，由于其中掺有水泥熟料，所以比无熟料钢渣水泥的早期和后期强度都高。

应用钢渣水泥可浇筑 C20～C35 的混凝土，分别用于民用建筑的梁、板、楼梯、抹面、砌筑砂浆、砌块等方面；也可以浇筑 C20～C35 的混凝土，用于工业建筑的设备基础、吊车梁、屋面板等方面。钢渣水泥具有微膨胀性能和抗渗性能，所以又被广泛地用在防水混凝土工程方面。

（3）钢渣代碎石做集料和路材

钢渣碎石具有重度大、强度高、表面粗糙、稳定性好、不滑移、耐蚀、耐久性好、与沥青结合牢固等优良性能，因而特别适于在铁路、公路、工程回填、修筑堤坝、填海造地等方面代替天然碎石使用。钢渣碎石做公路路基，用材量大、道路的渗水、排水性能好，对保证道路质量和消纳钢渣具有重要意义。钢渣碎石做沥青混凝土路面，既耐磨又防滑。钢渣做铁路道砟，除了前述优良性能外，还具有导电性小、不干扰铁路系统的电信工作、路床不生杂草、干净稳定、不易被雨水冲刷、不会因铁路使用过程的衡冲力而滑移等优点。但钢渣代替碎石的一个重要技术问题是其体积稳定性问题。由于钢渣中的 f-CaO 的分解，会导致钢渣碎石体膨胀，出现碎裂、粉化，所以严禁将钢渣碎石用作混凝土的集料。

（4）钢渣作磷肥

目前，我国用钢渣生产的磷肥品种有钢渣磷肥和钙镁磷肥，而以钢渣磷肥为主。

9.5　电石渣在道路工程的应用案例

9.5.1　电石渣材料性质

电石渣是 PVC 化工厂、乙炔制造公司等企业产生的废弃物。乙炔（C$_2$H$_2$）是一种重要的化工原料，通过电石（CaC_2）水解获取。在乙炔气体的生产过程中，会产生一种工业废料，这种工业废料就叫作电石渣。1t电石加水可生成300kg以上的乙炔气体，同时生成10t含固量约12％的工业废液，俗称电石渣浆。

电石渣和石灰的主要成分基本一样，都是$Ca(OH)_2$，同时电石渣还含有$CaCO_3$、SiO_2、硫化物、镁和铁等金属的氧化物、氢氧化物等无机物及少量有机物。电石渣的化学成分见表9-2。电石渣的主要成分CaO的含量均在55％以上，有效氧化钙和氧化镁含量也在55％（Ⅲ级钙质消石灰）以上。刚排放的电石渣含水量很高，经过一段时间的堆放后，其含水量仍高达50％。长时间自然堆放的电石渣内部的水分变化不大，是因为电石渣表层炭化结壳，阻止了水分的蒸发，也保护了内部电石渣不易与空气中的CO_2反应炭化，所以电石渣经长时间的堆放，活性降低并不明显。

表 9-2 电石渣的化学成分

化学成分	CaO	SiO_2	Al_2O_3	Fe_2O_3	MgO	SO_3	P_2O_5	TiO_2	SrO	烧失量	电石渣来源
质量分数（％）	68.99	2.84	2.16	0.15	0.12	0.76	0.003	0.031	0.031	24.85	江苏省常州市乙炔制造公司
	67.98	4.01	2.30	0.13	0.27	0.32	0.010	0.049	0.025	24.8	南京为生气体制造有限公司
	68.95	5.26	1.62	0.71	0.15	0.33	0.003	0.064	0.046	22.83	南京兰叶气体有限公司
	68.59	3.77	2.76	0.20	0.13	0.56	0.020	0.079	0.036	23.84	安徽省滁州市琅琊乙炔气厂

9.5.2 工程应用

道路基层施工需要石灰或水泥，水泥和石灰的生产过程将消耗大量的能源，并且会释放大量的CO_2。如果采用电石渣代替石灰，则可以省去长途运输、存放、消解等环节，施工时电石渣可就地取材。另外，采用电石渣改良过湿黏土作为路基填料，也可部分解决电石渣露天堆放导致的环境污染问题。电石渣本身的成本比石灰低得多，用电石渣代替石灰应用于道路工程，无论社会、环境效益还是经济效益，都非常有利。

9.5.2.1 电石渣物理性能

工程选取了常州某乙炔制造公司排放的电石渣，对电石渣和生石灰的化学成分、粒度分布等特性指标进行对比分析。比对结果发现，两者主要化学成分类似，电石渣中粒径小于$74\mu m$的颗粒含量明显多于生石灰，$74\mu m$以上的颗粒含量仅约为生石灰的一半，比表面积远高于生石灰，约为后者的5倍。

现场试验所使用的路基填土为京杭大运河开挖土，属于过湿黏土。过湿黏土的细粒含量占97.5％，液限低于50％，塑性指数为17.9，属于低液限黏土，其天然含水量未达液限但明显高于最优含水量，难以碾压击实，且CBR小于8％，无法直接用作路基填料。试验段过湿黏土的物理指标见表9-3。

表 9-3　试验段过湿黏土的物理指标

含水量 （%）	相对 密度	液限 （%）	塑限 （%）	塑性指数	黏粒 （%）	粉粒 （%）	砂粒 （%）	最大干密度 （g/cm³）	最优含水量 （%）
30	2.73	37.8	19.9	17.9	13.6	83.9	2.5	19.2	13.5

9.5.2.2　试验段概况

本工程试验段总长 100m，路堤填筑高度为 1.6～2.6m，94 区（压实度为 94%）和 96 区（压实度为 96%）各分 4 层填筑，每层压实厚度约 20cm。试验层为路堤中部的 94 区④层和 96 区①层，电石渣掺量（电石渣干重与素土干重比）和生石灰掺量（生石灰重与素土干重比）分别为 5% 和 6%。路基断面如图 9-7 所示。

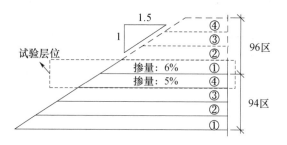

图 9-7　试验段路基横断面

施工前，为防止现场堆放的电石渣因长期暴露于空气发生碳化，在其表面覆盖密封薄膜。由于电石渣含水量较高（约 60%），需翻晒降低含水量至接近最佳含水量后与素土拌和。施工工艺与石灰稳定填料相同，采用路拌法施工。分层碾压时，按照《公路路基施工技术规范》（JTG/T 3610）要求控制压实度（路床压实度大于等于 96%，上路堤压实度大于等于 94%）。过湿黏土的最大干密度与最佳含水量分别为 19.2g/cm³ 与 13.5%，经生石灰与电石渣改良后，改良土的最大干密度均下降至 1.74g/cm³，最佳含水量分别为 17% 与 14.1%。试验层养护 17d 后进行后续施工，其间 8～14d 出现中雨。

9.5.2.3　试验方法及结果

依照《公路路基路面现场测试规程》（JTG 3450），在 0d、7d、17d 龄期时分别开展土基 CBR 试验、承载板法测定回弹模量试验和动力锥贯入测试。测点布置如图 9-8 所示（C_4 和 D_4 测点仅进行了贯入阻力测试）。试验区 1 为掺加 5% 电石渣的路基填土，试验区 2 为掺加 6% 生石灰的路基填土。

1. 土基 CBR

以 94 区④层为例，不同龄期下各测点的土基 CBR 如图 9-9 所示。可见，0d 时电石渣固化土填料的 CBR 和生石灰稳定填料较为接近，均值都为 45% 左右；7d 时，两种改良填料的 CBR 值有不同程度的提高，其中电石渣稳定填料的改良效果更明显，CBR 均值为 117%，高于石灰稳定填料的 97%；17d 时，由于降雨入渗引起路基填料含水量增加（水稳性降低），并可能导致稳定填料中钙离子溶出，进而抑制电石渣（或生石灰）与填料土的火山灰反应，因此填料 CBR 下降。对比而言，电石渣稳定填料的 CBR 均值降至 99%，高于石灰稳定填料的 77%，表明电石渣稳定填料的局部抗剪切能力要优于石灰稳定填料。

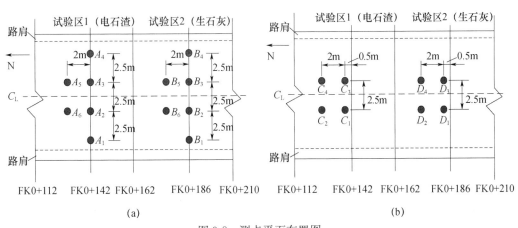

图 9-8   测点平面布置图

（a）土基 CBR 试验和承载板试验测点；（b）DCP 试验测点

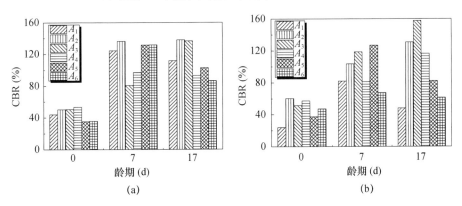

图 9-9   土基 CBR 随龄期的变化

（a）试验区 1 的电石渣改良土；（b）试验区 2 的生石灰改良土

2. 回弹模量

以 94 区④层为例，不同龄期下各测点的回弹模量（M_r）如图 9-10 所示。可见，养护初期，两种稳定填料的 M_r 基本相同；养护至 7d 时，电石渣稳定填料的 M_r 明显增大，

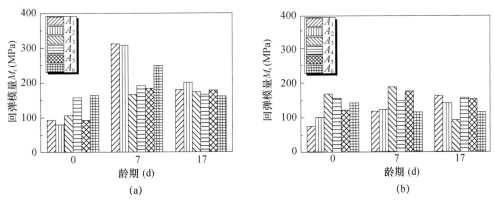

图 9-10   不同龄期下各测点的回弹模量（M_r）

（a）试验区 1 的电石渣改良土；（b）试验区 2 的生石灰改良土

均值约为养护初期的 2 倍。7d 后由于降雨阻碍了改良反应，M_r 并未随龄期持续增大，17d 时较 7d 时略有降低。已有研究表明，浸水在养护初期利于改良反应的进行，14d 后则呈明显的副作用，并导致回弹模量减小。相较于养护初期，17d 时电石渣稳定填料的 M_r 均值仍增大了 53%。对比而言，石灰稳定填料的抗回弹性能在养护期间的变化较小，7d 和 17d 时其均值仅增加 14% 和 8%。可见，电石渣稳定填料的抗回弹性能明显优于石灰稳定填料。

3. 轻型动力锥贯入试验

动力锥贯入试验可简单有效地判定路基材料的力学性能。以 94 区④层为例，不同龄期下各测点的轻型动力锥贯入试验所获取的指数（DCPI）值见表 9-4。

表 9-4　不同龄期下各测点 DCPI 值

龄期（d）	试验区 1 的 DCPI			试验区 2 的 DCPI		
	C_1	C_2	C_3	D_1	D_2	D_3
0	6.1	6.1	5.3	6.4	5.6	4.6
7	6.4	5.6	4.6	3.8	3.8	2.2
17	3.1	2.3	2.5	5.4	3.4	3.0

注：C_1、C_2、C_3、D_1、D_2、D_3 为测点编号。

养护初期，电石渣稳定填料的 DCPI 略大于石灰稳定填料；至 17d 时，电石渣稳定填料的 DCPI 为 2.3～3.1，低于石灰稳定填料的 3.0～5.4。材料刚度越高，其 DCPI 越低。这与图 9-11 中贯入阻力（R_s）随龄期的变化规律一致。养护初期各测点 R_s 约在 200J/cm 以下；降雨后 R_s 有所下降，但 17d 时电石渣稳定填料的 R_s 较 0d 时仍有提高，而石灰稳定填料在 17d 时仅与 0d 时基本相同。这也表明随着龄期增长，电石渣稳定填料的力学性能和水稳定性均优于石灰稳定填料。

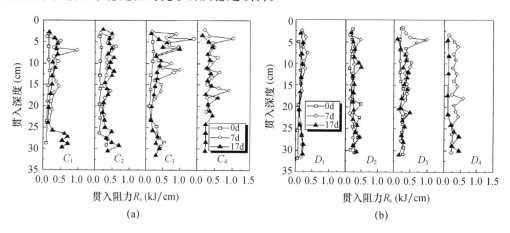

图 9-11　不同龄期时贯入阻力对比
（a）试验区 1 的电石渣改良土；（b）试验区 2 的生石灰改良土

4. CBR 和 DCPI 相关性分析

对现场试验数据采用对数坐标拟合两种路基填料试验层位各测试点处的 DCPI 与 CBR 和 M_r 的相关性，结果如图 9-12 所示。受各测点处含水量、施工和测量误差等因素影响，各组实测数据均有一定程度的离散。尽管 CBR 和动力贯入试验方法不同，但两者本质上测量的是同一种性质，因此两种填料的 DCPI-CBR 相关性均较高。M_r 和 DCPI 表征了材料的不同性质，上述影响因素对两者的作用规律不尽相同，故 DCPI 与 M_r 的相关性较低。

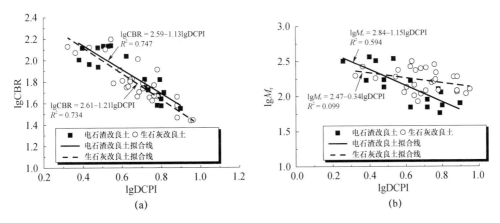

图 9-12 试验结果相关性
(a) DCPI-CBR；(b) DCPI-M_r

5. 试验结论

改良填料路用承载性能的现场试验的结果表明：在相同掺量下，随着龄期增长，电石渣稳定填料的水稳定性更佳，CBR 和回弹模量（M_r）等力学指标改善显著且性能较均匀，与动力锥贯入指数（DCPI）相关性较高，明显优于石灰稳定填料。采用电石渣改良加固过湿土路基填料，具有良好的工程应用前景。

课程思政：不忘初心　方得始终

资源的有限性和人类发展的无限性之间的矛盾难以调和或平衡。如何有效实现绿色持续发展，废弃物利用和节约资源是重要的一环。教学过程中应通过实例分析和研讨，激发学生勤俭节约和爱国热情，发挥专业优势，充分利用好废弃的再生资源，助力我国的经济快速发展。

资源再利用，避免废弃浪费。在本章的教学过程中，可结合课程内容开展勤俭节约、爱家爱国的思政教学。在改革开放前及初期，我国比较落后、科技水平也比较低，正因为在中国共产党的领导下，发扬艰苦奋斗、不畏艰险、不怕困难，迎头赶超，使我国科技水平也得到大幅提升，经济发展走上了快速发展的道路。

10

土壤污染修复技术

　　由于外来物进入土壤，当土壤中含有害物质过多，超过土壤的自净能力时，就会引起土壤的组成、结构和功能发生变化，微生物活动受到抑制，有害物质或其分解产物在土壤中逐渐积累，通过"土壤→植物→人体"或"土壤→水→人体"间接被人体吸收，达到危害人体健康的程度，就是土壤污染。

　　土壤污染物按性质分为无机污染物和有机污染物两大类。无机污染物主要包括酸、碱、重金属，盐类，放射性元素铯、锶的化合物、含砷、硒、氟的化合物等。有机污染物主要包括有机农药、酚类、氰化物、石油、合成洗涤剂、3，4-苯并芘，以及由城市污水、污泥及厩肥带来的有害微生物等。

　　土壤污染物按物源分为四类：①化学污染物。包括无机污染物和有机污染物。前者如汞、镉、铅、砷等重金属，过量的氮、磷植物营养元素，以及氧化物和硫化物等；后者如各种化学农药、石油及其裂解产物，以及其他各类有机合成产物等。②物理污染物。指来自工厂、矿山的固体废弃物如尾矿、废石、粉煤灰和工业垃圾等。③生物污染物。指带有各种病菌的城市垃圾和由卫生设施（包括医院）排出的废水、废弃物及厩肥等。④放射性污染物。主要存在于核原料开采和大气层核爆炸地区，以锶和铯等在土壤中生存期长的放射性元素为主。

　　土壤污染物按渠道分为四类：工业污染、交通运输污染、农业污染和生活污染。

　　土壤污染的特点是：第一，具有隐蔽性和滞留性，需要通过土壤样品分析化验才能确定。第二，具有累积性，污染物质在土壤中并不像在大气和水体中那样容易扩散和稀释，因此容易在土壤中不断积累而超标，使土壤污染具有很强的地域性。第三，具有不可逆转性，重金属对土壤的污染基本上是一个不可逆转的过程，许多有机化学物质的污染也需要较长时间才能降解。例如被某些重金属污染的土壤，可能要 $100 \sim 200$ 年时间才能够恢复。第四，具有难治理性，土壤污染一旦发生，仅仅依靠切断污染源的方法则往往很难恢复，有时要靠换土、淋洗土壤等方法才能解决问题，其他治理技术可能见效较慢。

10.1　重金属污染土壤修复技术

10.1.1　土壤重金属污染的来源

　　土壤重金属污染主要是指土壤中重金属含量超过土壤生态系统自我净化所能承受的范围，从而导致土壤质量下降及农业生态环境的恶化。重金属对土壤的污染比其对大气

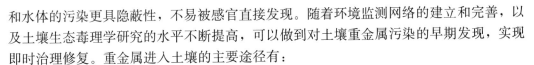

和水体的污染更具隐蔽性，不易被感官直接发现。随着环境监测网络的建立和完善，以及土壤生态毒理学研究的水平不断提高，可以做到对土壤重金属污染的早期发现，实现即时治理修复。重金属进入土壤的主要途径有：

1. 农业活动

我国是农业大国，在农业活动过程中，施用的品质较差的过磷酸钙和磷肥中含有 Pd、Hg、Cd、Cr 等元素，使用农药及不合理地施用化肥，均可能会引起土壤中的重金属含量超过阈值；在养殖场中使用的饲料中通常含有饲料添加剂，牲畜在食用后排出的粪便中带有大量重金属，随着有机肥的施用进入土壤；农用塑料薄膜生产中使用的热稳定剂中含有 Cd、Pb 等，在大量使用塑料和地膜的过程中都可能会造成土壤重金属污染。

2. 工业污染

在工业生产过程中，未经处理的工业废水与生活污水的排放共用排水系统，导致污水排放区范围内的土壤中 Hg、Cd、Cr、Pd 等重金属含量逐年递增；工业活动过程中排放的废气和有害烟尘中含有大量的重金属元素，可能通过自然沉降和降雨的形式进入土壤中，从而造成土壤的重金属污染；工业固体废弃物的堆放或者移动处理过程中，不仅会造成严重的土地资源浪费，同时固体废弃物中含有的重金属元素经过日晒、雨水冲刷等自然因素影响，以辐射的方式向周边的土壤进行扩散；工业废弃物也会通过风力进行传播，从而扩大土地重金属污染的范围。

3. 人类生活

随着社会的发展，汽车成为人们日常代步的工具，但在汽车排放的尾气中含有大量的有害气体及重金属元素，同时汽车轮胎磨损也会产生含有重金属的气体和粉尘。它们主要通过自然沉降和降雨进入公路两旁的土壤，主要以 Pb、Zn、Cd、Cr、Co 等污染为主。

调查发现，我国约 1/5 的耕地受重金属污染，总面积接近 0.1 亿 hm^2，明显或重度污染的农田面积已达 22.67 万 hm^2；每年被重金属污染的粮食达 1200 万 t，由土壤重金属污染导致的粮食减产超过 1000 万 t，合计经济损失至少 200 亿元。农业农村部调查资料显示，我国污灌区面积约 140 万 hm^2，遭受重金属污染的土地面积占污染总面积的 64.8%，其中严重污染面积占 8.4%，中度污染面积占 9.7%，轻度污染面积占 46.7%。同时 Cd、Hg 污染面积最大，全国目前约有 11 个省市的 25 个地区的耕地遭受 Cd 污染，约 1.3 万 hm^2；约 15 个省市的 21 个地区的耕地遭受 Hg 的污染，约 3.2 万 hm^2。这说明重金属污染已非常严重。

10.1.2 重金属污染土壤修复技术的分类

1. 按学科分类

常用的土壤重金属污染修复技术按照学科分为物理修复技术、化学修复技术、生物修复技术和农业工程修复技术。其治理途径主要体现在以下几个方面：①降低土壤中重金属的浓度，如稀释法；②降低重金属在土壤中的迁移性，如重金属固化/稳定化技术；③清除土壤中的重金属，如植物修复。下面主要介绍物理、化学、生物修复技术。

（1）物理修复技术。早期的治理土壤重金属污染的方法主要是物理法，比如翻土法、换土法。随着科学技术的进步，又产生了电修复法、热处理法。

（2）化学修复技术。化学修复是通过对土壤中的重金属进行吸附、溶解、沉淀、氧化-还原、络合、螯合等降低土壤中重金属迁移性或生物有效性的方法。常用的重金属污染土壤化学修复技术主要包括固化法、稳定化法、淋洗法、改良法。

（3）生物修复技术。生物修复重金属污染土壤是指利用植物、动物及微生物的吸收、代谢作用，降低土壤中重金属含量或通过生物作用改变其在土壤中的化学形态而降低重金属的迁移性或毒性。生物修复技术主要包括植物修复技术、动物修复技术和微生物修复技术。

生物修复技术又分为：①植物吸收，即利用植物净化土壤中的污染物，植物吸收和积累污染物再在地上组织。可用于重金属污染，也可用于有机质污染。②植物稳定，即利用植物降低环境中污染物的生物有效性，对土壤中的污染物起稳定作用，从而降低污染物的环境风险。③植物根虑，即利用植物根系吸收或吸附水体中的污染物，用于净化重金属污染。④植物挥发，即利用植物蒸发污染物，植物从土壤中吸收可挥发性的污染物（如 Se 和 Hg），并从叶片上将其挥发。⑤植物降解，即植物通过体内的代谢，对吸收的有机污染物进行降解。

2. 按场地分类

修复技术按场地分为两种，即就地原位修复（in-situ）和离地修复（ex-situ）。离地修复又分为场外修复（on-site）和异地修复（off-site）。离地修复技术即将污染的土壤挖出来，如在当地修复即为场外修复，如果移至其他地方进行修复，则为异地修复。

10.1.3 矿山土壤重金属污染土壤修复技术

土壤是人类赖以生存的最基本的物质基础之一，又是各种污染物的最终归宿，世界上 90% 的污染物最终滞留在土壤内。由于重金属污染物在土壤中移动性差、滞留时间长、不能被微生物降解，并可经水、植物等介质最终影响人类健康，所以采取措施对重金属污染土壤进行修复是必要的。现阶段矿山土壤重金属污染修复主要有物理法、化学法和生物法三大类。

1. 物理法

物理法具有设备简单、费用低廉、可持续高产出等优点，但是在具体分离过程中，其技术的可行性要考虑各种因素的影响。物理分离技术要求污染物具有较高的浓度并且存在于具有不同物理特征的相介质中，筛分干污染物时会产生粉尘，固体基质中的细粒径部分和废液中的污染物需要进行再处理。

（1）客土和换土法

客土和换土法分为深耕翻土法、换土法和客土法。土壤受轻度污染时采用深耕翻土法，而治理重污染区时则采用异地客土法，即客土法或者换土法。客土法、换土法对修复土壤的重金属污染有很好效果，优点在于方法成熟和修复全面，缺点是工程量较大、投资高，易造成土壤肥力下降。客土和换土法适合污染程度较轻、土层较深厚的土壤，重金属污染严重且污染区域较小、污染物易扩散的土壤。

（2）分离修复法

土壤分离修复法是指将粒径分离（筛分）、水力学分离、重力分离、脱水分离、泡沫浮选分离和磁分离等技术应用在污染土壤中无机污染物的修复法，最适合用来处理小范围内受重金属污染的土壤，从土壤、沉积物、废渣中分离重金属，清洁土壤，恢复土壤正常功能。

（3）隔离法

土壤隔离法是指采用防渗的隔离材料对土壤重金属污染区域进行分割、隔离。这种隔离既包括横向上的隔离也包括垂向上的隔离。隔离法主要应用于重金属污染严重且难以治理的污染土壤。这种土壤中的重金属会随地下水的流动而移动，随之而来的就是地下水重金属污染和地表水重金属污染。由于难以治理或者治理时间较长，用隔离法将其隔离起来，防止其对外部继续污染。

（4）热处理修复法

热处理修复法涉及利用热传导（加热井和热墙）或辐射（如无线电波加热）实现对土壤的修复，包括高温（约1000℃）原位加热修复法、低温（约100℃）原位加热修复法和原位电磁波加热法等。热处理修复法主要针对的重金属为汞。

2. 化学法

（1）化学固化法

重金属在土壤中的存在形态决定了重金属的可移动性。土壤的理化性质如有机质含量、pH等均可影响重金属的存在形态，可通过这些参数调节重金属在土壤中的可移动性。重金属化学固化法通过加入固化剂改变土壤的理化性质，对重金属进行吸附或沉淀以降低其可移动性。土壤中的重金属被固定后，不仅可减少对土壤深层和地下水的污染影响，并有可能在土壤中重建植被。固化剂主要有石灰、磷灰石、沸石、堆肥和钢渣等。不同固化剂固定重金属的机理不同，石灰通过重金属与碳酸钙的共沉淀反应机制和重金属自身的水解反应实现固化，沸石则通过离子交换吸附降低土壤中重金属的可移动性。

（2）土壤淋洗法

土壤淋洗法通过逆转重金属在土壤中的离子吸附和重金属沉淀这两种反应，把土壤中的重金属转移到土壤淋洗液中。土壤淋洗法的操作过程：将挖掘出的土壤进行去渣、分散后，与提取剂充分混合，把重金属转移到土壤提取剂中，然后用水淋洗除去残留的提取剂，处理后的土壤中重金属达到正常水平后，可再利用，淋洗液进行处理后可回收重金属和提取剂。土壤淋洗法的关键在于提取剂，并不破坏土壤原有结构。提取剂有硝酸、盐酸、磷酸、EDTA和DTPA等，但需要注意防止提取剂对土壤造成二次污染。

（3）电化学动力修复法

电化学动力修复法是利用土壤和污染物的电动力学性质对环境进行修复的方法。电化学动力修复法既可以克服传统技术严重影响土壤的结构和地下所处生态环境的缺点，又可以克服现场生物修复过程非常缓慢、效率低的缺点，投资比较少，成本比较低廉。其基本原理是将电极插入受污染的地下水及土壤区域，通直流电后，在此区域形成电场。在电场的作用下土壤孔隙及水中的离子和颗粒物沿电力场方向定向移动，迁移至设定的处理区被集中处理；同时在电极表面发生电解反应，阳极电解产生氢气和氢氧根离子，阴极电解产生氢离子和氧气，以上各过程和反应综合于图10-1之中。实际操作系统可能包括阴极、阳极、电源、收集井（一般在阳极一侧）、注入井及循环液罐等。

电化学动力修复法可以有效地去除地下水和土壤中的重金属离子。在施加直流电场后，带正电荷的重金属离子开始向阳极迁移，其迁移速度比同方向流动的电渗析流快得多。金属离子尺寸越小，迁移速度越快。已经有大量试验证明这项技术的高效性。如美国俄勒冈州一处电镀厂遗址的中试现场表明，在电压梯度是 1.0V/cm 时，去除 95％ 的铬需要一半淋洗液。水力淋洗对照试验表明，去除同样百分比的铬，需要 1.1 倍淋洗液。

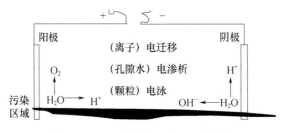

图 10-1　电动力学过程机理示意图

3. 生物法

（1）植物稳定法

植物稳定法主要有两个方面的作用：①减少污染土壤的水土流失。由于重金属的毒害污染土壤基本没有植被，无植被的土壤水土流失加剧，减少污染土壤的水土流失办法是在污染土壤上种植耐重金属植物。②固定土壤中的重金属。植物可以通过在根部沉淀和根表吸收对重金属进行固定，植物还能改变根系周围环境中的 pH 等从而改变重金属的形态。植物稳定法主要适用于土壤黏性大、有机质高的重金属污染土壤，如用于矿区重金属污染土壤修复。植物稳定法并没有去除土壤的重金属，只是暂时将重金属进行固定，没有彻底解决土壤中的重金属污染问题，当环境条件发生变化时，重金属可能重新对土壤造成污染。进行植物稳定的植物必须能够耐受土壤中高浓度的重金属，并能够将重金属固定在土壤中。植物稳定法的研究方向是如何促进植物根系生长，将重金属固化在根-土中，并将转运到地上部分的重金属控制在最小范围。

（2）植物挥发法

植物挥发法是针对重金属元素汞和硒，植物通过吸收、积累和挥发三个渐进的过程，将土壤中的可挥发性污染物吸收到体内后将其转化为气态物质，释放到大气中。如金属汞在环境中以多种状态存在，其中以甲基汞对环境危害最大，最易被植物吸收。现在已发现一些耐汞的细菌，能够催化转化甲基汞和离子态汞为毒性低、可挥发的单质汞。植物挥发的发展趋势就是运用分子生物学技术将该种细菌转导到植物中，再利用经过转导的植物修复汞污染土壤，将土壤中的各种形态的重金属汞直接挥发到大气中去，其优点为不需要处理含重金属汞的植物体，而是将其作为一种长久的"处理设施"运行维护下去。植物挥发法将重金属汞转移到大气中，对人类和生物存在一定的潜在风险。

（3）植物提取法

植物提取法是利用重金属超富集植物从土壤中提取一种或几种重金属，并将其转移、储存到植物的地上部分，然后收割植物地上部分并进行集中处理。连续进行植物提取，即可使土壤中重金属含量大幅度降低。目前植物提取法分为两种，即连续植物提取法和螯合剂辅助的植物提取法。①连续植物提取法。连续植物提取法的效果主要依赖于重金属超富集植物在整个生命周期能够吸收、积累的重金属量。由于重金属超富集植物大部分生长缓慢、生物量较少、多为莲座生长，很难实现规模化种植，超富集植物不适宜大面积污染土壤的修复。因此，连续植物提取法需要：超富集植物物种，能够实现快速生长、高富集，并且适合大规模种植；或者通过人工培育生物量多、生长快、周期短的超富集植物；研究超富集植物富集重金属的机理，通过土壤改良剂改善根际微环境，调整收获时间等，提高植物的富集效应。②螯合剂辅助的植物提取法。一些生物量多的植物如玉米、豌豆等在溶液培养时，其植物地上部分可大量积累铅，但生长在受到污染的土壤上时，其植物地上部分铅含量很少超过 1000mg/kg。螯合剂增加土壤溶液中的重金属含量，促进重金属在植物体内运输。螯合剂和金属的亲和力是植物金属积累效率提升最相关的因素。金属-螯合剂的缺点：由于螯合剂复合物为水溶性，易发生淋滤作用，可能使带有重金属的溶液进行二次迁移，带来新的环境污染问题。此外螯合剂的使用会导致植物生物量减少，甚至死亡。同时，需避免螯合剂的使用对环境产生二次污染。

（4）微生物修复法

微生物修复法是指利用天然存在的或培养的微生物，在适宜环境条件下，促进或强化微生物代谢功能，从而达到降低有毒污染物活性或降解成无毒物质的生物修复技术。微生物修复法的实质是生物降解，即微生物对环境污染物的分解作用。由于微生物个体小、繁殖快、适应性强、易变异，所以可随环境变化产生新的自发突变株，也可能通过形成诱导酶产生新的酶系，具有新的代谢功能以适应新的环境，降解和转化那些"陌生"的化合物。微生物根据来源不同分为本土微生物、外来微生物和基因工程菌。目前在生物修复中应用的主要是本土微生物。微生物修复法还需要考虑两个因素：一是土壤中必须存在丰富的微生物，这些微生物能够在一定程度上转化、固定土壤中的重金属；二是污染土壤中的重金属存在被微生物转化或固定的可能性。日本发现一种嗜重金属菌，能有效地吸收土壤中的重金属，但存在着土壤与细菌分离的难题。

（5）土壤动物修复法

土壤动物狭义的概念是指全部时间都在土壤生活的动物，广义的概念是指生活史中的一个时期在土壤中生活的动物。土壤动物修复法适宜采用的土壤动物是广泛的概念，如蚯蚓、蜘蛛等，对重金属有很强的耐受能力和富集能力，能够对土壤中的重金属起到其他方法很难实现的富集作用。土壤动物修复法主要利用土壤动物和其体内微生物，在重金属污染土壤中生长、繁殖等活动过程中对土壤中重金属污染物进行转化和富集的作用，最终通过对土壤动物的收集、处理，从而使土壤中重金属降低。采用这种天然的方法来转化重金属形态或富集，可以在一定程度上提高土壤肥力。土壤动物不仅自己能够直接富集重金属，还能够和周围的微生物、植物协同富集重金属，并在其中起到一种类似"催化剂"的作用，如蚯蚓等动物在土中的生长、穿插等活动，能够大大加快微生物向污染土壤的转移速度，从而促进微生物对土壤修复的作用，并且土壤动物能够把土壤中的有机物分解转化为有机酸，使土壤中的重金属钝化并失去毒性。

10.2 有机物污染土壤修复技术

土壤的有机物污染直接破坏土壤的正常功能，通过植物吸收及食物链积累危害人体健康，影响人体新陈代谢、遗传特性等。土壤有机物污染和大气污染、水污染、化肥农药污染等有密切联系，如果不及时治理或者治理方法不科学，可导致生态系统退化，引发一系列次生态问题。因此，开展有机物污染土壤治理方法的研究就显得尤为重要。

10.2.1 土壤有机物污染的来源与迁移机制

10.2.1.1 土壤有机物污染的来源

1. 污水污染

随着社会经济的发展、人们生活水平的不断提升，工业废水和生活污水逐年增多，废水和污水中含有植物生长所需微量元素如氮、磷、钾等，经处理后用于农田灌溉，能起到增产的效果。其中也有大量的重金属酚、氰化物等有机物，如果直接用于农田灌溉，则会把有机物带到农田，从而引发土壤有机污染。

2. 废气污染

废气污染主要来自工业生产时的毒气废气，其污染面积远大于污水污染，对土壤造成更加严重的有机物污染。根据污染物性状的不同，工业废气污染大体上可以分为两大类：一类是气体污染，包括一氧化碳、碳氢化合物等。另一类是气溶胶污染，包括粉尘、烟尘等固体颗粒污染。废气主要通过沉降或者伴随降雨进入土壤，造成土壤有机物污染。

3. 化肥污染

对农作物适量施肥可提高产量，但是，如果不合理使用化肥，就会引起土壤污染，例如：长期大量使用尿素，就会破坏土壤结构。尿素是碳、氮、氧、氢组成的有机化合物，如果施加量超过农作物吸收标准，在外界因素的作用下会生成缩二脲、缩三脲和三聚氰酸，导致土壤板结、生物学性质失效。

4. 农药污染

合理喷洒农药，可起到防治病虫害、提高农作物产量的目的。但其也是危害性很大的土壤污染物，如果应用不当，会引起严重的土壤污染。例如：甲基毒虫畏、速灭磷等农药都是有机化合物，在使用时只有一部分用于杀虫、防病，大部分农药落在土壤上，造成土壤有机物污染。

10.2.1.2 土壤有机物污染迁移机制

有机污染物在土壤中的迁移机制主要包括吸附、解吸、挥发、淋滤、降解残留等。有机污染物自身的特性如易挥发性、难降解性、亲水或憎水性等都会影响其在土壤中的迁移。由于地区、环境、气候等因素导致土壤自身的肥沃度、结构组成、温湿度等也不尽相同，不同地区土壤中有机污染物的迁移机制也大相径庭。天然土壤颗粒具有其独特的次级结构特性，如团聚体或裂隙结构，即使在较干燥的情况下，由于小孔隙的毛细作用，团聚体内的小孔隙都为静止的水所充满，而团聚体间的大孔隙则为流动相（水相、气相或水汽共存）所占据。进入土壤的有机污染物同土壤物质和微生物发生反应，进而产生降解作用。有机污染物进入土壤后，可能经历以下过程：与土壤颗粒的吸附与解吸；挥发和随土壤颗粒进入大气；渗滤至地下水或者随地表径流迁移至地表水中；通过食物链在生物体内富集或被降解；生物和非生物降解。

10.2.2 有机物污染土壤修复技术类型

有机物污染土壤修复技术按修复土壤的位置分为原位修复和异位修复技术；按操作

原理又分为物理修复、化学修复和生物修复技术。

1. 原位修复技术

基于对未挖掘的土壤进行治理的原位修复技术，对土壤没有太大扰动，修复在原位进行。原位修复技术的优点是较经济有效，就地对污染物降解和减毒，无须建设昂贵的地面基础设施和远程运输，操作维护较简单，还可修复深层次污染土壤。其缺点是处理过程中对产生的"三废"的控制比较困难。

2. 异位修复技术

异位修复技术指对挖掘后的土壤进行修复的过程。异位修复分为原地和异地处理两种。其优点是处理过程的条件控制较好、与污染物接触较好，处理过程中容易控制"三废"排放；缺点是处理前需挖土和运输，影响处理后土壤的再利用，发生的费用较高。

3. 物理修复技术

物理修复技术原理主要有土壤蒸气提取技术、玻璃化技术、热处理技术、稀释和覆土技术。该技术简单明了，处理方便，对土壤本身质地破坏度小，且可远程处理人工难以到达的污染区域。其缺点是效率低，不确定性大，实际操作中材料费用高，修复效果受土壤质地影响较大。

4. 化学修复技术

化学修复技术主要有洗技术、原位化学氧化技术、化学脱卤技术、溶剂提取技术及农业改良措施，运用农业技术措施直接向污染土壤施用，从而改变土壤污染物的形态，改善土壤有机质结构。

5. 生物修复技术

生物修复技术类型主要有动物修复、植物修复、微生物修复技术和其联合修复技术。生物修复技术的机理是利用微生物的代谢过程将土壤中的污染物转化为二氧化碳、水、脂肪酸和生物体等无毒物质的修复过程。其中，联合修复技术是将生物通风与堆肥相结合以提高处理效率。土壤植物与微生物修复相结合可以取得比单一方法更高的修复效率。

10.2.3　有机物污染土壤修复技术

1. 物理法修复技术

（1）蒸气抽提法

针对有机物中的挥发性或者半挥发性有机物物质，采用蒸气抽提方式进行土壤修复。蒸气抽提法主要是通过加快土壤空隙中的气体与大气中气体的交换速率，从而使土壤中的挥发性或者半挥发性的物质实现从固体或液体到气体的转变，进而把污染物与土壤分离，达到修复土壤的目的。该方法仅仅是把污染物与土壤分离开，并没有彻底消除污染物，并且土壤中如果有低挥发性污染物，则不宜采用此方法。

（2）热脱附技术

对渗透压低、异质性大的土壤，通常采用热脱附技术进行土壤的修复。热脱附技术主要通过给土壤加热，使有机物挥发，收集挥发的有机物并去除，达到修复污染土壤的目的。热脱附技术主要包括电阻热脱附技术、热传导热脱附技术及蒸气热脱附技术。

① 电阻热脱附技术

电阻热脱附技术是通过在土壤中插入电极从而形成闭合回路后对土壤进行放电,利用土壤的导电性将电能转化成热能,从而使土壤孔隙中的水分汽化成水蒸气,使易挥发的有机污染物从土壤中脱附进入更易渗透的蒸气流动区域,汽水混合有机污染物经蒸气抽提装置捕获后进行无害化处理。该技术的关键在于土壤的导电能力及土壤的含水率。在每个电极的周围都要配一个加湿系统以提供水分和盐分,保证土壤的电导率。不过,采用此方法修复土壤会使成本大大增加。

② 热传导脱附技术

热传导脱附技术主要应用于低渗透性难处理有机物污染场地。热传导技术主要是在被污染的土壤中安置热处理井或铺设热处理毯,使有机污染物挥发或裂解从而达到修复土壤的目的。对污染物埋深比较深的污染物,通常采用热处理井来加热;对污染物埋深比较浅的污染地块,一般在地表铺设热处理毯就可以达到污染物与土壤分离的目的。通过热辐射的形式对周围土壤进行热传导升温,从而使挥发性和半挥发性有机污染物从土壤中分离出来,通过配套的蒸气抽提技术进行收集处理。

③ 蒸气脱附技术

此技术是通过向土壤中注入大量的水蒸气,使水蒸气液化放出大量的热,从而使土壤加热,并且可以将挥发性或半挥发性污染物从土壤中抽提出来,达到修复土壤的目的。由于蒸气进入土壤中会液化成水,与土壤中的污染物及地下水形成汽水混合物,为了防止部分土壤蒸气逸出地表,在地下 0.5m 处安置水平抽提装置。此技术一般适用于高流速地下水的土壤环境,但是其最大加热温度只能达到 100℃,达不到一部分有机污染物的沸点。这种方法修复成本比较高,应用比较少。

2. 化学法修复技术

利用化学方法修复土壤中的有机物,速度快并且成本低,但是需要在土壤里添加化学药剂,可能改变土壤本身的理化特性甚至会使土壤遭受二次污染。化学法修复土壤中的有机物主要有化学氧化法、等离子体降解法及光催化降解法。

(1) 化学氧化法

化学氧化法即利用化学物质自身的氧化、还原等特性,与土壤中的污染物发生氧化-还原反应,去除土壤中的污染物。在修复被有机物污染的土壤的过程中,经常用到的氧化剂有芬顿试剂、臭氧及其他氧化剂。

① 芬顿试剂氧化法

芬顿试剂是由 H_2O_2 与 Fe^{2+} 组成的,其反应原理是在酸性的条件下,H_2O_2 会和 Fe^{2+} 反应生成氧化性极强的羟基自由基 (·OH),而 Fe^{2+} 会被氧化成 Fe^{3+} 不稳定的羟基自由基,通过夺氢反应或加羟基反应降解有机污染物,达到土壤修复的目的。在使用此方法的时候,对 H_2O_2 的使用量要求非常严格。研究表明,过量的 H_2O_2 也不利于有机污染物的降解。不同浓度配比的芬顿试剂对去除土壤中有机物污染物的效果也不同,随着 H_2O_2 与 Fe^{2+} 浓度的增高,氧化剂对污染物的选择性会随之下降,相比于一次性加入一定量的芬顿试剂来说,逐滴滴加的效果更好。由于加入芬顿试剂的反应是放热反应,可能会改变土壤的理化性质,产生的 Fe^{3+} 与 OH^- 反应,有可能生成 $Fe(OH)_3$ 沉淀,会导致土壤渗透性降低,所以这些都是使用此方法修复土壤时必须考虑的问题。

② 臭氧氧化法

众所周知，臭氧是一种强氧化剂，作为一种气体氧化剂，臭氧可以充分地在土壤中扩散、吸附，因此使用臭氧修复污染的土壤有着很广泛的前景。该方法根据臭氧的强氧化性可以直接氧化分解土壤中的有机污染物，或者通过臭氧产生的羟基自由基来降解土壤中的有机污染物。一般来说，在含有有机污染物的土壤中难挥发的污染物都需要用臭氧氧化法去除。另外，臭氧修复土壤中的有机污染物的效率还与土壤的孔隙率有关，孔隙率越大，臭氧的扩散速度越快，修复的效果就越好。

③ 其他氧化剂氧化法

除芬顿试剂、臭氧外，还有许多强氧化性的化学试剂，例如高锰酸钾、过硫酸盐、类芬顿试剂等，也可以作为修复被有机物污染土壤的氧化剂来降解污染土壤中的有机物。利用化学氧化的方法修复被有机物污染的土壤，具有成本低、见效快的特点，可以将一些难挥发、难溶于水的污染物进行降解，增加了土壤生物可利用性，并且利用 H_2O_2 做氧化剂时，其产物有氧气，可以提高土壤中的氧含量。但是使用化学氧化法修复被污染的土壤的时候，容易造成化学试剂的残留，改变土壤本身的理化性质，很有可能造成土壤的二次污染，因此对化学试剂的投放量的把控是极其严格的。

（2）等离子体降解法

等离子体是由大量的离子、电子、原子、分子及未电离的中性粒子组成的呈电中性的集合体。在电离产生等离子体的过程中会产生大量的活性物质，如 H_2O_2、自由基（·OH）、O_3、氧原子及其他离子，这样形成一个强氧化环境，分解电场中大量的有机污染物，起到土壤修复的作用。这种方法也有一定的局限性，如应用此方法降解有机污染物时，会受到污染物种类、污染物浓度、土壤中的含水量及等离子体能量密度的影响。等离子体法修复土壤污染高效、快速，且不易造成土壤的二次污染，在修复土壤中的有机物时，具有很广阔的前景。

（3）光催化降解法

当半导体材料吸收的光能大于或等于半导体禁带宽度时，电子由半导体的价带跃迁到导带上产生高活性电子 e^-，从而在原来的价带上会形成一个空穴 h^+。产生的空穴因为有极强的捕获电子能力，会产生强氧化性，此时与水形成羟基自由基，可以直接将有机物降解。常用的光催化降解的半导体催化剂有 ZnO、TiO_2、CdS、GaP、WO_3 和 NiO 等。研究发现在紫外光照射下添加一定量纳米 TiO_2 粉末能有效地降解污染土壤中的 DDT。利用光催化降解污染物时，通常会受到光强、催化剂用量、催化剂种类、土壤的 pH 及土壤中腐殖酸含量的影响。利用光催化的方法降解土壤中的有机物具有高效、快速的特点。但是光源只能覆盖到土壤的表面，土壤中的颗粒也会阻挡光源的照射，因此要用此类方法修复污染土壤只能消除土壤表层的污染物，深层次的污染物降解的效果会大大降低。另外，修复时用于光催化的催化剂不便回收，留在土壤中会有潜在的污染。

3. 生物法修复土壤中有机物

利用生物法来修复有机物污染的土壤时，主要受土壤污染程度、污染物种类及污染物毒性的影响，因此必须根据环境因地制宜地选择修复土壤的生物。主要有微生物修复、植物修复及动物修复受污染的土壤。

（1）微生物修复

微生物可以借助土壤中的有机物进行生长繁殖和代谢，同时把土壤中的有机污染物降解成 CO_2、水或者某些简单的小分子醇、酸，从而达到修复土壤的目的。常见可降解的有机污染物的微生物有细菌（假单胞菌、芽孢杆菌、黄杆菌、产碱菌、不动杆菌、红球菌和棒状杆菌等）、真菌（曲霉菌、青霉菌、根霉菌、木霉菌、白腐真菌和毛霉菌等）和放线菌（诺卡氏菌、链霉菌等），其中以假单胞菌最为活跃，对多种有机污染物如农药及芳烃化合物等都具有分解作用。

（2）植物修复

植物对土壤中的有机污染物具有强化作用。植物的根系是微生物生存的最佳环境，有助于降解菌的生长发展，另外植物分泌出来的有机物也能让微生物代谢加快，提升有机物污染土壤的修复速度。此外，植物还会在土壤中释放某些酶，可以直接分解某些有机污染物。黑麦草、杨树、紫羊茅等混合草种，以及白三叶、豌豆等豆科植物对土壤中有机污染物的去除效率较高。试验发现豆科植物的降解效率最高。但是，如果土壤污染超出了植物可修复的范围，那么植物法对已经污染土壤的修复效果就会大大下降。

（3）动物修复

一些动物如蚯蚓等，在土壤中蠕动，可以增加土壤的通气效率，给一些好氧的降解菌提供良好的生存环境，利于好氧微生物生长、代谢、繁殖，有利于修复受污染的土壤。另外土壤中的有机污染物可以进入土壤中动物的肠道和消化系统，在其中分解代谢并被这些动物吸收从而降解土壤中的有机物。

4. 联合修复技术与应用

从各类有机物污染土壤修复技术应用的实际情况来看，物理修复技术和化学修复技术都具有较强的修复能力和修复效率，生物修复技术则具有更好的可持续性，修复后的土壤结构更适合动植物的生长繁殖，也不会出现二次污染的问题。因此，修复有机物污染土壤的工作中采用生物修复技术是更为科学的。如果单一使用物理修复技术和化学修复技术，有可能改变土壤的结构，导致土壤成分趋向单一。为达到更好的修复效果，建议采用联合修复技术，综合应用各类土壤修复技术，将处理成本低、处理效果好的化学修复技术作为主体，物理修复技术和生物修复技术作为辅助，根据土壤污染的实际情况选择具有针对性的修复方案，从而取得最佳的土壤修复效果，也可避免二次污染的问题。

10.3 地下水的污染及联合修复

10.3.1 地下水污染问题

地下水污染是指人类活动产生的有害物质进入地下水，引起地下水化学成分、物理性质和（或）生物学特性发生改变而使其质量下降的现象。地下水污染改变地下水的基本资源和生态属性，影响地下水使用功能和价值，造成值得关注的环境风险与环境安全问题。天然条件下所形成的劣质地下水不属于污染范畴。

随着社会经济的快速发展，工农业进程不断加快，工业生产任务日益繁重，工业生产活动中产生的污染物的数量也在不断增加。这些污染物日积月累排放到自然环境中，它们经过正常的运动及土壤渗透进入地下水，对土壤和地下水都造成了不同程度的污染。地下水和土壤安全与人类的生存和生活之间的关系非常密切，它们一旦遭受污染，将对人类健康和生态环境安全造成极大的影响。

1. 地下水的污染源

引起地下水污染的污染物来源称为污染源。地下水污染源包括工业污染源、农业污染源和生活污染源等（图 10-2）。如矿山、油气田开采和工业生产过程中产生的各种废水、废气和废渣的排放和堆积，农业生产施用的肥料和农药、污水（或再生水）灌溉，市政污水管网渗漏、垃圾填埋的渗漏等。

图 10-2　地下水污染源

我国部分地区土壤及地下水遭受有机污染现象十分严重，对该区域的居民日常饮食、居住、生活等构成了明显的安全威胁。导致土壤及地下水中的有机污染物产生的来源主要有两种：一种是在自然状态下自然生产的有机污染物。一般来讲，自然界中存在的地层长期和地下水相接触，自然而然就会产生各种各样的有机污染物。这些污染物中最主要成分为腐殖酸，它们存在的时间越长，对土壤造成的污染就越严重。另一种则是来自人类活动过程中所带来的有机污染物。这类污染物不仅分布广，而且形成原因十分复杂。例如在石油开采和原油运输过程中的石油泄漏现象所产生的污染，或者一些生产型企业不遵守规定胡乱排放污水也会导致土壤和地下水出现有机污染。近些年以来，各地环保部门都在致力于修复遭受有机污染的土壤及地下水生态系统。因此，物理、化学和生物等多种污染修复技术应运而生，其中，化学修复和生物修复技术因其产生的二次污染较少、成本低廉且清洁效率较高等优势，在清洁土壤和地下水中有机污染物方面受到广泛欢迎。

地下水污染的特点主要表现为隐蔽性、长期性和难恢复性等。地下水污染的长期性主要体现为地下水在含水层中的运动特征复杂，且多数情况下地下水的运动极其缓慢。地下水一旦受到污染，即使彻底清除了污染源，地下水质恢复也需要很长时间。地下水污染的难恢复性主要体现为污染物不仅会存在于水中，而且会吸附、残留在含水层介质中，不断缓慢地向水中释放，因此单独治理地下水难以实现恢复的目的。加上含水层介质类型、结构和岩性复杂，流动极其缓慢，地下水恢复治理的难度要远远大于地表水。

随着土壤和地表水环境污染的加剧，量大面广的污染土壤（层）和受污染的江河湖泊已成为地下水的持续污染源，使地下水污染与土壤和地表水污染产生了密不可分的联系。

2. 地下水污染物

污染源和它所接触的化合物反应对地下水的质量产生重要影响。地下水的化学过程非常重要，因为地下水和含有很多物质的土壤岩石接触。碳和氮循环对土壤和水质量也有重要影响。地下水的污染物种繁多，按其种类可分为化学污染物、生物污染物和放射性污染物。化学污染物又分为有机污染物和无机污染物。地下水中的有机污染物是人类健康的主要威胁，这类污染物包括饱和烃类、酚类、芳烃类、卤代烃类等。土壤和地下水中的无机污染物中最受人们关注的是硝酸盐、铵和砷、镉、铬、铅、锌、汞、铜等重金属。地下水中生物污染物可分为三类：细菌、病毒和寄生虫。人和动物的粪便中有400多种细菌，鉴定出100多种病毒。未经消毒的污水中含有大量细菌和病毒，它们可能进入含水层污染地下水。

另外，地下水污染物主要来自污（废）水的渗滤、固体废弃物的淋滤、农药施用、储油罐与输油管线泄漏，以及有机液体的事故性泄漏等，其中事故性泄漏突发性最强，并具有一定隐蔽性，危险最大。如20世纪90年代初，北京某地发生一起恶性柴油泄漏事件，78t柴油在一周内全部渗入包气带和潜水含水层，致使附近的水源井遭受严重污染，水厂被迫停产，影响供水范围波及 $36km^2$。我国地下水污染现象十分严重，据有关资料统计的57座城市地下水水质状况中，氮超标的有46座。中国科学院对京津唐地区地下水有机污染物的初步调查表明，该地区地下水中有机物种类达133种。有机污染物在地下水中含量甚微，但许多有机物毒害很大，足以引起人类的各种健康问题。如氮污染可以导致缺铁性血红蛋白病、婴儿畸形和癌症等疾病。有机污染物进入包气带和含水层后，不仅其残留物可以维持数十万至上百年，长期污染环境，而且其降解后的中间产物亦会污染环境，某些中间产物甚至可能比原污染物具有更大的毒性。

3. 地下水的污染途径

地下水污染途径是指污染物从污染源进入地下水中所经过的路径，主要包括入渗型、径流型、注入型和越流型（图10-3）。

图10-3　地下水的污染途径

入渗型包括间歇入渗型和连续入渗型。固体废弃物堆积、土壤污染等通过降水或灌溉等间歇性（周期或非周期）渗入含水层为间歇入渗型；废水渠、废水池、渗坑渗井等及受污染的地表水体渗漏造成地下水污染为连续入渗型。

径流型是指污染物通过地下水径流的方式进入含水层，包括岩溶发育通道的径流、废水处理井的径流和咸水入侵等。

注入型是一些企业或单位通过构建或废弃的水井违法向地下水含水层注入废水。它已成为需要高度关注的地下水污染途径。

越流型是指已污染的浅层地下水在水头压力差的作用下，通过弱透水的隔水层、水文地质天窗及废弃的开采井等向邻近的深部含水层越流，造成邻近含水层污染。很多地区出现的浅层地下水污染向深层扩散，多是这种污染途径导致的。

10.3.2 地下水污染修复技术

10.3.2.1 重金属污染地下水原位修复技术

1. 原位化学还原技术

重金属污染地下水的修复处理中，原位化学还原技术是一种比较有效的方法。该技术主要利用化学修复的化学特性来实现，采用一些具备非常强的还原性的化学修复药剂经由还原、吸附、沉淀和隔离以后，地下水中的重金属污染物就会被还原，有效降低了地下水中重金属的污染程度。对铬、砷等类型的重金属处理，化学还原技术的应用效果非常突出，可以保持高效的去除效率，修复成本相对较低，对含水层基本上不会产生较大的影响。原位化学还原技术应用的一个关键环节是必须做好前期的水文地质调查、污染源追踪，再结合污染情况，选择恰当的还原药剂。

2. 原位化学氧化技术

采用原位化学氧化技术修复时，将一定量的化学氧化剂注入被重金属污染的地下水中，通过化学氧化剂与地下水中的重金属发生氧化反应，使这些重金属污染物转化为低毒性、低移动性的物质。如在含有 As^{3+} 的地下水中添加氧化剂 H_2O_2 或高锰酸钾，使 As^{3+} 转化为 As^{5+}，降低毒性。原位化学氧化技术在实际的应用过程中，修复的周期相对较短，投入的修复成本低，在被重金属污染的地下水修复过程中，不仅可以单独利用，还可以与其他修复技术结合使用。我国原位化学氧化修复技术的研究和应用中，使用的氧化剂以高锰酸盐、过氧化氢、过硫酸盐和臭氧为主，原位化学氧化技术的应用效果比较突出，但该技术同样会存在一定的技术局限，要注意防止可能出现的二次污染。

3. 原位生物修复技术

原位生物修复技术同样是一种非常有效的修复技术，在被重金属污染的地下水修复中非常有效。该技术通过特定功能微生物群的代谢活动溶解络合或吸附重金属离子，降低重金属离子的迁移能力。这些微生物群可以是原生的，也可以是人工培养的。微生物代谢作用下，地下水中重金属元素的迁移能力将大大降低，甚至在一些时候可以有效改变其原有形态。该技术在很多地下水重金属修复中取得了良好的应用效果。工业污染场地中，地下水重金属治理中可使用的微生物类型非常多，如产碱菌属、芽孢杆菌属、棒杆菌属等，修复的效果非常好。但是，在利用微生物群进行重金属地下水的修复过程中，发挥原位生物修复技术的优势，采用有效的方式，为微生物创造相对良好的生长环境，可在地下水中注射糖浆、醋酸盐等方式，以增强场地内微生物的活性等。

微生物对重金属污染的响应有所不同，研究表明高浓度的重金属能够对土壤或地下水中微生物产生胁迫，降低其生物量。一方面，高浓度的重金属能够破坏细胞的结构和功能，加快细胞的死亡，抑制微生物的活性或竞争能力从而降低生物量；另一方面，在重金属胁迫下，微生物需要过度消耗能量以抵御环境胁迫而抑制了其生物量生长。同样，不同类型土壤中的微生物有所差异，同一重金属对微生物生物量也会产生不同的影响。因此，在分析和调查实地重金属污染土壤性状的基础上研究重金属对微生物生态功能的影响是十分必要的。

10.3.2.2　地下水有机污染修复技术

1. 有机黏土法

有机黏土法主要是通过向地下水中加入人工合成的有机黏土，通过黏土自身具备的吸附作用，进入地下水层，把有机污染物吸附到自身从而达到清洁地下水中有机污染物的目的。大致操作过程：在含水层中加入表面活性剂，使该区域形成一个有机黏土矿区域，使该区域逐渐具备一定的吸附能力以拦截可能进入地下水层中的有机污染物，防止它对地下水带来污染。最后，利用该活性剂的吸附作用，把有机污染物聚集在这个区域里面。接下来进行降解富集，从而彻底清除这些污染物。

2. 电动力化学修复技术

电动力化学修复技术的原理是把电极插入受污染水体中，使其自身能够产生电场。在电场的作用下，水体中的原有原子会跟着电场的运动方向进行运动，这会把污染物集中到一个区域，便于集中降解。电化学动力修复技术用来去除地下水和土壤中的有机污染物，用于去除吸附性较强的有机物的效果也比较好。

电动力化学修复过程中，电极表面会发生电解反应，水体中会产生大量氧气，这种情况将大大提高其对有机污染物的降解速度。这种修复技术在即时修复这方面更加适用，不会受到土壤深度的干扰。该技术也可用于土壤水层及气层。这一技术的装置安装和操作过程较为简单，已在许多国家和地区广泛使用。

10.3.2.3　地下水污染其他修复技术

1. 原位强化生物修复

原位强化生物修复是将污染的地下水在原位和易残留部位之间进行处理。这个系统主要是将抽提地下水系统和回注系统（注入空气或 H_2O_2、营养物和已驯化的微生物）结合起来，强化有机污染物的生物降解。典型系统如图 10-4 所示。这个系统既可节约处理费用，又缩短了处理时间，无疑是一种行之有效的方法。生物修复效率受污染物性质、地下水中微生物生态结构、环境条件等影响。研究污染物的生物可降解性、微生物对污染物的降解作用机理、降解菌的选育与生物工程菌的应用，是提高修复效果的关键，值得深入研究。

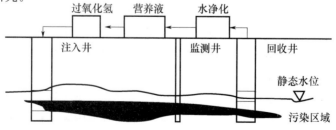

图 10-4　典型原位强化生物修复系统

2. 生物反应器法

生物反应器法是原位强化生物修复方法的改进，就是将地下水抽提到地上部分用生物反应器加以处理的过程。这种处理方法包括 4 个步骤：①将污染地下水抽提至地面；②在地面生物反应器内对其进行好氧生物降解；③处理后的地下水通过渗灌系统回灌到土壤中；④在回灌过程中加入营养物和已驯化的微生物，并注入氧气，使生物降解过程在土壤及地下水层内亦得到加速进行。生物反应器法不但可以作为一种实际的处理技术，也可用于研究生物降解速率及修复模型。生物反应器的种类有连泵式生物反应器、连续循环升流床反应器、泥浆生物反应器等，在修复污染的地下水方面已初见成效。

生物修复技术现在已经得到了广泛应用，同时为了进一步提高生物修复效率，又发展了不少辅助技术，如利用计算机作为辅助工具设计最佳的修复环境，预测微生物的生长动态和污染物降解的动力学。遗传工程技术的引入，使微生物修复技术中获得降解能力更强的微生物，提高修复效能。

3. 原位空气注射法

原位空气注射法是一种新的技术，可用于修复被非水相液体特别是挥发性有机物污染的饱和土壤、地下水，如图 10-5 所示。它主要是将加压后的空气注射到污染地下水的下部，气流加速地下水和土壤中有机物的挥发和降解。这种方法主要是抽提、通气并用，并通过增加及延长停留时间促进生物降解，提高修复效率。以前的生物修复利用封闭式地下水循环系统，往往造成氧气供应不足，而生物注射井提供了大量的氧气，从而促进了生物降解效率。研究表明，注射大量空气有利于将溶解于地下水中的污染物吸附于气相中，从而加速其挥发和降解。

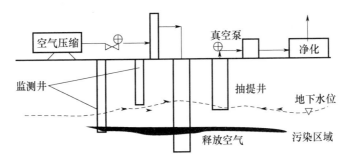

图 10-5 原位空气注射法示意图

由于空气注射法在去除有机物过程是一个多相传质过程，因而其影响因素很多，主要有以下几个方面：①土壤的物理特性；②空气注射的压力和流量；③地下水的流动特性。弗吉尼亚综合技术学院的研究人员在现有基础上做了进一步改进，它可集中地将氧气和营养物送往生物有机体，从而有效地将厌氧环境转变为好氧环境。这种方法被称为微泡法，它实际上是含有 125mg/L 的表面活性剂的气泡，只有 55μm 大，看起来很像乳状油脂。

这项技术能够极大地减少修复时间和成本，但其使用受场所的限制，只适用于土壤气体抽提技术可行的场所，同时效果也受到岩相学和土层学的影响，在处理黏土层方面的效果不理想。

4. 固定化微生物技术

固定化微生物技术是通过物理或化学的方法，将环境中分散、游离的微生物固定在适当的载体中，使其保持一定的生物活性及提高生物细胞浓度，加快细胞繁殖，并将其反复利用的一种方法。固定化微生物具有以下优点：固定化载体为微生物提供一个良好的环境，抵抗外界的不利条件的影响，如毒害物、人为干扰、环境因素及与土著菌种竞争等，使微生物相比于游离状态下具有更高的稳定性和生存能力。高密集的细胞可以长期保持活性，可供反复利用，能有效地降解石油污染的同时减少成本消耗。固定化微生物技术已广泛应用于废水、污泥、污染地下水的治理，具有很好的发展前景。但固定化微生物技术也有一定的局限性，固定化微生物载体在环境中有着难以回收的问题，这将给环境带来一定的危害。另外，一些成分复杂的载体材料会对降解石油物质机理的分析带来影响。因此，研究探寻合适、固定化效果好、对环境友好的载体，分析载体、微生物与地下水污染物的相互作用将成为当下一个研究方向。

课程思政：共享绿水青山

土壤是人类生产生活和物质分解的重要场所，是粮食生产、工业活动的根本基础。随着经济水平的不断提高，农药化肥、化工污染物、重金属污染物、固体废弃物、生活垃圾和生活污水等有毒害物质通过各种方式进入土壤，对土壤质量产生严重损害，威胁生态循环系统的有序健康发展，也威胁人类的身体健康。应通过教学进一步提高学生的环保意识，积极投身到环境保护的行动中，让环保变成自觉行动，让我们的家园变得更美好，让人类共享绿水青山。

我国部分地区土壤及地下水遭受有机污染现象十分严重，这给该区域的居民日常饮食、居住、生活等构成了明显的安全威胁。课程教学应与环保与思政教育相结合，使学生投身到保护生我养我的家园、保护母亲河的爱国行动中，见证和共享绿水青山。

11

污染场地修复和阻隔技术

　　随着城市化进程的加速，许多原本位于城区的污染企业从城市中心迁出，同时，随着工业企业的搬迁或停产、倒闭，遗留了大量、多种多样、复杂的污染场地，环境和生态问题十分突出，成为工业变革与城市扩张的伴随产物，产生了大量污染场地（又称为"棕色地块"）。这些污染场地的存在对城市的生态环境、食品安全和居民健康构成严重威胁，阻碍了城市建设和经济健康发展。北京、杭州、长沙、常州等多地已先后发生数起污染场地修复工程二次污染控制不到位造成的环境污染事件，公众关注度较高，产生了一定的社会影响。要解决污染场地问题，最直接方法的是场地修复。

　　2014 年起，我国发布了一系列污染场地调查、风险评估、风险管控和修复技术导则和术语，明确了污染场地调查、风险评估、风险管控和修复、效果评估等工作程序，同时提出了污染场地修复工程环境监理概念。2016 年国务院颁布了《土壤污染防治行动计划》（"土十条"）。2020 年实施的《中华人民共和国土壤污染防治法》规定土壤污染防治应当坚持预防为主、保护优先、分类管理、风险管控、污染担责、公众参与的原则。

　　本章介绍污染场地修复和竖向阻隔技术的主要内容。值得注意的是，本章沿用了环境保护领域通用词"土壤"，而岩土工程领域则通常使用"土体""地基土"和"土"等专业术语；本章沿用"污染场地"这一术语而并没有采用"污染地块"这一术语。

11.1　污染场地土壤环境质量调查与风险评估

　　污染场地修复前，需要对污染场地土壤和地下水进行调查分析和环境风险评估。污染场地土壤环境质量调查时，需要经过三个阶段，具体可参考《建设用地土壤污染状况调查技术导则》（HJ 25.1—2019）。其中第一阶段包括资料收集与分析、现场踏勘、人员访谈；第二阶段包括初步采样分析、详细采样分析；第三阶段包括土壤环境特征参数调查、受体暴露参数调查。应在场地内或疑似污染物迁移的场地外采取土壤样本。取样主要部位是原材料堆放区、污染厂房、事故发生地等。土壤取样时，合理控制取样深度，一般要到污染最大深度，具体可参照《建设用地土壤污染风险管控和修复监测技术导则》（HJ 25.2—2019）。污染物可划分为有机物、无机物两类，判断污染严重程度。对污染场地及环境进行调查分析，可结合 PID 和 XRF 现场快速检测数据分析，在此基础上选择科学合理的布点方法，确保布点方案。光离子化气体检测技术（Photo Ioniza-tion Detector，PID）是一种具有极高灵敏度、用途广泛的挥发性有机物检测技术。X射线荧光光谱分析技术（X-Ray Fluorescence Spectrometer，XRF），可用于确认场地土壤中的挥发性气体、重金属元素的测试。

11.1.1 调查布点原则

污染场地土壤调查布点通常遵循三个原则：一是针对性原则，即针对场地的特征和潜在污染物特性，进行污染物浓度和空间分布调查，为场地的环境管理提供依据。二是规范性原则，既采用程序化和系统化的方式规范土壤污染状况调查过程，保证调查过程的科学性和客观性。三是可操作性原则，即综合考虑调查方法、时间和经费等因素，结合当前科技发展和专业技术水平，使调查过程切实可行。具体参考《建设用地土壤污染状况调查技术导则》（HJ 25.1—2019）。

11.1.2 布点方法

污染场地土壤调查常用的布点方法有：系统布点法、系统随机布点法、专业判断法及分区布点法等。在实际的调查布点过程中，根据场地污染的具体情况选择合适的布点方法。对场地内土壤特征相近、土地使用功能相同的区域，采用系统随机布点法进行监测点位的布设。如场地土壤污染特征不明确或场地原始状况严重破坏，可采用系统布点法进行监测点位布设。系统布点法是将监测区域分成面积相等的若干工作单元，每个工作单元内布设一个监测点位。对场地内土地使用功能不同及污染特征有明显差异的场地，可采用分区布点法进行监测点位的布设。一般情况下，应在场地外部区域设置土壤对照监测点位，可参照《建设用地土壤污染风险管控和修复监测技术导则》（HJ 25.2—2019）执行。

污染场地内如有地下水，应在疑似污染严重的区域布点，同时考虑在场地内地下水径流的下游布点。如需要通过地下水的监测了解场地的污染特征，则在一定距离内的地下水径流下游汇水区内布点。

11.1.3 采样方法

污染场地土壤样品分为表层土壤和下层土壤。土壤采样点垂直方向的土壤采样深度可根据污染源的位置、迁移和地层结构及水文地质等进行判断设置。土壤污染状况调查初步采样监测点位的布设应按照下述方法实施：

（1）可根据原场地使用功能和污染特征，选择可能污染较重的若干工作单元，作为土壤污染物识别的工作单元。原则上监测点位应选择在工作单元的中央或有明显污染的部位，如生产车间、污水管线、废弃物堆放处等。

（2）对污染较均匀的场地（包括污染物种类和污染程度）和地貌严重破坏的场地（包括拆迁性破坏、历史变更性破坏），可根据场地的形状采用系统随机布点法，在每个工作单元的中心采样。

（3）监测点位的数量与采样深度应根据场地面积、污染类型及不同使用功能区域等调查阶段性结论确定。

（4）对每个工作单元，表层土壤和下层土壤垂直方向层次的划分应综合考虑污染物迁移情况、构筑物及管线破损情况、土壤特征等因素确定。采样深度应扣除地表非土壤硬化层厚度，原则上应采集 0～0.5m 表层土壤样品，0.5m 以下下层土壤样品根据判断布点法采集，建议 0.5～6m 土壤采样间隔不超过 2m；不同性质土层至少采集一个土壤样品。同一性质土层厚度较大或出现明显污染痕迹时，根据实际情况在该层位增加采样点。

（5）一般情况下，应根据场地土壤污染状况调查阶段性结论及现场情况确定下层土壤的采样深度，最大深度应直至未受污染的深度为止。

土壤污染状况调查详细采样监测点位的布设应按照下述方法实施：

（1）对污染较均匀的场地（包括污染物种类和污染程度）和地貌严重破坏的场地（包括拆迁性破坏、历史变更性破坏），可采用系统布点法划分工作单元，在每个工作单元的中心采样。

（2）如场地不同区域的使用功能或污染特征存在明显差异，则可根据土壤污染状况调查获得的原使用功能和污染特征等信息，采用分区布点法划分工作单元，在每个工作单元的中心采样。

（3）单个工作单元的面积可根据实际情况确定，原则上不应超过 $1600m^2$。对面积较小的场地，应不少于 5 个工作单元。采样深度应至土壤污染状况调查初步采样监测确定的最大深度，深度间隔满足相关要求。

（4）如需采集土壤混合样，可根据每个工作单元的污染程度和工作单元面积，将其分成 1～9 个均等面积的网格，在每个网格中心进行采样，将同层的土样制成混合样（测定挥发性有机物项目的样品除外）。

对地下水流向及地下水位，可结合土壤污染状况调查阶段性结论间隔一定距离按三角形或四边形至少布置 3～4 个点位监测判断。地下水监测点位应沿地下水流向布设，可在地下水流向上游、地下水可能污染较严重区域和地下水流向下游分别布设监测点位。确定地下水污染程度和污染范围时，应参照详细监测阶段土壤的监测点位，根据实际情况确定，并在污染较重区域加密布点。一般情况下采样深度应在监测井水面下 0.5m 以下。对低密度非水溶性有机物污染，监测点位应设置在含水层顶部；对高密度非水溶性有机物污染，监测点位应设置在含水层底部和不透水层顶部。一般情况下，应在地下水流上游的一定距离设置对照监测井。如场地面积较大，地下水污染较重且地下水较丰富，可在场地内地下水径流的上游和下游各增加 1～2 个监测井。

污染场地土壤污染状况调查初步采样监测项目应根据《土壤环境质量　建设用地土地污染风险管控标准（试行）》（GB 36600—2018）要求、前期土壤污染状况调查阶段性结论与本阶段工作计划确定，具体按照《建设用地土壤污染状况调查技术导则》（HJ 25.1—2019）相关要求确定。可能涉及的危险废弃物监测项目应参照相关标准中相关指标确定。详细采样监测项目包括土壤污染状况调查确定的场地特征污染物和场地特征参数。一般工业场地可选择的检测项目有重金属、挥发性有机物、半挥发性有机物、氰化物和石棉等。如土壤和地下水明显异常而常规检测项目无法识别时，可进一步结合色谱-质谱定性分析等手段对污染物进行分析，筛选判断非常规的特征污染物，必要时可采用生物毒性测试方法进行筛选判断。

11.1.4　污染场地的风险评估

调查需要对场地污染的程度进行评估，除了显性风险，还要关注潜在性风险。如果场地土壤污染严重，则要继续进行风险评估工作。污染场地风险评估是在土壤污染状况调查的基础上，分析场地土壤和地下水中污染物对人群的主要暴露途径，评估污染物对人体健康的致癌风险或危害水平。风险评估包括：人体健康风险；地下水污染风险；其他目标风险。污染场地的风险评估工作流程包括：场地风险评估（工作内容包括危害识别、暴露评估、毒性评估、风险表征），以及土壤和地下水风险控制值的计算。获取基于致癌效应的土壤和地下水风险控制值时，采用的单一污染物可接受致癌风险为 10^{-6}；计算基于非致癌效应的土壤和地下水风险控制值时，采用的单一污染物可接受危害商为 1。当计算所得风险水平（致癌风险或非致癌危害商）小于可接受水平时，则结束风险评估工作；如大于可接受水平，则开展计算土壤或地下水的风险控制值。上述工作程序详细内容和具体参数选取可参考《建设用地土壤污染风险评估技术导则》（HJ 25.3—2019）。

11.2 污染场地土固化/稳定化技术

11.2.1 固化/稳定化

固化/稳定化（Solidification/Stabilization）技术指的是将污染土或废弃物与能胶凝成固体的材料（如水泥、沥青、化学制剂等）相混合，通过形成晶格结构或化学键，将有害组分捕集或者固定在固体结构中，从而降低有害组分的浸出性。其中，固化是把污染土或废弃物封装在一个具有高度完整性的固体中，通过降低块体与水接触淋滤的表面积和（或）通过宏微观包裹作用，使有害组分迁移受到限制。稳定化是将土或废弃物的有害组分进行化学改性或将其导入稳定的晶格结构中的过程。固化一定会导致土或废弃物的物理及力学性能的提升，但不一定会对土或废弃物有害组分产生化学反应；稳定化则一定会对土或废弃物有害组分产生化学反应，但不一定对土体或废弃物的物理及力学性能产生影响。

根据使用的胶凝材料的不同，固化/稳定化可以分为：（1）水泥 S/S 法，主要胶结材料为水泥，或与粉煤灰、膨润土等联合使用，适用于金属、PCBs、油和其他有机污染土或废弃物的处理；（2）火山灰 S/S 法，主要胶结材料为粉煤灰、石灰、高炉灰、铝硅酸盐，适用于金属和废酸的处理；（3）热塑性 S/S 法，主要胶结材料为沥青、聚乙烯材料，适用于金属、放射性核物质和有机物质的处理；在一定环境下，在污染土或废弃物中添加乳化沥青，混拌后沥青乳液破裂，在污染土或废弃物周围形成连续的憎水性沥青基质，减少与原污染土或废弃物与水接触进而导致有害组分浸出的环境风险；（4）磷基、硫基无机胶凝材、有机聚合材料 S/S 法，适用于金属和废酸的处理。

11.2.2 重金属污染土的固化/稳定化机理

重金属污染物与土的相互作用，以及它们随环境的变化对人类和周围环境有重要的影响。它取决于重金属的类型、土的矿物成分、有机质成分、pH 等。这些污染物质以多种形态存在于土中：以颗粒状与土颗粒同时存在；液相包裹在土颗粒周围；吸附；吸收；以液相存在于土体孔隙中；以固相存在于土体孔隙中。重金属污染物与土体相互作用主要有吸附、络合、沉淀。

吸附作用包括表面吸附、离子交换吸附和专属吸附。其中，前两者属于物理吸附，而专属吸附属于化学吸附。土体胶体具有巨大的比表面积和表面能，比表面积越大，表面吸附作用越强。离子从溶液中转移到土体胶体是离子吸附过程，而胶体上原来吸附的离子转移到溶液则是离子的解吸过程。吸附与解吸的结果表现为离子相互转换，即离子交换吸附。黏土颗粒表面的官能团有羟基、羧基、羰基、氧基、硅氧烷基等，其对重金属有强烈的专一的吸附作用，很难被解吸，称为专属吸附。一般认为，专属吸附属于化学共价键作用，发生在黏土颗粒的内斯特恩层。

黏土颗粒吸附金属阳离子（含重金属）驱动作用力方式有：（1）分子间作用力（又称范德华力，van der Waals force），是中性分子或原子之间的一种弱碱性的电性吸引力。（2）静电作用力（又称库仑力），是正负离子间的静电引力。作用力的大小与电荷的乘积成正比，与它们之间距离的平方成反比。（3）共价键，是化学键的一种。（4）氢键，源于静电作用。黏土对重金属吸附呈现明显的选择性吸附，表 11-1 给出了部分黏土及矿物对重金属的选择性吸附顺序。

表 11-1　部分黏土及矿物对重金属的选择性吸附顺序

土的类型	选择性吸附顺序
高岭土（pH3.5～6）	Pb>Ca>Cu>Mg>Zn>Cd
高岭土（pH5.5～7.5）	Cd>Zn>Ni
伊利土（pH3.5～6）	Pb>Cu>Zn>Ca>Cd>Mg
蒙脱土（pH3.5～6）	Ca>Pb>Cu>Mg>Cd>Zn
蒙脱土（pH5.5～7.5）	Cd=Zn>Ni
含铝氧化物（无定形态）	Cu>Pb>Zn>Cd
含锰氧化物	Cu>Zn
含铁氧化物（无定形态）	Pb>Cu>Zn>Cd
针铁矿	Cu>Pb>Zn>Cd
富里酸（pH5）	Cu>Pb>Zn
腐殖酸（pH4～6）	Cu>Pb>Cd>Zn
矿质土（pH5，不含有机质）	Pb>Cu>Zn>Cd
矿质土（含 20～40g/kg 有机质）	Pb>Cu>Cd>Zn

影响土体中重金属解吸附的因素包括：（1）金属阳离子浓度升高。碱金属和碱土金属阳离子将被吸附在固体颗粒上的重金属离子交换出来，这是重金属从土中释放出来的主要途径之一。（2）氧化-还原条件的变化。土中氧化-还原电位的降低使铁、锰氧化物部分或全部溶解，故被其吸附或与之共沉淀的重金属离子也同时释放出来。（3）土体 pH 降低。pH 降低，导致碳酸盐和氢氧化物的溶解，H^+ 的竞争作用增加了金属的解吸

量；（4）络合剂含量增加。络合剂能和重金属形成可溶性络合物，有时这种络合物稳定度较大，可以溶解态形态存在，使重金属从固体颗粒上解吸附下来。除上述因素外，一些生物化学迁移过程也能引起金属的重新释放。

络合指金属阳离子与作为无机配位体的阴离子反应。可以与无机配位体发生反应的金属阳离子包括过渡金属和碱土金属。金属阳离子与无机配位体形成的络合物比与有机配位体形成的络合物的化合能力弱。重金属络合物的稳定性顺序为 $Cu^{2+}>Fe^{2+}>Pb^{2+}>Ni^{2+}>Co^{2+}>Mn^{2+}>Zn^{2+}$，这取决于离子半径。一般当金属离子浓度较高时，以吸附交换作用为主；而在低浓度时，以络合-螯合作用为主。当生成水溶性的络合物或螯合物时，则重金属在土体环境中随水迁移的可能性增大。

沉淀是土固定重金属的重要形式，它实际上是各种重金属难溶电解质在土体固相和液相之间的离子多相平衡，必须根据溶度积的一般原理，结合土体的具体环境条件（主要指 pH 等）研究和了解它的规律，从而控制土体环境中重金属的迁移转化。重金属的氧化物、氢氧化物，以及硫化物和碳酸盐的性质和溶解-沉淀平衡条件不同，所以对重金属迁移的影响也不同。

11.2.3 固化/稳定化效果评价

重金属污染土固化/稳定化修复后需进行效果评价，其评价指标涉及固化/稳定化土的 13 种不同物理、力学、环境安全指标，主要包括重金属毒性浸出浓度、无侧限抗压强度、饱和渗透系数。此外，含水量、pH、干密度等也是应关注的物理指标。用于测试重金属浸出浓度的国内外标准试验方法包括：①萃取浸出试验，包括 USEPA 1311 的毒性浸出试验（TCLP）、USEPA 1312 的合成沉降浸出试验（SPLP），以及我国的《固体废物浸出毒性浸出方法 醋酸缓冲溶液法》（HJ/T 300—2007）和《固体废物 浸出毒性浸出方法 硫酸硝酸法》（HJ/T 299—2007）。其中我国硫酸硝酸法以纯水或 pH 为3.2 的硫酸、硝酸混合液为浸提液，与 USEPA 的类似方法略有差异。此外，还有英国BS EN 12475 系列浸出试验（Parts 1-4）。②半动态浸出试验，如 ANS16.1（ANS 1986）、CEN 块体试验（CEN/TC292），ASTM C1308 固化废弃物块体（ASTM 2009）和 USEPA 1315 块体或击实材料试验（USEPA 2012）。③动态浸出试验，如 ASTM 土柱浸出试验（ASTM D4874—95 2001）和欧洲标准土柱浸出试验（prEN l4405 2002）。

11.2.4 固化/稳定化施工工艺

固化/稳定化技术按工程施工位置可划分为原位固化稳定化和异位固化稳定化两种不同施工工艺。其中原位（In-situ）固化稳定化技术指在场地原污染位置处采用搅拌桩机等施工机械将污染土与固化/稳定化药剂就地强制搅拌混合；异位（Ex-situ）固化/稳定化技术指将污染土开挖后置于专门处置场所中，外加固化剂/稳定化药剂充分拌和后，再回填原址或外运填埋。相较原位固化稳定化技术而言，异位固化稳定化技术虽然在开挖、外运及施工设备的使用和维护等方面的成本较高，但其修复速度较快，且固化稳定化的效率较高，同时由于污染土异位混合，其不同地层土体的修复均匀度较高，修复效果可控性好。原位固化稳定化技术无复杂、高成本的地面配套工程设施要求、不需开挖及远距离运输、可有效修复深层土、对土层结构破坏小，可在原地实现污染场地土体中重金属的减毒甚至无毒化，修复过程操作简便，方便维护。此外原位固化/稳定化更为经济，尤其适用于修复污染土层深、规模较大的污染场地。同时，施工过程受降雨、低温气候、地下水埋深等影响。

11.2.5　固化/稳定化工程案例

11.2.5.1　场地及污染概括

固化/稳定化工程实施地点位于我国西北地区的重点有色金属基地甘肃省白银市东北郊的东大沟流域（图 11-1）。原位固化/稳定化技术修复场地位于西北铅锌冶炼厂南部 1.3km 处的沙坡岗村附近，重金属废水废渣是其主要污染源。场地重金属污染深度达 3.0m。场地为大陆性干旱气候，存在季节性冻土层。原位 S/S 技术修复施工期间气温长期保持在较低水平（-26～14℃），采用 CFG25 型粉喷搅拌桩机作为原位 S/S 技术施工机械，养护 41d。

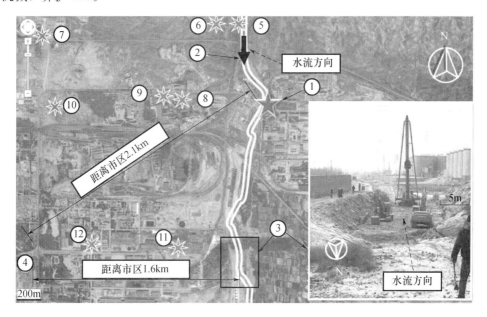

图 11-1　东大沟流域及拟修复污染场地位置示意图

1—西北铅锌冶炼厂；2—东大沟；3—修复场地；4—市区；5—白银市铜星硫酸厂；
6—甘肃白银市银山水泥公司；7—白银建兴混凝土公司；8—甘肃双赢化工公司；9—白银磷肥厂；
10—甘肃大成金属公司；11—选冶厂；12—铜业公司

采用东南大学岩土工程研究所环境岩土工程团队研发的 SPC（又称 SS-E）固化剂（粉末状，过磷酸钙：氧化钙＝3：1），掺量为 5％和 8％。5％掺量的区域尺寸为 8.0m×5.6m，8％掺量的区域尺寸为 8.0m×2.4m。地下深度 3.0m 深度内的土层以含砂低液限黏土为主，湿密度可达 $1.4～1.5g/cm^3$。地表下深度 3.0～7.5m 为风化砂岩（潜水层），深度 7.5m 以下为微透水层。场地污染土各土层修复前呈现弱酸性，Pb、Zn 和 Cd 全量值可达 GB 15618-1995 三级标准值的 39、119 和 476 倍，呈现高盐渍化特征，如图 11-2 所示。

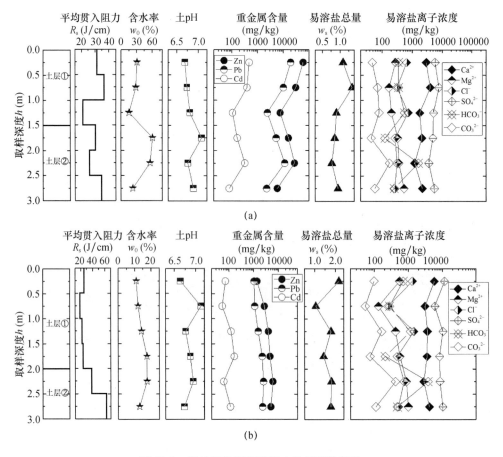

图 11-2 场地污染深度范围内地层理化特性

(a) 5%SS-E 区域修复前地层理化特性；(b) 8%SS-E 区域修复前地层理化特性

11.2.5.2 修复前后对比

（1）土 pH

如图 11-3 所示，修复前污染土呈现弱酸性，固化剂不同掺量的各土层平均 pH 为 6.83。养护 41d 后，5%掺量区域的 pH 平均值为 7.67，而 8%掺量区域 pH 均值为 8.62。表明 SS-E 粉喷搅拌法原位 S/S 技术能够显著提高污染土 pH，使其呈现弱-中度碱性。

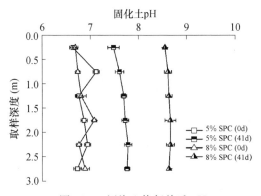

图 11-3 污染土修复前后 pH

（2）硫酸硝酸法浸出毒性

硫酸硝酸法浸出结果如图 11-4 所示。养护后污染土 Pb、Zn、Cd 得到浸出浓度均低于《危险废物鉴别标准——浸出毒性鉴别》（GB 5085.3—2007）规定限值，且 SS-E 掺量越高效果越显著。修复前后浸出浓度范围、均值与降幅对比见表 11-2。

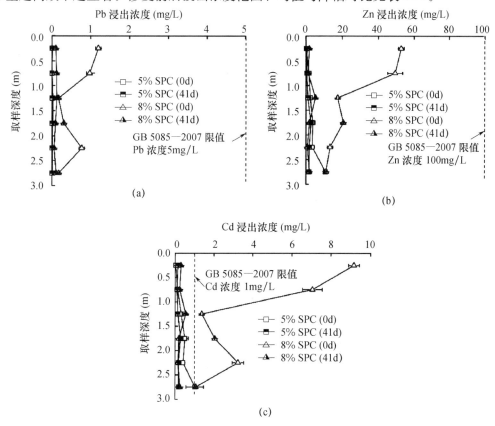

图 11-4　硫酸硝酸法浸出液重金属浓度

（a）硫酸硝酸法 Pb 浸出结果；（b）硫酸硝酸法 Zn 浸出结果；（c）硫酸硝酸法 Cd 浸出结果

表 11-2　修复前后浸出浓度范围、均值与降幅对比

浸出浓度（mg/L）	范围		平均值		降幅（%）
	修复前	修复后	修复前	修复后	
Pb					
5%掺量	0～0.02	—	0.01	—	
8%掺量	0.17～1.20	0.06～0.12	0.60	0.10	26.91～92.68
Zn					
5%掺量	0.19～11.84	0.47～2.83			24.89～83.55
8%掺量	11.09～52.77	0.81～5.21			70.38～97.45
Cd					
5%掺量	0.04～1.02	0～0.28	0.40	0.17	26.90～81.58
8%掺量	1.07～9.15	0.15～0.55		0.28	60.05～96.74

（3）纯水法浸出毒性

纯水法浸出试验结果如图 11-5 所示，去离子水对重金属的浸提作用弱于硫酸硝酸溶液。SS-E 固化后使其 Pb，Zn，Cd 浸出浓度全部满足《污水综合排放标准》（GB 8978—1996）一级标准限值的要求，且 SS-E 的掺量越高，浸出浓度的降低幅度越明显。

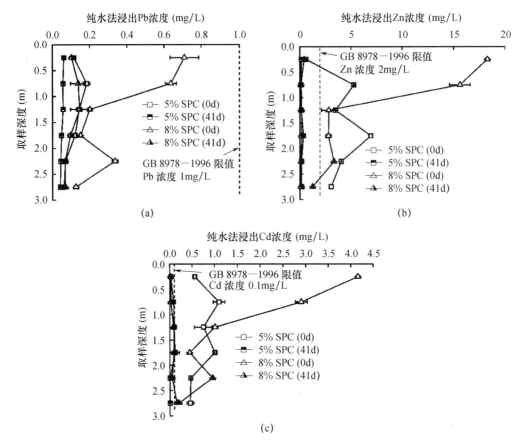

图 11-5　纯水法浸出液重金属浓度

（a）纯水法 Pb 浸出结果；（b）纯水法 Zn 浸出结果；

（c）纯水法 Cd 浸出结果

（4）重金属形态分布

1.0～1.5m 深度处土修复前后重金属形态分布结果如图 11-6 所示。不同掺量区域修复后 Pb，Zn 和 Cd 的弱酸提取态含量显著降低，残渣态含量则明显提高，而可氧化态和可还原态变化较小。SS-E 原位 S/S 技术能够将土中弱酸提取态重金属转化为活性较低的残渣态，提高了污染土的环境安全性。修复前后重金属形态分布见表 11-3。

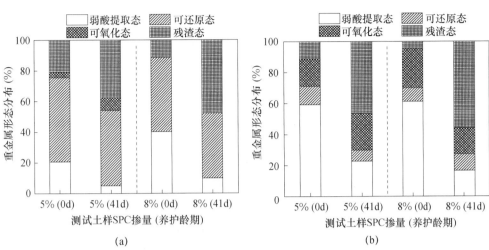

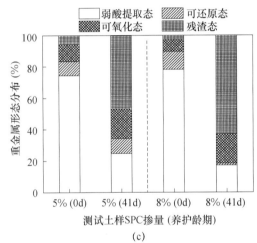

图 11-6 原位区域污染土修复前后 BCR 测试结果

(a) Pb；(b) Zn；(c) Cd

表 11-3 修复前后重金属形态分布

形态分布	弱酸提取态（%）		残渣态（%）	
	修复前	修复后	修复前	修复后
Pb				
5%掺量	20.58	4.82	20.95	37.73
8%掺量	40.36	9.80	11.53	47.43
Zn				
5%掺量	59.32	22.70	11.75	46.48
8%掺量	61.15	16.67	4.92	55.85
Cd				
5%掺量	74.55	25.08	5.65	46.88
8%掺量	78.55	17.68	2.62	62.65

（5）动力锥贯入试验

DCP 试验结果如图 11-7 所示。修复并养护 41d 后不同深度处的累计锤击数较修复前明显增加，且以 8％SS－E 修复区域更为明显；各深度污染土 DCPI 值显著降低，R_s 值显著增长；沿贯入深度方向，每 50cm 为一段计算该段内土体平均贯入阻力值，5％、8％掺量修复后平均贯入阻力有明显增长（1.43～2.76 倍与 1.94～3.43 倍）。SS-E 粉喷法原位 S/S 技术能明显提高污染土强度，且能改善土层强度特性的均匀程度，且掺量越高，对不同深度土层的强度及其均匀性的改善程度也就越明显。

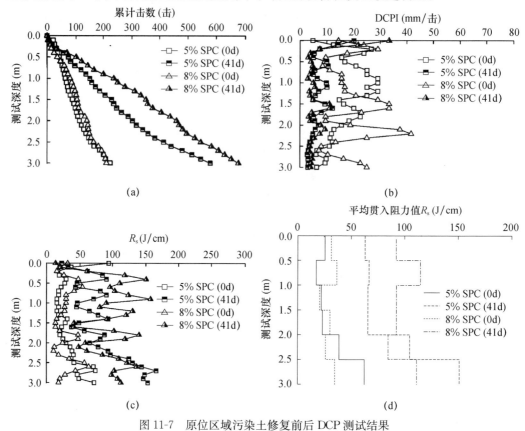

图 11-7　原位区域污染土修复前后 DCP 测试结果

（a）DCP 试验累计击数结果；（b）DCP 试验贯入指数 DCPI 结果；
（c）DCP 试验贯入阻力结果；（d）DCP 试验不同土层平均贯入阻力值

11.3　污染场地土体气相抽提技术

11.3.1　土体气相抽提技术

土体气相抽提（SVE）技术是一种原位处理包气带污染土体中挥发性和半挥发性有机污染物的修复技术。其原理为在地下抽真空引起气体流动，使土体中的吸附、溶解及自由态污染物挥发为气相，然后在地面对抽出的气体进行收集处理。SVE 通常只对能完全挥发且水溶解度足够低的目标污染物有效。典型的原位土体气相抽提系统包括蒸气抽提井/抽提管和抽气机或真空泵，如图 11-8 所示。

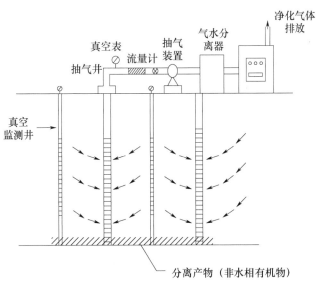

图 11-8　典型原位气相抽提系统组成部分示意图

11. 3. 2　影响因素

影响 SVE 效率的因素主要包括污染物特性与土体特性等。

1. 污染物特性

有机污染物在土中有四种基本存在形式——吸附态、蒸气态、水溶态、非水相液体（NAPL），分别受吸附系数（k_d）、蒸气压力、亨利定律常数和溶解度控制。污染物不同形态的分区影响 SVE 去除效率。

2. 土体特性

土体特性对污染物运移有显著的影响，如孔隙率、含水量、非均质性及表面密封影响气流场的变化等。

（1）土体孔隙率

土体孔隙率降低使土体颗粒对污染物有更高的可吸附面积，同时导致气流可通过的横截面面积降低，进而降低 SVE 处理效果。

（2）含水量

低含水量相较于高含水量的土体，孔隙中填充了更多的气体，在一定真空压力下将产生更大的气流。低含水量的土体更易吸附气相有机污染物，进而会产生处理效果降低的负面效果。污染物吸附与含水量的函数关系图如图 11-9 所示。

（3）土体非均质性

土体非均质性由土体孔隙结构、分层、类型和颗粒大小、地下基础设施（如管线等）等诸多因素所决定，影响着污染物的迁移及土体中气流的路径，易产生优势气流路径，而优势气流路径导致土体中原有污染物接触的气流减少，影响污染物去除速率。

（4）表面密封

场地表面会对气相抽提处理效果产生重要影响，场地表面密封会增加气流在原场地中的处理范围与处理效率，也可防止降雨入渗，如图 11-10 所示。表面密封可采用不同的材料，也可利用现有的路面，如沥青、混凝土层或水平铺设的土工膜。

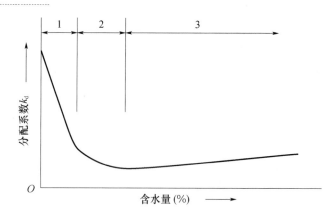

图 11-9　污染物吸附与含水量的函数关系图
1—低含水量；2—中等含水量；3—高含水量

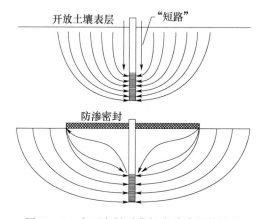

图 11-10　表面密封对蒸气流动路径的影响

（5）地下水位深度

当抽提井浸没在地下水位以下时，在压力的作用下会导致水流入抽提井中，水位上升，阻碍空气进入抽提井，减小气相抽提处理的有效半径，如图 11-11 所示。可以通过在地下水位之上安装 SVE 井底屏障，进而减少地下水位抬升对气相抽提处理效果所造成的影响。

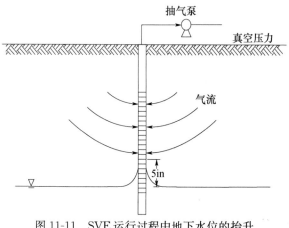

图 11-11　SVE 运行过程中地下水位的抬升
注：1in＝2.54cm，下同。

11.3.3 适用性

SVE 技术的场地适用性受场地特征及污染物特性影响（图 11-12），通常更适用于相对透气且均匀的非饱和（包气带）污染区。土体参数如孔隙率、孔隙结构和透气性、场地地形将影响气流的流动。SVE 适用于易挥发的污染物。一般来说，一种化合物或化合物的混合物如果同时具有下述特性才可能应用 SVE 技术：

（1）在 20℃时蒸气压力至少为 1.0mmHg。

（2）亨利定律常数超过 0.001atm·m^3/mol（1atm＝$1.0×10^5$Pa，下同）或 0.01（无量纲）。

在表 11-4 中列出适合 SVE 处理的部分污染物。

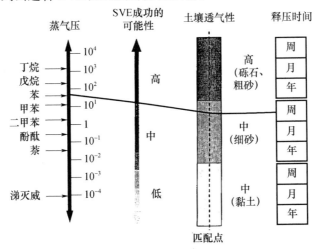

图 11-12　SVE 适用性图

表 11-4　适合 SVE 处理的部分污染物

污染物	亨利定律常数（atm·m^3/mol）	蒸气压力（mmHg）
苯	0.00548（25℃）	76（20℃）
甲苯	0.00674（25℃）	22（20℃）
三氯乙烯（TCE）	0.0099（20℃）	57.8（20℃）
四氯乙烯（PCE）	0.00029（25℃）	20（26.3℃）

11.4　污染场地原位曝气技术

11.4.1　引言

原位曝气法是从 1985 年开始使用的一项修复技术，一般指的是修复溶解在地下水中、吸附在饱和区土体里，以及残留在饱和区土体孔隙中的挥发性有机物（VOCs）。该技术通常与气相抽提系统相结合（图 11-13）去除污染物。曝气过程中的传质机制取决于复杂物理、化学及微生物过程之间的相互作用，与传统方法相比具有较低的成本。

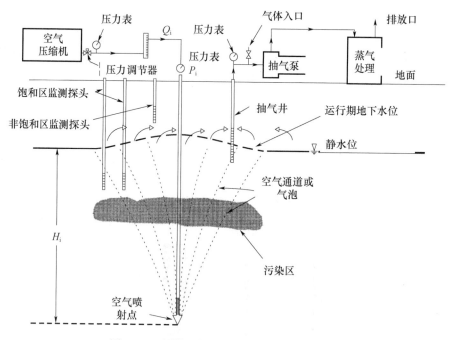

图 11-13　原位曝气法与气相抽提系统的结合

H_i—注入深度；P_i—注入压力；Q_i—注入流量

11.4.2　实施过程

原位曝气法适用于地下水位以下饱和带中挥发性有机污染物的去除，一般可以定义为在控制压力和体积条件下将压缩气体注入饱和土体中的过程。污染物去除过程发生在曝气系统运行期间，包括：驱替溶解的 VOCs 气体；地下水位以下及毛细管边缘处被土体吸附的污染物的挥发；好氧微生物对污染物的溶解和吸附。

11.4.3　设计参数

原位曝气修复技术中重要的设计参数包括：气体分布（影响区域）；曝气深度；曝气压力和曝气流速；曝气形式；曝气井的建设；污染物类型及分布。在所有设计参数中，曝气深度由于显著受到受污染物分布的影响故最容易确定。

1. 气体分布（影响区域）

曝气点的影响区域（图 11-14）是一个倒锥形，在曝气法的数值模拟中，会产生三个阶段：膨胀阶段，垂直和横向的气流被限制以短暂形式的增长；塌陷阶段，第二个过渡期以减少横向限制；稳定阶段，只要曝气参数不改变，系统仍然是静态的。曝气的影响区域在稳定状态阶段大致呈圆锥状。

2. 曝气深度

实际应用中，曝气深度通常会设计成已知污染物最大深度点处再深 0.3～0.6m 或地下水位以下 9～18m，并且深度的设计受土体结构和地层分层的显著影响，因此应该避免对低渗透土层的气体注射。气体曝气深度影响注射曝气压力及气体流速，注射点越深，影响区域的半径越长，气体需求量越大。

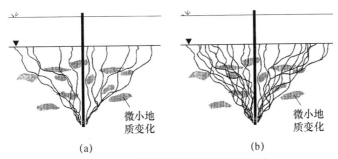

图 11-14　不同运行条件下的影响区域

(a) 非均匀地质，低气流量；(b) 非均匀地质，中等气流量

3. 气体压力及流速

原位曝气中的注射压力的大小由以下两个方面决定：注射点处所存在的静水压力；毛细管压力（取决于土体类型）。毛细管压力可以定量描述，在理想状态下，由下述方程计算：

$$P_c = \frac{2s}{r} \tag{11-1}$$

式中　P_c——毛细管压力；

　　　s——气体和水的表面张力；

　　　r——流体之间界面的平均曲率半径。

该公式表明随着 r 的减小，毛细管压力增大。一般而言，r 会随着颗粒粒径的减小而减小。

以水柱的英尺数为单位的注射压力 P_i 定义为

$$P_i = H_i + P_a + P_d \tag{11-2}$$

式中　H_i——曝气点上部的饱和区厚度；

　　　P_a——进气压力；

　　　P_d——进气压力。

相比粗粒介质，细颗粒的进气压力更高。但是当 H_i 明显大于 P_c 与 P_d 的和时，可能导致气体主要进入注射屏障顶部结构。

4. 曝气井设计

曝气井的设计必须完整考虑地层中所需的气流分布。曝气井设计中浅层曝气深度（小于 6m）和较深曝气深度（大于 6m）的示意图如图 11-15 和图 11-16 所示。

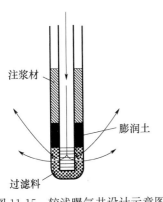

图 11-15　较浅曝气井设计示意图

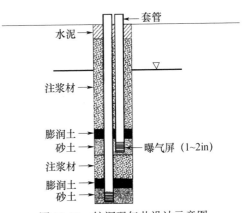

图 11-16　较深曝气井设计示意图

11.4.4 工程应用

一般情况下，污染物在蒸气压力超过 0.5～1.0mmHg 时较易挥发，具体挥发程度还受气体流速限制。原位曝气的污染物应用示例见表 11-5。

表 11-5 原位曝气的污染物应用示例

污染物	剥离量	挥发性	需氧生物降解
苯	高（$H=5.5\times10^{-3}$）	高（$V_P=95.2$）	高（$t_{1/2}=240$）
甲苯	高（$H=6.6\times10^{-3}$）	高（$V_P=28.4$）	高（$t_{1/2}=168$）
二甲苯	高（$H=5.1\times10^{-3}$）	高（$V_P=6.6$）	高（$t_{1/2}=336$）
乙苯	高（$H=8.7\times10^{-3}$）	高（$V_P=9.5$）	高（$t_{1/2}=144$）
TCE	高（$H=10.0\times10^{-3}$）	高（$V_P=60$）	低（$t_{1/2}=7704$）
PCE	高（$H=8.3\times10^{-3}$）	高（$V_P=14.3$）	低（$t_{1/2}=8640$）
汽油成分	高	高	高
燃油成分	低	非常低	中度

注：H 为亨利定律常数（atm·m³/mol）；V_P 为 20℃的蒸气压力（mmHg）；$t_{1/2}$ 为好氧生物降解半衰期（h）（应注意半衰期取决于特殊场地的地下环境）。

11.4.5 效果监测

现场曝气工程实施过程中需进行效果监测，便于确定曝气系统是否需要优化。表11-6 列出了监测所用各项参数。

表 11-6 曝气实施中原位监测参数

现场参数	监测措施	系统运行参数	措施
地下水质量改善	关闭曝气系统后定期获得监测井中的地下水样	注射井压力	压力表/压力计
溶解氧含量/温度	关闭曝气系统后监测井的现场探头	土体气相抽提井真空度	真空计/压力计
氧化-还原潜能/pH	关闭曝气系统后监测井的现场探头	注射井气流速率	风速仪
生物降解的副产物例如 CO_2	气流通过细胞的地下水样	土体气相抽提速率	风速仪
土体气体浓度	FID、PID、测曝计、现场气相色谱仪或实验室气体样本	抽提真空浓度	FID、PID、测曝计、现场 GC、实验室气体样本
土体气体压力/真空度	压力表/真空计	O_2、CO_2、N_2、CH_4	实验室分析
地下水位	水位仪	脉冲频率	计时器

11.5 污染场地地下水抽出处理技术

近年来，大多数地下水处理技术都是抽出处理技术的各种变化。在 1982—1992 年间，在地下水污染场地的修复协议中，有 73% 指定使用抽出处理技术。大部分场地的净化目标是修复含水层，使从含水层取出的水能够不经过进一步处理而宜于饮用。抽出处理系统是指通过把地下水抽到地表，去除污染物，然后把处理后的水回灌到地下或者排放到地表水体或城市污水处理厂，一旦地下水被抽至地表，使用现有处理饮用水和污水的技术，污染物浓度可以降低至相当低的水平。但把污水从含水层抽出并不能保证该处所有的污染物都被处理。

通过抽出处理系统的设计可以达到两个不同的目的：抑制和防止污染的扩散；恢复或去除污染物。起抑制作用的抽出处理系统，提取率一般按照阻止污染区域扩大的最低有效作用率确定，运营成本更低。起恢复作用的抽出处理系统，抽水率一般远大于抑制作用的抽出率，采用更高速度的清洁水冲洗污染带。

11.5.1 影响因素

一般情况下，需要对污染场地进行适当且全面的实地调查，为设计工作打好基础。正确进行实地调查可以确定方案的影响因素，它可分为两个方面：测定有关的水文地质和相关参数；确定污染物。

1. 水文地质和相关参数

主要的水文地质和相关参数及其对地下水处理技术的重要性包括：

（1）渗透系数：使水可以穿过一个构造带，影响地下水抽出处理的速率和系统的总流速。

（2）水力梯度：根据高程和压力的差异影响污染物运动的方向。

（3）导水系数：影响地下水抽出速率和系统总流速。

（4）地下水流速：影响溶解污染物运动的方向和速率。

（5）孔隙率：孔隙储存水和污染物，影响渗透系数。

（6）有效孔隙率：影响地下水流速。

（7）储水系数：影响可以被抽出的地下水量。

（8）单位给水量：抽出非承压含水层地下水时引起的排水量体积与孔隙总体积之比，可以影响被抽出的地下水量。

2. 污染物

污染物（COC）是指那些对地下水有害、需要进行抽出处理的地下水中的化学物质。修复措施的选择依赖于现场条件、污染物性质和排放标准。

11.5.2 方案筛选及污水处理技术

筛选过程是从技术可行性及成本的角度评估所确定的技术。在评估成本时，系统预测寿命内的资金成本和运营维护成本应予以考虑。筛选过程的最终结果是考虑到所有因素后，选择成本最低的、技术最可行的方法。以下为常见的污水处理技术。

1. 油/水分离技术

针对轻非水相液体（LNAPL），可采用油/水分离技术。该类液体的密度比水小。回收这样的污染物可以通过两种方法完成：从受污染的地下水中分离回收 LNAPL；把 LNAPL 和受污染地下水作为总流体进行回收。重力分离是油/水分离主要和最常见的处理方法，即基于水和不混溶的油滴之间特定的密度差，把游离油移动到水体的表面后进行分离处理。当 LNAPL 总量较多且现场水文地质条件渗透性较差时，首选总流体回收方法。

2. 炭吸附技术

有机分子通过扩散被带到活性炭表面，并产生吸附。活性炭对一种化合物或复合物吸附量多少取决于使化合物滞留在溶液与吸引化合物到活性炭之间的平衡关系。

3. 化学氧化技术

化学氧化技术主要采用臭氧和过氧化氢（单独或共同），同时结合紫外线（UV），破坏存在于地下水中的有机污染物。使用紫外线形成羟基自由基的高级氧化过程，可以增强臭氧（O_3）和（或）过氧化氢（H_2O_2）的利用效率，显著提高它们的反应活性。破坏速率随污染物混合物的性质、pH、污染物的浓度等因素而变化。

4. 生物降解技术

生物降解技术早已被用于市政和工业废水处理，多年来已经演变出几种基本类型，如活性污泥法、滴滤池、旋转生物接触器（RBC）、流化床反应器等。生物降解是表面生物反应器应用于有机化合物污染水处理的实际应用。生物反应器可以促进微生物的生长，从而增加降解有机物的效率。

5. 膜滤技术

膜滤技术通常可分为微滤、超滤、纳滤、反渗透或超过滤。该技术已被单独或以组合的形式而使用，以取代传统的处理技术，并可作为传统处理系统的预处理或精制步骤。膜滤法适用于重金属、有机化合物、溶解固体、悬浮固体等的处理。

6. 离子交换技术

离子交换法是将不溶性交换材料中特定的离子替换为溶液中离子的过程。阳离子交换和阴离子交换可由下述方程表示：

$$M^-A^+ + B^+ \longleftrightarrow M^-B^+ + A^+ \tag{11-3}$$
$$\text{固体} \quad \text{溶液} \quad \text{固体} \quad \text{溶液}$$

$$M^+A^- + B^- \longleftrightarrow M^+B^- + A^- \tag{11-4}$$
$$\text{固体} \quad \text{溶液} \quad \text{固体} \quad \text{溶液}$$

7. 化学沉淀技术

化学沉淀技术是指通过添加化学品，把可溶的金属离子转化成不溶性的沉淀，产生一个过饱和的环境。化学沉淀技术是处理金属污染水最常用的技术。沉淀大致可分为两大类：化学沉淀和共沉淀/吸附。沉淀过程经历三个阶段：成核、晶体生长和絮凝。通过热力学计算可以预测平衡后的金属盐溶解度。常见的沉淀方法为氢氧化物沉淀法、硫化物沉淀法和碳酸盐沉淀法。简化反应为

$$Me^{2+} + 2OH^- \longleftrightarrow Me(OH)_2 \tag{11-5}$$

$$Me^{2+} + S^{2-} \longleftrightarrow MeS \tag{11-6}$$

$$Me^{2+} + CO_3^{2-} \longleftrightarrow MeCO_3 \tag{11-7}$$

11.6 污染场地竖向阻隔技术

针对各类原位修复技术普遍存在的专属性强、修复体量有限、修复周期长、成本高、彻底修复难等问题，美国环保署提出了通过原位竖向阻隔技术控制污染场地受污染地下水和土中污染物迁移，并提高风险管控能力。国际上已有工程实践表明，竖向阻隔技术已被广泛纳入化学氧化-还原、热解吸、地下水曝气等原位修复及地下水抽提-处理异位修复方案，形成联合修复技术体系，提升修复效果，消除长期的二次污染隐患。竖向阻隔技术的污染物处置对象广泛、防渗性能优异、场地适应性强，工程成本则远低于各主动修复技术，可兼具临时性和永久性修复功能，并特别适用于大体量的工业污染场地修复。

11.6.1 竖向阻隔技术分类

工业污染场地竖向阻隔技术按材料类型可分为刚性及半刚性竖向阻隔屏障、柔性竖向阻隔屏障两类。其中，水泥系（水泥土、原位土-水泥-膨润土、水泥-膨润土等）、水泥系-土工膜复合、水泥系-钠基膨润土防水毯复合、混凝土-钠基膨润土防水毯复合、塑性混凝土竖向阻隔屏障。竖向阻隔屏障按平面布置形式可分为闭合式平面布置、逆地下水流向非闭合式布置和顺地下水流向非闭合式布置三种，如图 11-17 所示。其中，闭合式平面布置使用最为广泛；顺地下水流向非闭合式在与活性反应墙联合使用的污染地下水修复工程中得到应用。工业污染场地竖向阻隔技术可按表 11-7 进行分类和选用。其施工技术特点和技术性能见表 11-8、表 11-9。

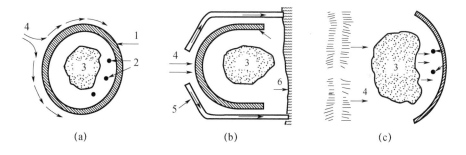

(a)　　　　　　　　　　(b)　　　　　　　　　　(c)

图 11-17　竖向阻隔屏障平面布置形式
（a）闭合式；（b）逆地下水流向非闭合式；（c）顺地下水流向非闭合式
1—竖向阻隔屏障；2—地下水监测井；3—污染源；
4—地下水流向；5—辅助排水设施；6—地表水

表 11-7　工业污染场地竖向阻隔技术分类

分类方式	竖向阻隔技术
按平面布置	闭合式、非闭合式
按是否进入隔水层	落底式、悬挂式

续表

按材料类型	刚性及半刚性竖向阻隔屏障	水泥系（水泥土、原位土-水泥-膨润土、水泥-膨润土等）、水泥系-土工膜复合、水泥系-钠基膨润土防水毯复合、混凝土-钠基膨润土防水毯复合、塑性混凝土竖向阻隔屏障
	柔性竖向阻隔屏障	膨润土系（原位土-膨润土）、膨润土系-土工膜复合、原位土-土工膜复合、膨润土系-钠基膨润土防水毯复合、原位土-钠基膨润土防水毯复合竖向阻隔屏障
按结构类型	单层竖向阻隔屏障	水泥系、塑性混凝土、膨润土系、钢板桩、钢筋混凝土竖向阻隔屏障
	复合竖向阻隔屏障	土工膜复合（水泥系-土工膜复合、膨润土系-土工膜、原位土-土工膜）、钠基膨润土防水毯复合（水泥系-钠基膨润土防水毯复合、混凝土-钠基膨润土防水毯复合、膨润土系-钠基膨润土防水毯复合、原位土-钠基膨润土防水毯复合）竖向阻隔屏障
按施工方法	开挖-回填法、非开挖方式施工方法，包括压力注浆法、深层搅拌法、高压喷射注浆法、渠式切割法、铣削深搅法竖向阻隔屏障	

表 11-8 竖向阻隔屏障技术施工技术性能

类型	常规施工方法	常规深度	常规厚度	成型周期	材料主要施工质量控制
土-膨润土系	开挖-回填双阶段技术	8~24m	0.6~1.0m	3~5d 屏障完成主固结	膨润土浆液密度、滤失量、黏度、回填材料坍落度、渗透系数
水泥系	开挖-回填双阶段技术、原位搅拌/旋喷等非开挖单阶段技术	15~24m	0.6~1.5m	初凝 1d，充分水化反应：90d	膨润土浆液密度、滤失量、黏度、回填材料渗透系数、强度
钢板桩	冲击沉桩、振动沉桩、静力压桩	9~15m	5~12mm	—	钢板桩搭接
土工膜复合	开挖-嵌入-回填三阶段技术、振动嵌入法、预制嵌入法	<15m	0.6~1.2m	土工膜垂直铺设效率约 50m²/d	土工膜搭接、铺设垂直度，膨润土浆液密度、滤失量、黏度、回填材料渗透系数
人工冻土屏障	循环制冷、一次性制冷系统	<10m	1.5~4.8m	10~120d	温度、渗透系数

表 11-9 不同类型竖向阻隔屏障技术特点

类型	优点	缺点
土-膨润土系	①渗透系数可达 10^{-11}m/s；②工程造价低，为水泥系 1/3~1/2；③施工简便、工期短；④可大量使用原位土，无增容效果；⑤工后不形成地下障碍物，便于二次开发	①开挖过程中出现污染土时必须妥善处理；②施工质量（如底部嵌固不良、砂砾沉底等）显著影响防渗截污性能；③防渗截污性能可能随时间削弱，干湿循环导致屏障的干裂；④受场地条件限制，主要适用于平整场地，通常需要较大的施工场地

续表

类型	优点	缺点
水泥系	①渗透系数可达 $10^{-10}\sim10^{-9}$ m/s；②可采用非开挖施工技术，对污染场地扰动小，避免引起二次污染；③施工技术成熟，对施工场地空间范围要求低，适合于绝大多数土层条件；④屏障强度可控，变形小；⑤采用旋喷技术时深度可达 $45\sim60$ m	①屏障垂直度、连续性控制要求高；②开挖过程中出现污染土时必须妥善处理；③水泥水化极易受污染物的不利作用；④水泥在硫酸盐等长期侵蚀作用下易开裂，影响长期稳定性；⑤大深度施工时工程造价较高
钢板桩	①支挡效果好，可有效避免高水头引起的水力劈裂；②施工效率高，工期短；③非开挖施工，无额外弃土	①搭接处渗漏问题严重；②材料易受腐蚀，难以作为长期隔离措施；③施工成本高
土工膜复合式	①服役寿命长，通常达 100 年以上；②不受干缩开裂、冻融循环的影响；③有效隔离气体（例如，VOCs）；④可弥补土-膨润土系和水泥系竖向阻隔屏障中施工质量问题引起的屏障缺陷	①土工膜的抗氧化、抗降解和抗穿刺性将显著影响防渗截污性能和服役寿命；②土工膜搭接处存在开裂的潜在风险；③高浓度有机污染液侵蚀土工膜；④土工膜嵌入深度有限（<10m）；⑤施工技术相对复杂、施工成本高
人工冻土屏障	①渗透系数可达 $10^{-13}\sim10^{-11}$ m/s；②污染物运移速率低；③屏障设计形式的自由度高；④无须土木工程材料，不引起二次污染；⑤工后不形成地下障碍物，便于二次开发	①运行成本高，仅适用于短期隔离处置；②污染作用下引起冰点降低，致使屏障出现融解；③土层条件显著影响屏障厚度和处置效果，例如低含水量土层和砾石层中处置效果差

11.6.2 竖向阻隔屏障阻滞性能

污染物运移通过竖向隔离墙时，主要发生对流、分子扩散、机械弥散和吸附 4 个过程。运移控制参数的基本表达式及参数确定基本方法见表 11-10。通过确定污染物运移控制参数，可以分析污染物击穿曲线、计算竖向阻隔屏障的服役年限。当污染物运移使屏障外侧污染程度达到国家评价标准规定的浓度阈值时，即认为竖向阻隔屏障被污染物击穿而失效。目前工程中主流的阈值标准包括：《生活垃圾卫生填埋场岩土工程技术规范》（CJJ 176—2012）所设定浓度阈值，取污染源浓度的 10%；《地下水质量标准》（GB/T 14848—2017）Ⅳ类水所规定浓度限值。

竖向阻隔屏障的渗透系数是污染物对流方式在竖向阻隔屏障中运移的关键参数。国内外工程案例显示，对水泥系等刚性及半刚性竖向阻隔屏障材料，建议以渗透系数 $k\leqslant10^{-8}$ m/s 作为防渗要求；对膨润土系等柔性竖向阻隔屏障材料，防渗要求则应采用 $k\leqslant10^{-9}$ m/s。在此基础上，环境岩土工程研究领域提出化学相容性，用于评价各类工程屏障材料抵抗污染作用对其工程性质造成不利影响的能力。对竖向阻隔屏障渗透系数的化学相容性，可采用污染前后渗透系数的比值。

表 11-10　污染物运移控制参数的基本表达式及参数确定基本方法

运移方式	控制参数	基本表达式	参数确定基本方法
对流	渗流速度（v_s）	$v_s=k\cdot i/n$	渗透试验
分子扩散	有效扩散系数（D^*）	$D^*=\tau_a\cdot D_0$	由惰性离子在纯扩散试验中的 D^* 获取 τ_a

续表

运移方式	控制参数	基本表达式	参数确定基本方法
机械弥散	机械弥散系数（D_m）	$D_m = \alpha_L \cdot v_s$	由惰性离子在土柱试验中获取 D_m
吸附	阻滞因子（R_d）	$R_d = 1 + K_p \cdot \rho_d / n$	由目标离子的纯扩散试验、土柱试验或批处理吸附试验获取 R_d

注：k 为渗透系数；i 为水力梯度；n 为孔隙率；τ_a 为表观弯曲因子；D_0 为溶质在自由水中的扩散系数；α_L 为纵向弥散度；K_p 为溶质在土与孔隙液间的分配系数；ρ_d 为土的干密度。

污染物运移通过竖向阻隔屏障的击穿时间分析以经典的半无限空间一维对流-弥散 Ogata-Banks 解析解为基础，通过试验所测定渗透系数、水动力弥散系数、阻滞因子、屏障材料孔隙率，根据击穿判别条件、污染初始条件，求解出满足使用屏障使用年限要求的屏障厚度，或屏障厚度所对应的屏障使用年限。对污染物在饱和土中的一维运移问题，当假定不同条件〔（1）土各向同性、均质；（2）土骨架不发生变形，孔隙液体积不变；（3）不考虑污染物运移引起的流体浓度变化；（4）不考虑化学势（例如运移控制参数 D_h、v_s 和 R_d 不随污染物浓度发生改变）、静电场、温度场等耦合作用；（5）吸附达到平衡状态〕时，在土柱试验中污染物运移有限距离（$x=L$）条件下考虑对流、分子扩散、机械弥散和线性吸附的污染物运移控制方程可描述为

$$\frac{\partial C_r}{\partial t} = \frac{D_h}{R_d} \cdot \frac{\partial^2 C_r}{\partial x^2} - \frac{v_s}{R_d} \cdot \frac{\partial C_r}{\partial x} \tag{11-8}$$

式中　C_r——土中孔隙液的溶质浓度；

　　　D_h——水动力弥散系数，$D_h = D^* + D_m$；

　　　x——污染物运移方向的距离；

　　　t——时间。

van Genuchiten 和 Parker（1984）建立污染物在有限距离（$x=L$）内运移条件下初始和边界条件为

$$\begin{cases} C_r(x, 0) = c_i & x > 0 \\ \left[v_s C_r(0^+, t) - D_h \dfrac{\partial C_r(0^+, t)}{\partial x} \right] = v_s C_0 & t \geqslant 0 \\ \left[v_s C_r(L^-, t) - D_h \dfrac{\partial C_r(L^-, t)}{\partial x} \right] = v_s C_e & t \geqslant 0 \end{cases} \tag{11-9}$$

式中，$x=L^-$ 表示污染物运移反向一侧无限趋近于 $x=L$ 处。

污染物运移有限距离（$x=L$）条件下污染物浓度解答为

$$\frac{C_e - C_i}{C_0 - C_i} = \frac{1}{2} \left[\operatorname{erfc}\left(\frac{LR_d - v_s t}{2\sqrt{D_h t R_d}} \right) + \exp\left(\frac{v_s L}{D_h} \right) \cdot \operatorname{erfc}\left(\frac{LR_d + v_s t}{2\sqrt{D_h t R_d}} \right) \right] \tag{11-10}$$

该解答普遍运用于目前污染物运移通过竖向阻隔屏障的运移参数敏感性分析、屏障厚度设计和使用年限计算。

11.6.3　竖向阻隔屏障工程案例

1. 场地污染及工程概况

实施竖向阻隔屏障工程的污染场地历史上属于农药厂、硫酸厂和钢铁总厂的厂区交

界方位。项目中土壤修复方量 59699m³，地下水修复方量 94635m³，计划工期为 300d。污染场地工程采用原位热脱附技术。修复范围中的深度 7.5m 以内，0～2m 土壤原地异位间接热脱附，2～7.5m 存在原位热脱附、异位间接热脱附及化学氧化三种类型，地下水污染拟采用浓度不低于 3% 的双氧水高压旋喷处置。为阻断地下水进入原位热脱附区和土壤中污染物的迁移，在原位热脱附区边界外侧设置竖向阻隔屏障，施工采用单排双轴水泥土搅拌桩机 SJB-Ⅲ 成桩。

项目现场航拍图及土层分布如图 11-18 所示，虚线为预设竖向屏障的施工处，竖向屏障包围的区域为待修复区域。其中竖向屏障总共长度为 150m，139m 为传统水泥止水帷幕（OPC），10m 为碱激发矿渣膨润土竖向阻隔屏障（MSB），1m 为六偏磷酸钠改性膨润土的碱激发矿渣膨润土竖向阻隔屏障（MS-SB），上述 MSB 和 MS-SB 均为东南大学岩土工程研究所环境岩土工程团队研发的阻隔屏障材料。

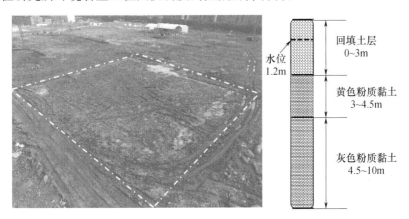

图 11-18　项目现场航拍及土层分布图

2. 效果分析

(1) 渗透系数

图 11-19 反映了竖向屏障在原位养护 28～115d，在不同养护深度下墙体渗透性随取

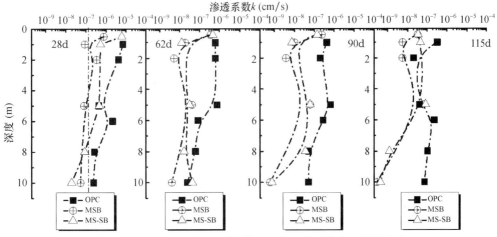

图 11-19　现场养护龄期和墙体深度对竖向屏障渗透性的影响

样深度的关系。由图可知，随着养护龄期由 28d 增长至 62d，渗透系数都趋于减小。此阶段可以理解为水化反应的持续进行，如 OPC 墙体中的火山灰反应形成的水化硅酸钙（C-S-H）、水化铝酸钙和水化硅铝酸钙等水化产物，MSB 和 MS-SB 中的缓慢形成的水化硅酸钙（C-S-H）和 $Mg(OH)_2$。首先这些水化产物形成骨架网状结构，将墙体黏结成一个整体；水化产物充填在原位土颗粒的孔隙中持续水化。随着水化进程的继续发展，墙体中的自由水和孔隙不断减少、密度和强度不断增加，使墙体材料更加致密，渗透系数逐渐降低。

（2）含水量、pH

图 11-20 为水泥、MSB 和 MS-SB 三种材料与原位污染土形成竖向屏障，在取样深度和养护龄期不同的情况下，含水量的变化率关系图。由 28d、62d 的影响可知，在相同的养护龄期条件下，三种竖向屏障的含水量均随墙体深度递增而递减，可能由于底部墙体由于上覆荷载对底部墙体进行压实。在相同龄期条件下，水泥墙体含水量高于 MSB 和 MS-SB 墙体。随着养护龄期从 28d 增加至 90d，三种竖向屏障在地下 0.5～10m 深度的含水量均有所降低，其中水泥墙体、MSB 和 MS-SB 最高分别降低 17.2％、11.4％和 5.6％。对比 90d、115d 的影响可知，试样在养护 90d 到 120d 期间，三种竖向屏障各个深度（0.5～10m）的含水量变化十分微小，表明三种墙体材料此时均已经完成水化。

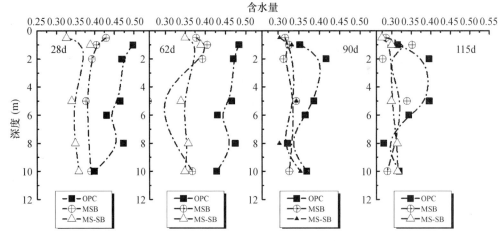

图 11-20　现场养护龄期和墙体深度对竖向屏障含水量的影响

图 11-21 为 OPC、MSB 和 MS-SB 三种竖向屏障，在取样深度和养护龄期不同的情况下，pH 的变化率关系图。pH 取样部位为试样中心部位，按水土比 1:1 测得。在相同龄期内，OPC 墙体的 pH 均高于 MSB 和 MS-SB。

（3）无侧限抗压强度

图 11-22 为现场养护龄期和墙体深度对竖向屏障无侧限抗压强度的影响。28d 影响图反映了竖向屏障在原位养护 28d 之后，在不同养护深度下墙体无侧限抗压强度随取样深度的关系。由图 11-22 可知，在养护 28d 条件下，OPC 墙体的强度分别高于 MSB 和 MS-SB 的 1.58％～7.63％和 5.89％～12.36％。28d、62d、90d、115d 影响图反映了随着龄期由 28d 增长至 90d 的强度变化趋势，表明随着养护龄期的增长，三种墙体无侧限强度均逐渐增大。115d 与 90d 相比，各取样深度强度变化较小，可认为墙体在原位养

护 90d 之后无侧限强度逐渐稳定。

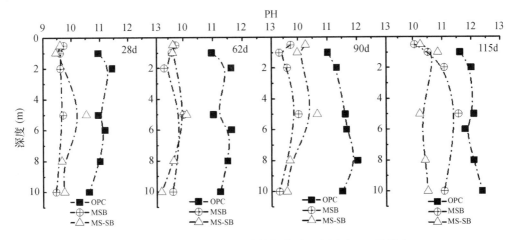

图 11-21 现场养护龄期和墙体深度对竖向屏障 pH 的影响

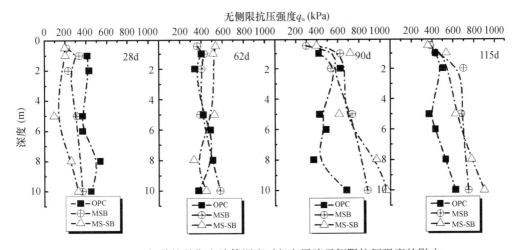

图 11-22 现场养护龄期和墙体深度对竖向屏障无侧限抗压强度的影响

（4）渗透系数

图 11-23 为现场养护龄期和墙体深度对竖向屏障渗透性的影响。该图反映了竖向屏障在原位养护 28～115d，在不同养护深度下墙体渗透性随取样深度的关系。由图可知，随着养护龄期由 28d 增长至 62d，渗透系数都趋于减小。此阶段可以理解为水化反应的持续进行，如 OPC 墙体中的火山灰反应形成的水化硅酸钙（C-S-H）、水化铝酸钙和水化硅铝酸钙等水化产物，MSB 和 MS-SB 中的缓慢形成的水化硅酸钙（C-S-H）和 $Mg(OH)_2$。首先这些水化产物形成骨架网状结构，将墙体黏结成一个整体；其次水化产物充填在原位土颗粒的孔隙中持续水化。随着水化进程的继续发展，墙体中的自由水和孔隙不断减少，而密度和强度不断增加，使墙体材料更加致密，渗透系数逐渐降低。在相同龄期下和相同深度下，渗透系数大小排序为 OPC<MSB<MS-SB。MSB 和 MS-SB 渗透系数比 OPC 低 1～2 个数量级。90d 后的 MSB 和 MS-SB 渗透系数均可达 10^{-8} m/s，OPC 渗透系数为 10^{-7}～10^{-6} m/s。

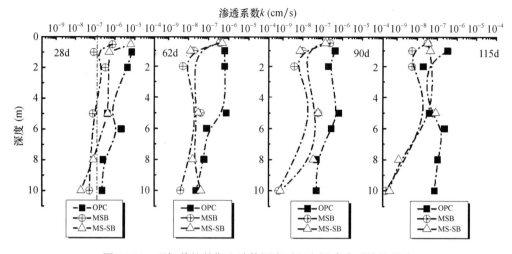

图 11-23　现场养护龄期和墙体深度对竖向屏障渗透性的影响

（5）重金属和有机物浸出

图 11-24 为现场取样的污染物浸出（重金属如 Zn、Cu、Cd、Pb、As；有机物如 BaP、BaA、DBA、BbF 和 IcdP）随着龄期的变化关系。对所有试样，取样深度对污染物的浸出影响十分微弱。对 Zn 和 As，污染物浸出浓度大小排序为 OPC＜MSB＜MS-SB。MS-SB 墙体和 MSB 墙体对有机污染物［如 BaA（苯并蒽）、BaP（苯并［a］芘）、BbF（苯并［b］荧蒽）、BkF（苯并［k］荧蒽）、DBA（二苯并（a，h）蒽）和 IcdP（茚并（1，2，3－cd）芘）等］析出量更低。以 DBA 为例，可知养护 28d 后的 MS-SB 墙体和 MSB 墙体分别较 OPC 低 24.3％和 18.7％。其主要原因是 MSB 和 MS-SB 墙体的水化产物如 C-S-H 和 Ht 等，包裹和吸附大量污染物，且 MS-SB 中的磷酸盐增加土壤颗粒表面的阴离子电性，形成物理吸附层吸附污染物。

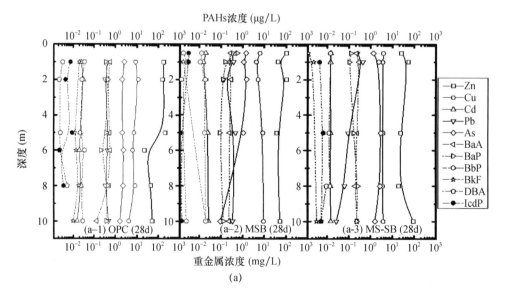

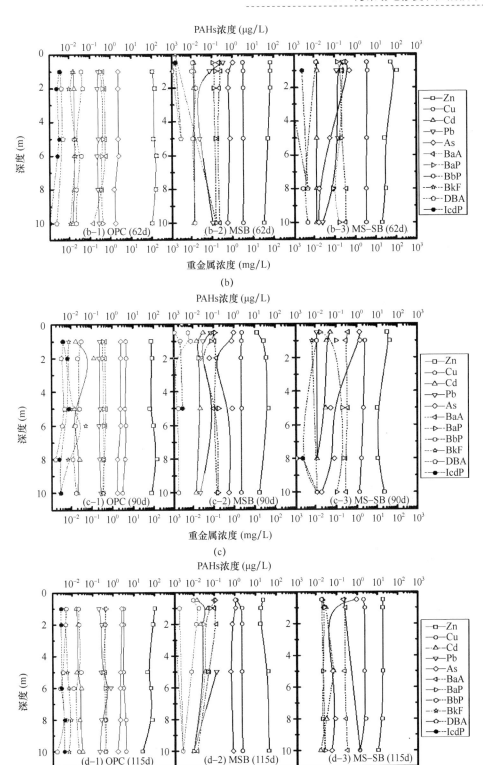

图 11-24　现场墙体深度对竖向屏障污染物浸出的影响

（a）28d；（b）62d；（c）90d；（d）115d

课程思政：和谐面貌　绿色生活

很多城市城区扩大后，旧城区的工厂搬迁后遗留下来的污染场地成为城市建设发展一大隐患，也成为影响城市高质量发展的不良因素。教师应通过实例教学和修复工程示范，展示给学生污染场地修复后的和谐面貌、绿色生活。结合"绿水青山就是金山银山"的主题理念教育，进一步强化学生学习环境岩土工程知识与理论的自觉性和爱国热情。

生态文明是我国"五位一体"总体布局的重要方面，是习近平新时代中国特色社会主义思想的重要组成部分。生态环境教育是生态文明建设顺利推进的思想意识保障。消除环境危机、修复受损污染场地、生态系统，需要通过生态环境思政教育纠正人们的思想观念和行为，培养国民的生态环保意识，建设生态文明。环境岩土工程课程关心的问题与社会、国家息息相关，专业课与生态文明保护关联紧密，结合本章课程学习，强化生态文明教育，对推动社会主义思政教育和生态文明建设具有重要意义。

12

微生物技术改良土壤

微生物岩土技术是近20年发展起来的一门由微生物技术与岩土工程交叉发展的一个新的研究方向。微生物岩土技术利用自然界存在的微生物的代谢功能并加以控制，再与环境中其他物质发生一系列生物化学反应，改变土体的物理力学及工程性质，从而实现环境净化、土壤修复、地基处理等目的，解决岩土工程中的问题。微生物岩土技术中所利用的微生物过程包括微生物矿化作用、微生物产气泡过程，以及微生物膜生长过程等。从实际应用的角度来说，微生物岩土技术的应用领域包括岩土体加固、防渗，砂土液化防治，土体抗侵蚀，污染土治理，微生物岩土技术实施方法、监测、检测技术，以及环境影响等。

在天然环境接近地表的土层中，每1kg土体中微生物的数量为$10^9 \sim 10^{12}$个，在$2 \sim 30$m深度的土体中，每1kg土体中微生物的数量为$10^{11} \sim 10^6$个。自然界中的微生物包括原核生物（如细菌、古细菌等）和真核生物（如藻类、真菌等），微生物在地球的形成过程中发挥了重要作用。这些微生物活动能够影响土的形成和性质，如微观结构、强度、刚度和渗透性等。微生物岩土技术主要是利用自然界广泛存在的微生物的代谢功能，与环境中其他物质发生一系列生物化学反应，并生成方解石在岩土体中沉淀结晶，从而改变岩土体的物理力学性质，达到改良土体性质的功效。微生物岩土技术作为岩土工程领域新的分支逐渐成为一个热门课题，并取得了很大的进展。从微生物反应原理的角度来看，微生物岩土技术所利用的微生物过程包括微生物矿化作用、微生物产气泡过程和微生物膜生长过程等。从实际应用的角度来看，微生物岩土技术的应用领域包括土体加固、砂土液化防治、土体抗侵蚀、岩土体防渗和污染土修复等。本章从微生物反应过程和工程应用的角度出发对微生物岩土技术这一新领域进行介绍。

12.1 微生物反应过程

12.1.1 微生物矿化作用

微生物矿化是自然界中普遍存在的一种现象，自然界中的某些微生物能够利用自身的新陈代谢活动生成多种矿物结晶。由于碳酸钙是自然界中分布最广的一种碳酸盐，且性质较为稳定，具有较强的强度和耐久性，因而微生物沉积碳酸钙一直是微生物成矿作用研究的热点。生物学家利用一些特定的微生物（如脲酶菌、反硝化细菌），通过为之提供丰富的Ca^{2+}及氮源的营养盐，快速析出具有优异胶结作用的方解石型碳酸钙结晶，这一微生物成矿作用常被称为微生物诱导方解石沉积（microbial induced calcite precipitation，MICP）技术。目前，可供选择的MICP方式主要有尿素水解、反硝化作用、三价铁还原和硫酸盐还原。鉴于尿素水解机制简单，反应过程容易控制，而且在短时间内能够产生大量的 CO_3^{2-}，因此，基于尿素水解的 MICP 一直作为主流的碳酸钙生物矿化技术被广泛应用。

尿素水解的 MICP 大多基于一种高产脲酶的巴氏芽孢杆菌。它是一种土壤中富含的嗜碱性细菌。具有较强的环境适应性，能以尿素为能源，通过自身新陈代谢活动产生大量的高活性脲酶，将尿素水解生成 NH_4^+ 和 CO_3^{2-}。由于微生物代谢产物胞外聚合物（EPS）中含有羟基、胺基、酰胺基、羧酸等负离子基团，细菌细胞壁的特殊结构使细菌表面通常带有负电荷，并不断吸附周围溶液中的 Ca^{2+}，使其聚集在细菌细胞外表面，同时扩散到细胞内部的尿素分子在细菌产生的脲酶作用下不断分解出 CO_3^{2-}，并运输到细胞表面，从而以细胞为晶核，在细菌周围析出碳酸钙结晶。随着碳酸钙晶体数量不断增多，细胞逐渐被包裹，使细菌代谢活动所需的营养物质难以传输利用，最后导致细菌逐渐死亡。以上反应示意图如图 12-1 所示，反应方程式为

$$Ca^{2+} + Cell \longrightarrow Cell - Ca^{2+} \tag{12-1}$$

$$NH_2 - CO - NH_2 + 2H_2O \xrightarrow{\text{脲酶}} 2NH_4^+ + CO_3^{2-} \tag{12-2}$$

$$CO_3^{2-} + Cell - Ca^{2+} \longrightarrow Cell - CaCO_3 \downarrow \tag{12-3}$$

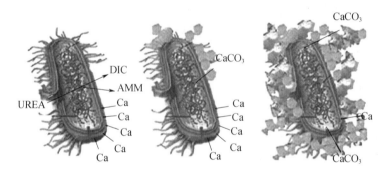

图 12-1　微生物诱导方解石沉积示意图

在整个生物化学反应过程中，巴氏芽孢杆菌起到两个最核心的作用：一是为尿素水解提供脲酶；二是为碳酸钙晶体的形成提供晶核。由于上述过程中脲酶水解尿素产生了 NH_4^+，使环境 pH 升高，脲酶表现出对尿素更高的活性和更强的亲和力，这也促进了碳酸钙晶体的形成。同时在整个生物矿化过程中，巴氏芽孢杆菌基本不产生毒性物质或其他副产物，细菌细胞间也不会发生聚集，保证其具有一个较高的细胞比表面积，这些优势都使巴氏芽孢杆菌具备实际应用的能力。

利用 MICP 技术向砂土中灌注菌液、尿素和 $CaCl_2$ 的营养液，可快速析出方解石凝胶，并将松散砂颗粒胶结成为整体。微生物胶结砂颗粒的过程如图 12-2 所示。首先带有负电荷的微生物吸附在砂颗粒表面，然后以孔隙溶液中的尿素及可溶性钙盐为营养源，通过微生物诱导方解石沉积作用，便会在砂颗粒间形成胶结物质——方解石。方解石凝胶在砂粒间充当桥梁作用，最终将松散砂颗粒胶结成为具有一定力学性能的整体（图 12-3）。因此，砂颗粒中方解石的有效沉积是微生物胶结作用实现的关键。图 12-4 是通过 SEM 和 CT 图像揭示方解石在砂土颗粒中的真实分布状态，即主要分布在土颗粒相互接触的附近。

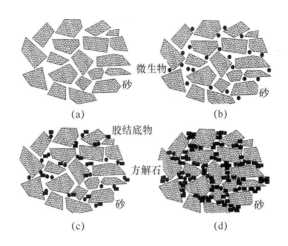

图 12-2　微生物胶结砂颗粒的过程

（a）松散砂颗粒；（b）微生物吸附在砂颗粒间；

（c）胶结底物吸附在砂颗粒间；（d）松散砂粒被胶结成为整体

图 12-3　松散砂颗粒胶结为砂柱

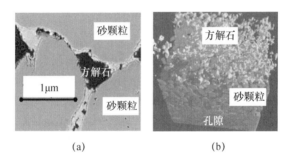

图 12-4　砂颗粒间方解石分布的微观图像

（a）SEM 图；（b）CT 图

12.1.2　微生物膜及功效

　　MICP 大多采用芽孢类细菌的培养和繁殖，在细胞内形成的一个圆形或椭圆形的芽孢。芽孢壁厚、含水量低、抗逆性强。该芽孢类细菌具有很强的环境抵抗性。尿素分解类微生物矿化反应受到细胞膜通透性等因素的影响，而微生物分泌的胞外聚合物（extracellular polymeric substances，EPS）则是一种常见的微生物反应产物。这些黏液状的胞外聚合物通常是一些亲水性物质，含水量高达 99%。其附着在孔隙材料的表面和内部，形成微生物膜，从而导致材料的渗透性降低。由胞外聚合物导致的孔隙材料的阻塞，在天然和人工环境里广泛存在。胞外聚合物带来的孔隙材料渗透性的降低，主要是因为来自填充作用和孔隙水黏度的升高。微生物的这一作用可以作为降低孔隙材料渗透性的技术手段，如土石堤坝的止水、蓄水结构的渗漏防治等。很多原核微生物都可以分泌胞外聚合物，常见的微生物包括某些有氧或兼氧型的异养细菌、某些贫营养细菌和硝化细菌等。大量室内试验数据显示，胞外聚合物的生成能够显著降低孔隙材料的渗透性，可使其渗透系数降低 2～4 个数量级。很多现场试验研究表明，胞外聚合物的生成量和渗透性的下降呈正相关。胞外聚合物的生成和降解的主要影响因素包括孔隙材料的类型、孔隙材料的含水量、温度、氧化-还原条件、营养物质的供给及其类型、氮元素的供给、氧气浓度和微生物的生理状态等。

12.2　微生物矿化改良土壤

微生物岩土技术应用最为广泛的是采用 MICP 法加固改良土体。MICP 固化土体的机理是通过系列的化学反应产生方解石凝胶充填土体内部的孔隙，使土体的强度得到增强。

12.2.1　微生物灌浆加固土体

研究表明，MICP 固化土的无侧限抗压强度与其方解石沉积量具有较强的线性相关性，如图 12-5 所示。

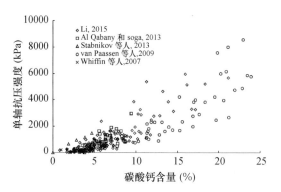

图 12-5　固化土抗压强度与碳酸钙含量的关系

为了提高微生物在松散砂粒间的传输距离和吸附固定效果，Harkes 等提出了一种分步灌浆方法，即先向砂土中注入一定量的菌液，然后低速注入低浓度的 $CaCl_2$ 溶液（固定溶液），利用 Ca^{2+} 的絮凝作用实现微生物的固定，最后低速灌注胶结溶液（尿素-$CaCl_2$），使吸附在砂颗粒中的微生物不断矿化生成方解石凝胶。基于 MICP 加固机制及分步灌浆加固方法，国外研究机构纷纷利用微生物灌浆技术对不同尺度砂柱及砂土地基进行加固试验研究（图 12-6）。为提高固化土样的效果，通过多次循环灌注菌液和胶结溶液的砂柱，其无侧限抗压强度最高达到 10MPa。

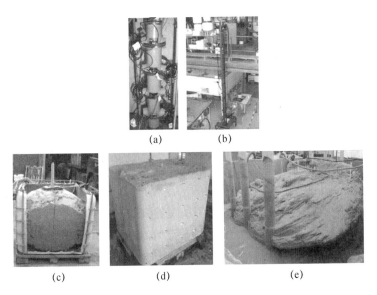

图 12-6　微生物灌浆加固不同尺度砂体模型

(a) 0.5m砂柱；(b) 5.0m砂柱；(c) 1m³砂基；(d) 1m³砂基；(e) 40m³砂基

　　土是散粒体材料，MICP 固化改良土壤的效果从其颗粒级配就能反映出来，因为土体的孔隙尺寸影响微生物在砂颗粒间的滞留、吸附及传输移动。微生物的细胞直径通常在 $0.5\sim3.0\mu m$，无法在尺寸小于约 $0.4\mu m$ 的孔隙内进行传输，因此较小的孔隙会抑制微生物在颗粒间的传输分布。但较大的孔隙会使微生物难以在砂粒间滞留和吸附，其大部分会随着胶结液的灌注被冲刷带走，最终导致方解石沉积效率很低。一些学者选用高岭土、粉土、细砂、粗砂及砾石在内的 11 种粒径的土（粒径范围 D_{10} 为 $0.36\sim11500\mu m$）开展土体胶结试验（图 12-7），并得到最有利于方解石沉积的颗粒粒径为 $50\sim400\mu m$。对低渗透性土而言，细菌缺少生存空间且胶结溶液流动缓慢，非常不利于微生物加固土体。目前微生物灌浆技术主要应用于渗透性好的砂类土，以及含有少量砾石、泥炭或黏土的砂性土。

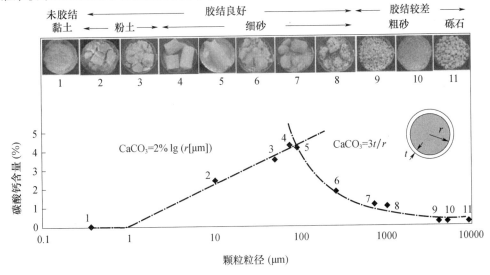

图 12-7　土颗粒粒径与固化效果的关系

微生物技术加固改良土壤，除了室内试验研究外，2010年荷兰代尔夫特理工大学首次将 MICP 灌浆技术应用于现场砂砾土稳固工程中，即利用微生物灌浆加固地下砂砾土层稳定水平定向钻孔，如图 12-8 所示。该工程灌浆加固深度为地面以下 3~20m，待加固的砂砾土体积约为 100m³，沿钻孔路径布置灌注井和抽提井，其中抽提井对称设置于灌注井两侧。首先通过灌注井依次注入约 200m³ 菌液及 300~600m³ 胶结溶液，浆液沿渗流方向传输至抽提井附近，然后抽提出含有高浓度 NH_4Cl 的地下水进行污水处理。在微生物灌浆现场应用中，对灌浆前及灌浆过程中沙砾层的电阻率进行了测试（图 12-9），高盐性浆液使其电阻率由初始的 120Ω·m 降低至 2Ω·m，电阻率的显著变化有效地监测了菌液和胶结溶液在土层中的流动和传输。加固结束后砂砾胶结体中方解石含量高达 6%，并且在进行水平定向钻孔和天然气管道铺设时，砂砾层一直保持着稳定状态，没有发生坍塌事故，微生物灌浆的首次现场应用取得了很好的试验效果。

微生物灌浆技术是一种低压、非扰动、生态环保的地基原位加固新方法，特别适用于处理渗透性较高的砂土地基。然而，目前关于 MICP 加固土体的研究还主要局限于室内试验，大规模工程应用实例还很少，微生物灌浆施工经验明显不足，因此有必要进一步开展大尺度灌浆模型试验及现场应用试验，总结软弱地基中 MICP 灌浆技术的实践经验，以推动该技术在岩土加固领域中的广泛应用。

图 12-8　砾石稳定性试验及现场应用

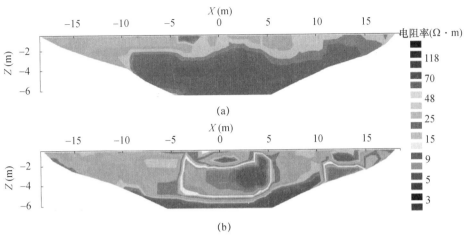

图 12-9 灌浆前及灌浆过程中砂砾土层的电阻率分布图

（a）灌浆加固前；（b）灌浆过程中

12.2.2 微生物治理砂土液化

MICP 技术不仅可以用于地基加固，还可以用于场地抗液化处理。Xiao 等人通过一系列试验发现，MICP 处理后将改变松砂的液化机理，并有效改善砂土的抗液化性能。程晓辉等人通过振动台模型试验研究了微生物灌浆加固砂基的抗液化强度（图 12-10），发现 MICP 灌浆加固技术较传统碎石桩挡墙加固方式在中强震中表现出更强的抗液化能力，更能有效地抑制土层对地震波的放大作用。Montoya 等人研究了液化砂土地基在不同胶结程度下的抗液化性能，发现随着胶结程度的增加，砂基抗液化强度逐渐提高，但胶结程度高的砂基，其地面峰值加速度有所增加，这实际上放大了地面运动响应。Burbank 等人利用富集培养基刺激原位场地的特定细菌，快速生长成为优势菌落，利用环形渗透计分 9 次灌入胶结溶液进行现场可液化土加固处理。加固完成后，通过碳酸钙含量测试发现，从地表到地下 0.9m 处的碳酸钙含量在 1％左右，1～2m 深度范围碳酸钙含量为 1.8％～2.4％；通过 CPT 试验表明，在 1～1.3m 深度处的锥尖贯入阻力是未加固的 2～3 倍。总体而言，加固后的砂土动力特性接近于密砂，但由于胶结作用的存在，MICP 加固的抗液化效果比振冲密实更有效。

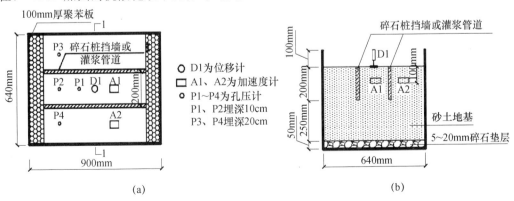

图 12-10 模型地基与传感器布设示意图

（a）模型地基平面图；（b）1—1 剖面图

利用微生物过程产生气体来降低土体饱和度也是一种防治地基液化的手段。研究表明，对饱和砂土，即便饱和度极少量降低，土体的抗液化性能也将明显提高。不同的微生物作用能产生不同气体，相比于二氧化碳、氢气、甲烷等其他气体，微生物作用生成的氮气难溶于水，其化学性质稳定、不易分解。因此，通过用氮气减少饱和度提高抗液化性能是一种很好的选择。He 等人利用微生物的反硝化作用产生生物气泡开展了振动台试验，发现在加速度为 $0.5m/s^2$ 的情况下，未经过微生物处理的饱和松砂完全液化，其超孔隙水压比接近 1.0，地表发生明显沉降，体积应变达到 5%；经过不同程度微生物处理后，砂土的饱和度分别降低到 95%～80%。其中，80% 饱和度模型在加速度为 $0.5m/s^2$ 的情况下，超孔隙水压比仅为 0.1，地表几乎没有沉降发生，且体积应变小于 0.2%。Peng 等人利用氮源浓度控制施氏假单胞菌反硝化反应气体生成量，结果表明土体饱和度与硝酸根浓度呈良好幂函数关系，并通过振动台试验研究验证了微生物气泡处理可液化砂土模型地基的效果。相比较采用 MICP 法的砂土液化治理手段，微生物气泡法操作更为简单且成本更低。需要注意的是微生物反硝化过程受到 NO_3^- 和 NO_2^- 的浓度、酸碱度、营养物类型和温度等因素的影响。当反应体系中 NO_3^- 浓度过高时，会导致 NO_2^- 浓度积累过多，从而阻碍反硝化的进一步进行。再者，NO_2^- 是一种有毒性的物质，会造成环境污染，因此在应用中应加以重视。

12.2.3 微生物防尘固沙技术

微生物处理的土体具有很好的抵抗水力、风力侵蚀的特性。这些特性使微生物可以被用作地基和土工结构物抗水力、风力侵蚀，以及控制扬尘污染。Bang 等人研究发现，将菌液及胶结溶液均匀喷洒于砂土表面可形成具有一定硬度的胶结薄层，从而有效提高固化土体的抗风蚀性能。Gomez 等人率先开展了微生物胶结表层砂体抵抗侵蚀破坏的现场试验研究（图 12-11），采用菌液和胶结溶液对现场松散尾矿砂进行表面胶结加固，最终形成了 2.5cm 厚的坚硬胶结层，通过动力触探和方解石含量测试表明，有效加固深度达到 28cm，显著提高了松散矿砂的抗侵蚀能力，并为今后植被恢复创造有利条件。李驰等在我国内蒙古乌兰布和沙漠地区进行了原位微生物矿化覆膜现场试验，缪林昌等人在腾格尔沙漠完成了 5 万 m^2 微生物矿化固沙示范试验。试验选用巴氏芽孢杆菌和葡萄球菌作为菌种，将菌液和胶结溶液按照交替喷洒的方式进行现场表面喷洒，在沙漠表面形成一个硬化层，可有效地防止砂土飞扬，以抑制沙漠风蚀。

(a)　　　　　　　　　　(b)

图 12-11　微生物胶结固化表层砂土现场试验

（a）松散矿砂沉积；（b）表面形成坚硬胶结层

12.2.4　微生物岩土封堵防渗

微生物岩土技术的另一项应用领域是岩土体防渗。对不同的工程问题，可以采用不同类型的微生物反应过程及不同的施工技术手段。目前，微生物封堵方式主要有两种：一种是利用MICP作用形成碳酸盐沉淀封堵，另一种是微生物膜技术。

微生物矿化形成的方解石填充于土颗粒孔隙中，使土体的孔隙率和渗透性得以改善。早在1992年，Ferris等人就提出利用生物矿化沉积的方解石降低地层的渗透性，并建议将其应用于油田开采中。Chu等人通过MICP技术在砂土表面形成一定厚度的胶结层，使砂体的渗透系数由10^{-4}m/s下降至10^{-7}m/s，并成功构建了实验室尺度的水池模型（图12-12）。Gao等人提出了基于MICP的防渗沟渠的施工工艺，即首先利用注浆管工艺处理待修建沟渠场地，然后进行开挖，最后利用喷洒和浸泡技术处理沟渠表面。试验结果表明，该施工工艺能有效减小砂土表面的渗透系数，满足使用要求。Qabany等人针对不同浓度胶结液对土体抗渗性效果的改善做了大量工作，对微生物矿化作用带来的封堵防渗效果持肯定态度。如图12-13所示，胶结液浓度为1.00mol/L时，在固化初期土体的渗透性可减小30%，但随着固化程度的增加，其抗渗性并未随之持续增强；胶结液浓度为0.25mol/L时，土体抗渗性随碳酸钙含量增长而缓慢增强，最终渗透性可降至3%。因此，当松散砂粒中大部分孔隙被方解石所填充时，砂土的渗透性会大幅度降低，并实现对多孔材料的封堵。

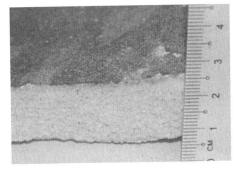

图12-12　MICP临时蓄水池

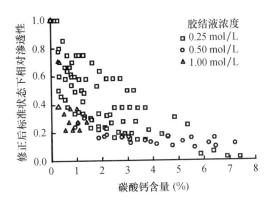

图12-13　不同浓度胶结溶液对土体抗渗性能改善的影响

生物膜技术主要通过激发微生物的新陈代谢，使其产生大量胞外聚合物（EPS）。EPS 是一种柔软、有延性和有弹性的有机黏滑固体，能促进更多细菌附着并形成一种生物膜。微生物膜可以有效降低孔隙材料的渗透性，因此能够对土体起到防渗作用。研究发现，经过微生物膜处理的砂土，其渗透系数从约 10^{-4} m/s 降至约 10^{-6} m/s。Blauw 等人将生物膜技术应用于奥地利多瑙河的一个黏土心墙堤坝渗漏修复。他们利用原位微生物的生长，进行了为期 23d 营养液灌注，以降低心墙的孔隙进行堵漏。6 周后他们发现渗透性开始下降；10 周后发现堤坝的单位时间渗漏量明显减少，从修复前每天 17.33m³ 降低到 2.35m³；5 个月后发现其渗漏量只有处理前的 0.1~0.2。这表明生物膜技术在土工构筑物修复应用中具有可行性。需要说明的是，由于生物聚合物的可降解性、热敏感性及较差的力学性能，其堵塞作用的耐久性不易保证，不足以满足大部分土工结构的设计使用寿命，因此该技术目前仍无法大规模推广。

相反，利用微生物矿化生成的无机物沉淀具有更好的稳定性和力学性能，因此基于微生物矿化的生物封堵技术被认为更有潜力。刘璐等人通过向模型堤坝喷洒微生物细菌及营养盐进行加固，并对处理好的堤坝模型进行水槽试验，如图 12-14 所示。经过连续多天的冲刷后，除模型试样两侧有少量细砂被水流带出外，模型整体无侵蚀破坏现象发生。这是因为碳酸钙聚集在模型堤坝表层，形成了一个硬壳层。

  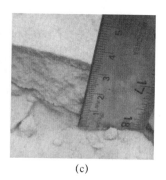

(a)   (b)   (c)

图 12-14　微生物加固堤坝模型水槽试验

（a）未处理水槽抗冲刷试验；（b）MICP 表面加固水槽抗冲刷试验；（c）模型表层形成的硬壳

12.3　微生物修复重金属污染土

12.3.1　微生物修复重金属污染土的机理

利用微生物对不同污染类型土壤进行生物修复已经成为微生物研究的热点之一。微生物修复污染的土壤必须具备两个方面的条件：一是土壤中存在着多种多样的微生物，这些微生物能够适应变化了的环境，具有或产生酶，具备代谢功能，能够转化或降解土壤中难降解的有机化合物，能够转化或固定土壤中的重金属；二是进入土壤的有机化合物大部分具有可生物降解性，即在微生物的作用下由大分子化合物转变为简单小分子化合物的可能性，进入土壤的重金属具有微生物转化或固定的可能性。具备这两方面的条件，微生物修复才有可能实现，另外微生物修复重金属污染土壤的效果也受土壤营养、电子受体、电子供体、共代谢基质等土壤环境的影响。

微生物修复土壤的实质是生物降解，即微生物对物质（特别是环境污染物）的分解作用。它与传统的分解在本质上是一样的，但又有分解作用所没有的新特征（如共代谢作用、降解质粒等），因此可视为分解作用的扩展和延伸。由于微生物个体小、繁殖快、适应性强、易变异，所以可随环境变化产生新的自发突变株，也可能通过形成诱导酶产生新的酶系，具备新的代谢功能以适应新的环境。微生物对土壤中的有毒污染物的降解主要包括氧化反应、还原反应、水解反应和聚合反应等。

微生物对重金属离子的溶解与沉淀。在土壤环境中，微生物能够利用有效的营养和能源，在土壤滤沥过程中通过分泌有机酸络合并溶解重金属。土壤微生物可以通过带电荷的细胞表面吸附重金属或通过摄取必要的营养元素主动吸收重金属离子，并将重金属离子吸附在细胞表面或内部。

微生物对重金属离子的氧化-还原作用。土壤中的一些重金属元素可以多种价位形态存在，它们以高价离子化合物存在时溶解度通常较小，不易发生迁移，而呈低价离子化合物存在时溶解度较大，较易发生迁移。微生物的氧化作用能使这些重金属元素的活性降低。

菌根真菌与土壤重金属的生物有效性影响。真菌侵染植物根系后形成共生体——菌根。菌根真菌与植物根系共生能促进植物对营养养分的吸收和植物生长。菌根真菌不仅能借助有机酸的分泌对土壤中某些重金属离子进行活化，而且能以其他形式如离子交换、分泌有机配体、激素等间接作用影响植物对重金属的吸收。

12.3.2 重金属污染土 MICP 固化稳定技术

利用 MICP 技术中的碳酸根将污染土壤中游离态的重金属离子沉积下来，转化为稳定态，消除其危害，能够起到修复污染土壤的效果。不同研究者从不同地区分离出多种细菌，利用 MICP 技术实现了 Cu、Pb、Zn、Cd、Cr、Sr、As 等多种不同重金属污染土壤的稳定化处理，重金属去除率达到 $50\% \sim 99\%$，证明 MICP 能够在恶劣的自然条件下对重金属污染土壤进行固化作用。目前，将 MICP 技术应用于重金属污染治理方面的工作仍主要集中于实验室模拟阶段，已报道的现场试验研究仅有两个。Fujita 等人在华盛顿的一块场地开展了 ^{90}Sr 污染治理试验，试验添加糖浆和尿素以促进场地土中脲酶菌的生长和重金属的固化沉积，并利用注浆管在相隔几米的地方一边注浆一边抽取。试验结果表明，MICP 技术是一种可以用于现场 ^{90}Sr 污染物处理的技术手段。许燕波等人采用 MICP 技术对某废弃铁矿场进行污染物处理，试验采用的是表层喷洒的方法，现场修复深度为 20cm，面积为 1000m^2，处理后污染土中 Cu、Pb、Zn、Cd 和 As 的交换态浓度均明显降低，重金属去除率最高达 83%。

微生物修复污染土技术方法简单、易于操作，能够有效降低重金属离子对环境的危害，是一种环保型污染土壤修复技术，因此具有很好的应用前景。今后应加强 MICP 技术去除重金属的机理研究，结合酶反应动力学和结晶热力学研究含重金属方解石形成过程，利用现代分析技术研究金属离子在细胞内外的沉积部位和结合方式。同时，深入研究土壤中微生物如何调控土壤微环境、设置矿化位、诱导或控制生物矿化过程，探讨重金属在矿化产物中是否具有长期稳定性。

课程思政：跨界学习　交融创新

　　微生物技术是近 20 年发展起来的新技术，新技术的应用是环境岩土工程技术发展的必然趋势。应通过课程教学鼓励学生不断创新，通过跨界学习，交叉融合创新。

　　跨学科交叉融合解决针对性问题，成效显著。结合课程教学，进行跨学科融合的前期准备与尝试、跨学科前沿问题的阐述、跨学科效果情况的定量定性分析等。以微生物技术修复土壤的案例导入，以及对岩土工程学科资源的整合和解读，跨学科融合起到对教学对象的思维启迪与开放思考的作用，增加课程思政理论的内涵饱满度。从而激发学生的学习兴趣，更好理解交叉融合创新的内涵，这样可更好地践行创新，开创环境岩土工程新局面。

参考文献

［1］DANIEL D E. Geotechnical Practice for Waste Disposal ［J］. Geotechnical Practice for Waste Disposal，1987，35（4）：651-675.

［2］钱学德. 现代卫生填埋场的设计与施工 ［M］. 北京：中国建筑工业出版社，2011.

［3］钱学德，郭志平. 美国的现代卫生填埋工程 ［J］. 水利水电科技进展，1995，000（005）：8-12.

［4］钱学德，郭志平. 填埋场最终覆盖（封顶）系统 ［J］. 水利水电科技进展，1997，000（003）：62-65.

［5］DANIEL D E. Summary Review of Construction Quality Control for Compacted Soil Liners ［C］// Waste Containment Systems. ASCE，1990.

［6］DANIEL D E，BENSON C H. Water content-density criteria for compacted soil liners ［J］. International Journal of Rock Mechanics and Mining Sciences & Geomechanics Abstracts，1991，28（4）：A222.

［7］DANIEL D E，WU Y. Compacted Clay Liners and Covers for Arid Sites ［J］. Journal of Geotechnical Engineering，1993，119：2（2）：223-237.

［8］周健. 环境与岩土工程 ［M］，北京：中国建筑工业出版社，2001.

［9］孙钧. 地下工程设计理论与实践 ［M］. 上海：上海科学技术出版社，1996.

［10］宋妙发. 核环境学基础 ［M］. 北京：中国原子能出版社，1999.

［11］BOYNTON S S，DANIEL D E. Hydraulic Conductivity Tests on Compacted Clay ［J］. Journal of Geotechnical Engineering，1985，111（4）：465-478.

［12］DANIEL D E. Predicting Hydraulic Conductivity of Clay Liners ［J］. Journal of Geotechnical Engineering，1984，110（2）：285-300.

［13］王红旗. 城市环境氮污染模拟与防治 ［M］. 北京：北京师范大学出版社，1998.

［14］胡中雄. 土力学与环境土工学 ［M］. 上海：同济大学出版社，1997.

［15］穆如发. 连云港市水土流失加剧的成因及其防治对策初探 ［J］. 水土保持研究，1997（01）：32-34，54.

［16］SHELLEY T L，DANIEL D E. Effect of gravel on hydraulic conductivity of compacted soil liners ［J］. Journal of Geotechnical Engineering，1993，119：1（1）：54-68.

［17］TAYLOR G S，LUTHIN J N. A model for coupled heat and moisture transfer during soil freezing ［J］. Revue Canadienne De Géotechnique，1978，15（4）：548-555.

［18］钱学德，郭志平. 填埋场黏土衬垫的设计与施工 ［J］. 水利水电科技进展，1997，04：57-61.

［19］钱学德，郭志平. 城市固体废弃物（MSW）的工程性质 ［J］. 岩土工程学报，1998（05）：4-9.

［20］黄婉荣，郭志平. 填埋场压实黏土衬垫防干裂试验研究 ［J］. 河海大学学报（自然科学版），2000（06）：19-22.

［21］钱学德，郭志平. 填埋场复合衬垫系统 ［J］. 水利水电科技进展，1997，000（005）：64-68.

［22］DANIEL D E，SHAN H Y，ANDERSON J D. Effects of partial wetting on the performance of the bentonite component of a geosynthetic clay liner. 1993.

［23］GIROUD J P，KHATAMI A，BADU-TWENEBOAH K. Evaluation of the rate of leakage through composite liners ［J］. Geotextiles & Geomembranes，1989，8（4）：337-340.

［24］ ROBERT M，KOERNER，et al. Stability and tension considerations regarding cover soils on geomembrane lined slopes ［J］. Geotextiles & Geomembranes，1991.

［25］ 益德清. 深基坑支护工程实例 ［M］. 北京：中国建筑工业出版社，1996.

［26］ 魏汝龙. 开挖卸载与被动土压力计算 ［J］. 岩土工程学报，1997（06）：88-92.

［27］ 孙钧. 市区地下连续墙基坑开挖对环境病害的预测与防治 ［J］. 西部探矿工程，1994（05）：1-7.

［28］ 刘国彬，侯学渊. 软土的卸荷模量 ［J］. 岩土工程学报，1996，18（6）：22-27.

［29］ 刘祖德，孔官瑞. 平面应变条件下膨胀土卸荷变形试验研究 ［J］. 岩土工程学报，1993，000（002）：68.

［30］ FASSETT J B，LEONARDS G A，REPETTO P C. Geotechnical properties of municipal solid wastes and their use in landfill design ［J］. Waste Tech，1994.

［31］ HOWLAND JD，LANDVA A O. Stability Analysis of a Municipal Solid Waste Landfill ［C］// Stability & Performance of Slopes & Embankments Ⅱ. ASCE，2010.

［32］ KAVAZANJIAN E，N MATASOVIC′，BONAPARTE R，et al. Evaluation of MSW Properties for Seismic Analysis ［C］// Geoenvironment. 1995.

［33］ OWEIS I S，SMITH D A，ELLWOOD R B，et al. Hydraulic Characteristics of Municipal Refuse ［J］. Journal of Geotechnical Engineering，1990，116（4）：539-553.

［34］ 孙钧. 市区基坑开挖施工的环境土工问题 ［J］. 地下空间与工程学报，1999（04）：257-265.

［35］ 张在明. 地下水与建筑基础工程 ［M］. 北京：中国建筑工业出版社，2001.

［36］ 朱学愚. 地下水运移模型 ［M］. 北京：中国建筑工业出版社，1990.

［37］ 张咸恭. 中国工程地质学 ［M］. 北京：科学出版社，2000.

［38］ 方晓阳，HSAI YANG FANG. 21 世纪环境岩土工程展望 ［J］. 岩土工程学报，2000，22（1）：4-14.

［39］ 方晓阳，刘洁. 环境岩土工程学（三）［J］. 地下空间，1996.

［40］ 侯学渊. 软土工程施工新技术 ［M］. 合肥：安徽科学技术出版社，1999.

［41］ 屠洪权，周健. 地下水位上升引起的液化势变化分析 ［J］. 工程抗震，1994（03）：31-35.

［42］ ATTEWELL PB，YEATES J，SELBY A R. Soil Movements Induced by Tunnelling and their Effects on Pipelines and Structures ［J］. methuen inc new york ny，1986.

［43］ CHAPMAN T G. Modeling groundwater flow over sloping beds ［J］. Water Resources Research，1980，16（6）：1114-1118.

［44］ MCENROE，BRUCE M. Drainage of Landfill Covers and Bottom Liners：Unsteady Case ［J］. Journal of Environmental Engineering，2015，115（6）：1114-1122.

［45］ MCENROE B M. Maximum Saturated Depth over Landfill Liner ［J］. Journal of Environmental Engineering，1993，119（2）：262-270.

［46］ EDGERS L，NOBLE J J，WILLIAMS E. A biologic model for long-term settlement in land-fills. 1992.

［47］ 侯学渊，杨敏. 软土地基变形控制设计理论和工程实践 ［M］. 上海：同济大学出版社，1996.

［48］ 缪林昌，刘松玉. 煤矸石在高速公路工程中的应用研究. 东南大学科研报告：200.

［49］ 缪林昌，邱钰，刘松玉. 煤矸石散粒料的分形特征研究 ［J］. 东南大学学报（自然科学版），2003（01）：79-81.

［50］ 邱钰，缪林昌，刘松玉. 煤矸石在道路建设中的应用研究现状及实例 ［J］. 公路交通科技，2002，019（002）：1-5.

［51］ 权白露，陈牧，刘景，等. 资源（垃圾）电厂大有可为 ［J］. 广西电力工程，1999.

［52］孟伟，赫英臣．固体废物安全填埋场环境影响评价技术［M］．海洋出版社，2002.

［53］郝立勤．垃圾开发利用与整治对策［J］．云南环境科学，1995.

［54］史如平．土木工程地质学［M］．江西高校，1994.

［55］BING C Y，SCANLON B. Sanitary Landfill Settlement Rates［J］．Journal of the Geotechnical Engineering Division，1975，101（5）：475-487.

［56］张云，殷宗泽．地下隧道软土地层变形研究综述［J］．水利水电科技进展，1999，000（002）：25-28.

［57］陈沉江，潘长良．矿山开采中的岩土环境负效应及防治对策［J］．黄金，1999，020（011）：43-46.

［58］杜培军，周廷刚．"3S"技术在城市环境管理中的应用［J］．环境保护，1999，000（003）：3-7.

［59］陈锁忠．苏锡常地区 GIS 与地下水开采及地面沉降模拟模型系统集成分析［J］．地质学刊，1999（1）．

［60］振明．固体废物的处理与处置［M］．北京：高等教育出版社．

［61］徐建平，周健，许朝阳，等．沉桩挤土效应的数值模拟［J］．工业建筑，2000（07）：1-6.

［62］徐建平，周健，许朝阳，等．沉桩挤土效应的数值模拟［J］．工业建筑，2000.

［63］郭永海，王驹，金远新，等．高放废物深地质处置及国内研究进展［J］．工程地质学报，2000（01）：63-67.

［64］李永盛．环境岩土工程理论与实践［M］．上海：同济大学出版社，2002.

［65］魏正义，张宏军，白军华．粉煤灰在高速公路路堤工程中的应用技术［J］．粉煤灰综合利用，1999（04）：1-10.

［66］方纳新．粉煤灰路用性能的试验研究［J］．粉煤灰综合利用，2002（4）：30-31.

［67］赵晶，戴成雷．粉煤灰的性状及其对路用性能的影响［J］．东北公路，1997，020（003）：47-50.

［68］姜振泉，赵道辉，隋旺华，等．煤矸石固结压密性与颗粒级配缺陷关系研究［J］．中国矿业大学学报，1999（03）：12-16.

［69］马平，施东来．煤矸石膨胀性研究［J］．长春科技大学学报［J］，1999，29（3）：68.

［70］何上军．煤矸石作路面基层材料的探讨［J］．铁道工程学报，1999，61（1）：114-117.

［71］TIM U S，MOSTAGHIMI S. Modeling Transport of a Degradable Chemical and Its Metabolites in the Unsaturated Zone［J］．Groundwater，2010，27（5）：672-681.

［72］刘庆生，邱廷省．受污染土壤及地下水修复的新进展［J］．能源环境保护，2004，18（005）：25-28.

［73］张军，王硕．有机物污染土壤修复技术研究现状［J］．山东化工，2019（21）．

［74］孙铁珩．土壤污染形成机理与修复技术［M］．北京：科学出版社，2005.

［75］陈云敏，谢海建，张春华．污染物击穿防污屏障与地下水土污染防控研究进展［J］．水利水电科技进展，2016，000（001）：1-10.

［76］陈云敏．环境土工基本理论及工程应用［J］．岩土工程学报，2014，36（1）：1-46.

［77］MITCHELL J K，SANTAMARINA J C. Biological Considerations in Geotechnical Engineering［J］．Journal of Geotechnical & Geoenvironmental Engineering，2005，131（10）：1222-1233.

［78］刘汉龙，肖鹏，肖杨，等．微生物岩土技术及其应用研究新进展［J］．土木与环境工程学报（中英文），2019，41（1）：1-14.

［79］孙潇昊，缪林昌，童天志，等．微生物沉积碳酸钙固化砂土试验研究［J］．岩土力学，2017，38（11）：3225-3230.

[80] CHU J，IVANOV V，STABNIKOV V，et al. Microbial method for construction of anaquaculture pond in sand [J]. Geotechnique, 2013, 63 (10)：871-875.

[81] DEJONG J T，FRITZGES M B，K Nüsslein. Microbially Induced Cementation to Control Sand Response to Undrained Shear [J]. Journal of Geotechnical and Geoenvironmental Engineering，2006，132 (11)：1381-1392.

[82] 孙潇昊，缪林昌，吴林玉，等. 低温条件微生物 MICP 沉淀产率试验研究 [J]，岩土工程学报，2019，41 (06)：1-6.

[83] 孙潇昊，缪林昌，童天志，等. 砂土微生物固化过程中脲的影响研究 [J]. 岩土工程学报，2018，40 (05)：939-944.

[84] XIAOHAO SUN，LINCHANG MIAO，LINYU WU. Study of magnesium precipitation based on bio-cementation，Marine Georesources & Geotechnology，2018a，DOI：10. 1080/1064119X. 2018. 1549626.

[85] L C MIAO，L Y WU，X H SUN，et al. Method for solidifying desert sands with enzyme-catalysed mineralization. Land Degradation & Development，2020a，Vol. 31，No. 11：1317-1324；DOI：10. 1002/ldr. 3499.

[86] MIAO L，WU L，X SUN. Enzyme-catalysed mineralisation experiment study to solidify desert sands [J]. Scientific Reports，2020，10 (1).

[87] KAVAZAN JIAN E J，et al. Enzyme-induced carbonate mineral precipitation for fugitive dust control [J]. Geotechnique，2016.

[88] 程晓辉，麻强，杨钻，等. 微生物灌浆加固液化砂土地基的动力反应研究 [J]. 岩土工程学报，2013，35 (008)：1486-1495.

[89] MUYNCK W D，BELIE N D，VERSTR AE TE W. Microbial carbonate precipitation in construction materials：A review [J]. Ecological Engineering，2010，36 (2)：118-136.

[90] DEJONG J T，SOGA K，KAVAZANJIAN E，et al. Biogeochemical processes and geotechnical applications：progress，opportunities and challenges [J]. Geotechnique，2013，63 (4)：287-301.

[91] 何稼，楚剑，刘汉龙，等. 微生物岩土技术的研究进展 [J]. 岩土工程学报，2016，38 (4)：643-653.

[92] HARKES M P，VAN PAASSEN L A，BOOSTER J L，et al. Fixation and distribution of bacterial activity in sand to induce carbonate precipitation for ground reinforcement [J]. Ecological Engineering，2010，36 (2)：112-117.

[93] WHIFFIN V S，VAN PAASSEN L A，HARKES M P. Microbial carbonate precipitation as a soil improvement technique [J]. Geomicrobiology Journal，2007，24 (5)：417-423.

[94] REBATALANDA V. Microbial Activity in Sediments：Effects on Soil Behavior [J]. Dissertations & Theses-Gradworks，2007.

[95] VAN DER STAR W R L，VAN WIJNGAARDEN W K，L A，et al. Stabilization of gravel deposits using microorganisms [C] //Proceedings of the 15th European Conference on Soil Mechanics and Geotechnical Engineering. Athens：IOS Press，2011：85-90.

[96] XIAO P，LIU H L，XIAO Y，et al. Liquefaction resistance of bio-cemented calcareous sand [J]. Soil Dynamics and Earthquake Engineering，2018，107：9-19.

[97] BURBANK M B，WEAVER T J，GREEN T L，et al. Precipitation of calcite by indigenous micro-organisms to strengthen liquefiable soils [J]. Geomicrobiology Journal，2011，28 (4)：301-312.

[98] JIA H，JIAN C. Undrained Responses of Microbially Desaturated Sand under Monotonic Loading [J]. Journal of Geotechnical & Geoenvironmental Engineering，2014，140 (5)：04014003.

［99］ PENG E，ZHANG D，SUN W，et al. Desaturation for Liquefaction Mitigation Using Biogas Produced by Pseudomonas stutzeri ［J］. Journal of Testing and Evaluation，2018，46（4）：20170435.

［100］ GOMEZ M G，MARTINEZ B C，DEJONG J T，et al. Field-scale bio-cementation tests to improve sands ［J］. Proceedings of the ICE-Ground Improvement，2014：1-11.

［101］ FERRIS F G，STEHMEIER L G. Bacteriogenic mineral plugging：U. S. Patent No. 5143155 ［P］. 1992-9-1.

［102］ BLAUM M，LAMBERT J W M ，LATIL M N . Biosealing：A Method for in situ Sealing of Leakages ［C］// International Symposium on Ground Improvement Technologies & Case Histories. 2011.

［103］ 刘璐，沈扬，刘汉龙，等. 微生物胶结在防治堤坝破坏中的应用研究 ［J］. 岩土力学，2016，37（12）：3410-3416.

［104］ BLAUW M，LAMBERT J W M，LATIL M N. Biosealing：A Method for in situ Sealing of Leakages ［C］// International Symposium on Ground Improvement Technologies & Case Histories. 2011.

［105］ 夏威夷. 新型羟基磷灰石基固化剂修复铅锌镉复合污染土的机理与应用研究 ［D］. 南京：东南大学，2018.

［106］ 伍浩良. 氧化镁激发矿渣-膨润土和高性能 ECC 竖向屏障材料研发及阻隔性能研究 ［D］. 南京：东南大学，2019.

［107］ 刘松玉，杜延军，刘志彬. 污染场地处理原理与方法 ［M］. 南京：东南大学出版社. 2018.

［108］ EDWARD BATES，COLIN HILLS. Stabilization and Solidification of Contaminated Soil and Waste：A Manual of Practice ［M］，HyddeMedia，2015.

［109］ NATIONAL RESEARCH COUNCIL. Assessment of the Performance of Engineered Waste Containment Barriers ［M］. National Academy Press，2007.

［110］ DAVID E DANIEL，ROBERT M KOERNER. Waste Containment Facilities ［M］. ASCE Press，2007.

［111］ SUTHAN S SUTHERSAN，JOHN HORST，MATTHEW SCHNOBRICH，et al. Remediation Engineering：Design Concepts，Second Edition ［M］. CRC Press，2016.

［112］ 王汉强，沈楼燕，吴国高. 固体废物处置堆存场环境岩土技术 ［M］. 北京：科学出版社，2007.

［113］ 李广贺. 污染场地环境风险评价与修复技术体系 ［M］. 北京：中国环境科学出版社，2010.

［114］ 菲利普·B. 贝迪恩特，哈纳迪·S. 里法尔，查尔斯·J. 纽厄尔，等. 地下水污染：迁移与修复 ［M］. 施周，杨朝晖，陈世泽，译. 2版. 北京：中国建筑工业出版社，2010.

［115］ 中华人民共和国住房和城乡建设部. 生活垃圾卫生填埋处理技术规范：GB 50869—2013 ［S］. 北京：中国建筑工业出版社，2014.

［116］ 中华人民共和国住房和城乡建设部. 生活垃圾卫生填埋场运行维护技术规程：CJJ 93—2011 ［S］. 北京：中国建筑工业出版社，2011.

［117］ 中华人民共和国生态环境部. 建设用地土壤污染风险管控和修复监测技术导则：HJ25.2—2019 ［S］. 北京：中国环境出版社，2019.

［118］ 中华人民共和国生态环境部. 建设用地土壤污染风险管控和修复术语：HJ682—2019 ［S］. 北京：中国环境出版社，2019.

［119］ 中华人民共和国生态环境部. 建设用地土壤污染风险评估技术导则：HJ25.3—2019 ［S］. 北京：中国环境出版社，2019.

［120］中华人民共和国生态环境部．建设用地土壤污染状况调查 技术导则：HJ25.1—2019［S］．北京：中国环境出版社，2019.

［121］中华人民共和国生态环境部．建设用地土壤修复技术导则：HJ25.4—2019［S］．北京：中国环境出版社，2019.

［122］中华人民共和国生态环境部．污染地块风险管控与土壤修复效果评估技术导则（试行）：HJ25.5—2018［S］．北京：中国环境出版社，2018.